Anlass. Du fragst dich, wo dir die Mathematik im Leben begegnet? Diese Seiten können dir eine Antwort geben. Sie laden dich zum „Spazierengucken" ein. Was kannst du entdecken?

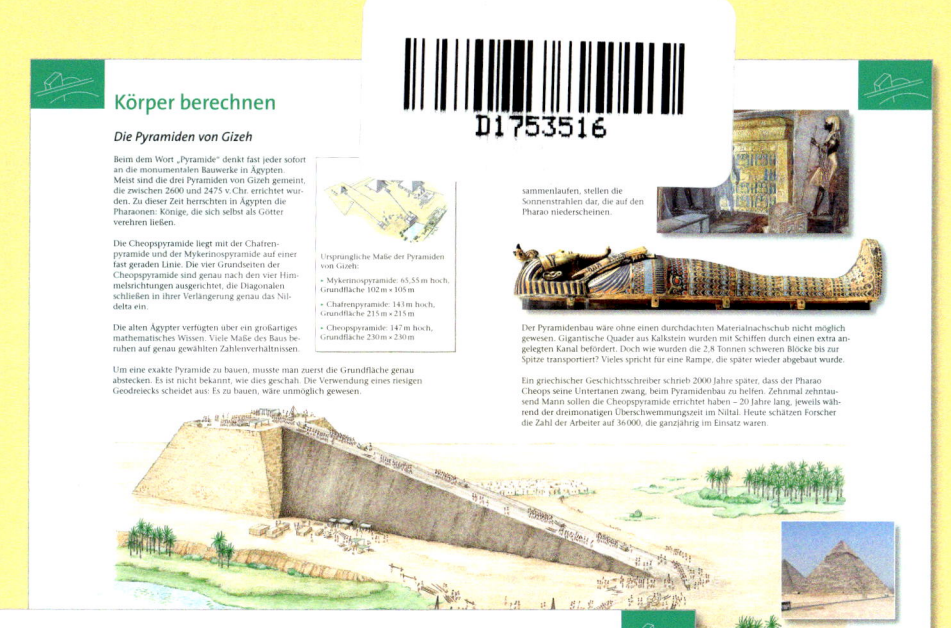

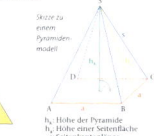

Erforschen. Mit den Forscheraufgaben kannst du Neues aus der Mathematik erkunden. Finde eigene Wege, eine Aufgabe zu lösen. Denke daran: Manchmal ist es einfacher, zusammen zu arbeiten. Und: Keine Angst vor Fehlern – du kannst daraus lernen!

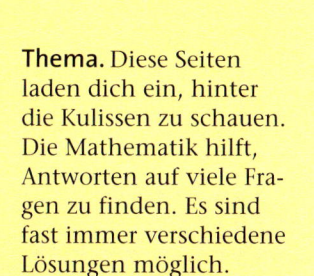

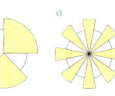

Thema. Diese Seiten laden dich ein, hinter die Kulissen zu schauen. Die Mathematik hilft, Antworten auf viele Fragen zu finden. Es sind fast immer verschiedene Lösungen möglich. Da kommt es ganz auf den Standpunkt an!

Pluspunkt *Mathematik*
Klasse 10A

Nordrhein-Westfalen

Erarbeitet von

Hildegard Abels (Grevenbroich)
Christian Schnellen (Lennestadt)
Rüdiger Unger (Köln)
Martin Wachter (Langenberg)
Winfred Weis (Aachen)

Cornelsen

Erarbeitet von
Hildegard Abels (Grevenbroich)
Katja Albert (Altenglan)
Rainer Bamberg (Backnang)
Eva Brüning (Böhl-Iggelheim)
Katharina Bühler (Urbach)
Isabel Emmerling (Mannheim)
Antje Erle (Güstrow)
Matthias Felsch (Berlin)
Regina Hinz (Bad Säckingen)
Klaus de Jong (Pforzheim)
Barbara Koeberle (Marbach)
Patrick Merz (Mühlhausen im Kraichgau)
Eva Mödinger (Esslingen)
Katja Otten (Hockenheim)
Hans Reißfelder (Elztal-Dallau)
Katalin Retterath (Speyer)
Mirjam Rost (Stuttgart)

Christian Schnellen (Lennestadt)
Ingo Sehr (Trier)
Ralf Staufner (Aichwald)
Rüdiger Unger (Köln)
Martin Wachter (Langenberg)
Winfred Weis (Aachen)

Redaktion: Matthias Felsch
Illustrationen: Barbara Schumann,
Friederike Schumann
Technische Zeichnungen: Karin Mall,
Yvonne Koglin
Bildredaktion: Peter Hartmann
Umschlaggestaltung: Wolfgang Lorenz
Layoutkonzept: Hawemann & Mosch,
Jürgen Brinckmann
Gestaltung und Umsetzung: L101, Berlin

Begleitmaterialien zum Lehrwerk
für Schülerinnen und Schüler
Kompakt Orientierungswissen 10   ISBN 978-3-06-009785-2

für Lehrerinnen und Lehrer
Lösungsheft 10A   ISBN 978-3-06-009776-0
Handreichungen 10   ISBN 978-3-06-009761-6

---

www.cornelsen.de

Unter der folgenden Adresse befinden sich multimediale Zusatzangebote
für die Arbeit mit dem Schülerbuch:
www.cornelsen.de/pluspunkt-mathematik
Die Buchkennung ist **MPP009760**.

Die Links zu externen Webseiten Dritter, die in diesem Lehrwerk angegeben sind,
wurden vor Drucklegung sorgfältig auf ihre Aktualität geprüft.
Der Verlag übernimmt keine Gewähr für die Aktualität und den Inhalt dieser Seiten
oder solcher, die mit ihnen verlinkt sind.

1. Auflage, 1. Druck 2012

Alle Drucke dieser Auflage sind inhaltlich unverändert
und können im Unterricht nebeneinander verwendet werden.

© 2012 Cornelsen Verlag, Berlin

Das Werk und seine Teile sind urheberrechtlich geschützt. Jede Nutzung in anderen
als den gesetzlich zugelassenen Fällen bedarf der vorherigen schriftlichen Einwilligung
des Verlages. Hinweis zu den §§ 46, 52a UrhG: Weder das Werk noch seine Teile dürfen
ohne eine solche Einwilligung eingescannt und in ein Netzwerk eingestellt oder sonst
öffentlich zugänglich gemacht werden.
Dies gilt auch für Intranets von Schulen und sonstigen Bildungseinrichtungen.

Druck: Stürtz GmbH, Würzburg

ISBN 978-3-06-009760-9

Inhalt gedruckt auf säurefreiem Papier aus nachhaltiger Forstwirtschaft.

Inhaltsverzeichnis

Das Schuljahr beginnt

Anlass Was kommt nach dem
Abschluss? 8
➕ **Thema** Einstellungstests 11

Daten sammeln und auswerten

Anlass Menschen befragen,
Daten erfassen 12
Erforschen Daten erfassen 14
1 Minimum, Maximum und
Zentralwert 16
2 Durchschnitt 18
3 Relative und prozentuale
Häufigkeit 20
4 Statistik mit einer
Tabellenkalkulation 22
Mathemeisterschaft 24
➕ **Thema** Berufsbild Bürokaufmann/
-frau 25

Zahlen und Zahlbereiche

Anlass Zu Besuch in Europa 26
Erforschen Mit Zahlen umgehen ... 28
1 Runden, Schätzen und
Vergleichen 30
2 Addieren und Subtrahieren 32
3 Multiplizieren und Dividieren ... 34
4 Anteile und Brüche 36
5 Rechnen mit Brüchen 37
6 Zehnerpotenzen 40
7 Potenzen 42
Methode Potenzen auf dem
Taschenrechner 43
Mathemeisterschaft 44
➕ **Weiterdenken** Potenzen und
Tabellenkalkulation 45

Mit Größen umgehen

Anlass Ein Künstlerpaar und seine
Projekte 46
1 Mit Größen rechnen 48
2 Projektaufgaben planen 51
3 Ein Tag im Freizeitpark 52
➕ **Weiterdenken** Mein Konzertevent 54
Mathemeisterschaft 55

Lineare Gleichungen und Formeln

Anlass Der Arbeitstag einer
Bürokauffrau 56
Erforschen Preise und Tarife 58
1 Terme berechnen und
umformen 60
2 Gleichungen lösen 62
3 Mit Formeln rechnen 64
Mathemeisterschaft 67

➕ ➕ ➕ ➕

Mit diesen Zeichen gekennzeichnete **Themen-
seiten** sind zur Erweiterung und Vertiefung
gedacht.

Mit diesem Zeichen gekennzeichnete
Aufgaben sind zur Differenzierung
besonders geeignet.

Ebene Figuren in deiner Umwelt

Anlass Die Schokoladenfabrik
von Menier 68
Erforschen Ebene Figuren 70
1 Rechtecke und Quadrate 72
2 Dreiecke 74
3 Parallelogramme 76
4 Trapeze 78
5 Kreise...................... 80
6 Zusammengesetzte Figuren 82
7 Satz des Pythagoras........... 84
Mathemeisterschaft 85

Auskommen mit dem Einkommen

Anlass Lisa und Nico planen ihre
Zukunft 86
Erforschen Prozent- und
Zinsrechnung 88
1 Prozentwerte berechnen 90
2 Prozentsätze berechnen 92
3 Grundwerte berechnen.......... 94
4 Zinsen, Zinssatz, Kapital 96
5 Zinseszinsen 98
6 Prozent- und Zinsrechnung
angewendet 100
➕ **Thema** Berufsbild
Hauswirtschafter/-in 102
Mathemeisterschaft 104

Rationale Zahlen

Wiederholung 1 Negative Zahlen .. 105
Anlass Tief unter
dem Meeresspiegel.............. 106
Lernzirkel Mit rationalen Zahlen
rechnen 108
2 Rationale Zahlen addieren und
subtrahieren................... 110
3 Koordinaten – nicht immer
positiv 112
4 Rationale Zahlen multiplizieren
und dividieren 114
➕ **Weiterdenken** Rechengesetze 116
5 Vermischte Aufgaben 118
Mathemeisterschaft 120
➕ **Thema** Anlagenmechaniker/-in .. 121

Körper darstellen

Anlass Flakons – schöne Behältnisse
für flüchtige Substanzen 122
Erforschen Körper darstellen 124
1 Netze von Körpern 126
2 Netze von Pyramiden 128
3 Netze von Kegeln 129
4 Schrägbilder von Würfeln und
Quadern 130
5 Schrägbilder von Prismen und
Pyramiden 131
6 Schrägbilder von Zylindern und
Kegeln 134
➕ **Weiterdenken** Körper im
Schnitt 135
Mathemeisterschaft 137
➕ **Thema** Das Haus des Nikolaus ... 138

Körper berechnen

1 Wiederholung Volumen berechnen 140
2 Wiederholung Oberflächen berechnen 141
Anlass Die Pyramiden von Gizeh .. 142
Erforschen Pyramiden berechnen .. 144
3 Die Oberflächen von Pyramiden 146
4 Der Satz des Pythagoras an Pyramiden 148
Methode Zeichnungen und Skizzen 150
Erforschen Kegel 151
5 Die Oberflächen von Kegeln 152
Lernzirkel Volumen ermitteln 154
6 Volumen von Pyramiden und Kegeln 156
➕ Thema Mogelpackung? 160
Erforschen Kugeln berechnen 161
7 Die Oberflächen von Kugeln 162
8 Volumen von Kugeln 164
9 Vermischte Aufgaben 166
Mathemeisterschaft 169
➕ Thema Leuchttürme 170
➕ Thema Körper einmal anders ... 172

Zuordnungen und Funktionen

Anlass Unterwegs im Straßenverkehr 174
Lernzirkel Zusammenhänge erforschen 176
1 Tabellen, Graphen, Terme 178
2 Proportionale Zusammenhänge .. 180
3 Lineare Funktionen 182
4 Besondere Punkte linearer Funktionen 184
5 Andere Zuordnungen 186
6 Zuordnungen in verschiedenen Sachsituationen 188
Mathemeisterschaft 189

Vermischte Aufgaben 190

Anhang 194
Mathelexikon 194
Methodenlexikon 202
Ausgewählte Lösungen zu den Mathemeisterschaften 206
Register 208

Leitideen

Zahl

Raum und Form

Daten und Zufall

Funktionaler Zusammenhang

Die Themen im Buch

Hier sind Themenschwerpunkte aus verschiedenen Bereichen in einer Übersicht zusammengestellt. Dies ist nur eine Auswahl der wichtigsten Seiten, sicher findest du auch auf weiteren Seiten noch Informationen zu den Themen.
Sieh dich einfach mal um in deinem neuen Mathematikbuch!

Arbeit und Beruf
Altenpfleger/-in: Seite 9
Anlagenmechaniker/-in: Seite 121
Bewerbung: Seite 10
Bürokaufmann/-frau: Seite 25, 56 bis 59
Treppenbau: Seite 66
Einstellungstest: Seite 11
Elektroniker/-in: Seite 8
Fliesenmuster: Seite 71
Hauswirtschafter/-in: Seite 102, 103
Maurer: Seite 73
Verpackungen: Seite 125, 160
Zukunftspläne: Seite 8–10
Zweiradmechaniker/-in: Seite 11

Menschen, Gesellschaft und Geschichte
Aachen: Seite 27, 32, 34
Ägypten: Seite 142, 143
Amelie Kober: Seite 33
Frankreich: Seite 26, 145, 159
Lutz Herrmann: Seite 123
Maastricht: Seite 30
Partnerstädte: Seite 32
Peter Schmidt: Seite 123
Pharao Cheops: Seite 142, 143
Romeo und Julia: Seite 27
Schiffswracks: Seite 106, 107, 108
Städte: Seite 26, 27, 28, 30, 32

Natur und Umwelt
Baikalsee: Seite 40, 111
Bakterien: Seite 40
Dichte: Seite 181
Fische: Seite 106, 107
Land unter Null: Seite 118, 120
Ozean: Seite 106, 107, 170, 190
Planeten: Seite 41
Rhein: Seite 179
Salzgewinnung: Seite 158
Sonnensystem: Seite 41
Tauchboot: Seite 106, 110, 114, 115
Temperaturen: Seite 119, 189
Totes Meer: Seite 118

Sport und Gesundheit
Anhalteweg: Seite 175, 177
Bremsweg: Seite 175, 177
Fußballklubs: Seite 27
Körpergrößen: Seite 16, 18, 20
Reaktionsgeschwindigkeit: Seite 177
Riesenfußbälle: Seite 162, 165
Snowboard: Seite 33
Tauchen: Seite 115
Torschützenkönig: Seite 17

Freizeit
Einkaufen: Seite 90, 91, 93, 100
Freizeitverhalten: Seite 15
Führerschein: Seite 174, 176, 180
Kleidung: Seite 95
Konzerte: Seite 54
Moviepark: Seite 52, 53
Parfüm: Seite 122

Wirtschaft, Technik und Verkehr
Aktienkurse: Seite 193
Flugzeugstart: 188
Brutto- und Nettoeinkommen: Seite 87, 91, 103
Kontoführung: Seite 108
Medien nutzen: Seite 12–15
Miete, Nebenkosten: Seite 88, 89
Rabatte: Seite 90, 91, 93
Roller, Mofa: Seite 174, 175, 177, 180
Strompreise: Seite 58, 183
Verdienste: Seite 21, 22
Wohnung: Seite 86

Kunst und Architektur
Britisches Museum: Seite 26
Christo und Jeanne-Claude: Seite 44, 47, 49, 50, 144
Dächer und Giebel: Seite 38, 84
Design von Flakons: Seite 122, 123, 124
Leuchttürme: Seite 170, 171
Pyramiden von Gizeh: Seite 142, 143, 144, 145
Reichstag: Seite 55, 144
Schokoladenfabrik von Menier: Seite 68
Steinkugeln in Münster: Seite 165

Das Schuljahr beginnt

Was kommt nach dem Abschluss?

Abschlüsse der Schülerinnen und Schüler, die 2009 eine Ausbildung als Elektroniker/-in Automatisierungstechnik begannen:
- *9 % Hauptschulabschluss*
- *70 % Mittlerer Schulabschluss*
- *18 % Abitur*
- *3 % Sonstige*

Alexander und Ivana werden Elektroniker/-in Automatisierungstechnik. Ihre Ausbildung dauert dreieinhalb Jahre.

In Deutschland gibt es etwa 340 staatlich anerkannte Ausbildungsberufe. Sie sind im Berufsbildungsgesetz (BBiG) und in der Handwerkerordnung (HwO) geregelt.

Einige Berufe kannst du nur auf einer **Berufsfachschule** lernen, zum Beispiel Physiotherapeut/-in. Wenn du dich dafür interessierst, musst du dich direkt bei der jeweiligen Schule bewerben.
Die Ausbildung in **Facharbeiter-** oder **Fachangestelltenberufen** erfolgt „dual", das heißt an den Lernorten Betrieb und Berufsschule. Dafür bewirbst du dich direkt bei den Betrieben. Um die Anmeldung an der Berufsschule musst du dich dann nicht mehr kümmern, das übernehmen die Betriebe. Als Auszubildende(r) erhältst du von den Betrieben eine Ausbildungsvergütung.
Wenn du einen guten Abschluss nach der 10. Klasse erreichst, dann wird es wesentlich leichter, zum Beispiel einen Ausbildungsplatz zu bekommen. Für fast alle Betriebe sind die Schulnoten – und besonders die Noten in Mathematik – ein sehr wichtiges Kriterium bei der Einstellung.

Berufe unterliegen einem ständigen Wandel. Den Beruf des „Technischen Zeichners", der auf Papier Konstruktionen darstellt, gibt es heute so nicht mehr. Gezeichnet wird fast ausschließlich am Computer.
Weil sich die Gesellschaft und das Leben der Menschen ständig ändern, entstehen neue Bedürfnisse und damit auch neue Berufe, zum Beispiel „Servicekraft Schutz und Sicherheit". Weil der Anteil alter Menschen an der Bevölkerung in Deutschland deutlich angestiegen ist und sich die familiären Beziehungen geändert haben, werden

heute mehr Altenpfleger/-innen benötigt als früher. Allein zwischen 1994 und 2004 hat sich die Anzahl der Arbeitsplätze für Altenpfleger/-innen in Deutschland mehr als verdoppelt. Das war ein Grund für Ronny, sich für eine Ausbildung in diesem Bereich zu entscheiden.

Welchen Weg wählen Jugendliche in deinem Alter nach ihrem Schulabschluss?

Das Bundesministerium für Bildung und Forschung gibt an, dass etwa 60 Prozent aller Jugendlichen nach der Schule eine Ausbildung in einem anerkannten Ausbildungsberuf beginnen. Doch wohin führt ihr Weg?
An den Zahlen einer Schule in Leverkusen kannst du sehen, welche Ausbildung die Zehntklässler nach ihrem Schulabschluss begonnen haben.

Weg	2007	2008	2009	2010	2011
Berufsausbildung	16	18	20	25	16
Fachoberschulreife	6	4	3	7	6
Abitur, Fachabitur	5	2	3	5	3
Sonstiges (Freiwilliges Ökologisches oder Soziales Jahr, Praktikum)	–	–	1	3	1
Weg unbekannt	4	3	1	6	4

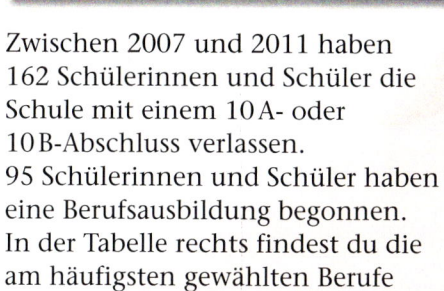

Ronny (17 Jahre) aus Warendorf wird Altenpfleger.

Zwischen 2007 und 2011 haben 162 Schülerinnen und Schüler die Schule mit einem 10 A- oder 10 B-Abschluss verlassen.
95 Schülerinnen und Schüler haben eine Berufsausbildung begonnen. In der Tabelle rechts findest du die am häufigsten gewählten Berufe in den Jahren 2007 bis 2011.

Informationen über diese und andere Berufe gibt zum Beispiel die Bundesagentur für Arbeit. Links zu Internetadressen findest du unter dem Mediencode 009-1.

Beruf	Anzahl
Bürokaufmann/-frau	7
Erzieher/-in	7
Gesundheits- und Krankenpfleger/-in	6
Chemielaborant/-in	4
Chemikant/-in	4
Einzelhandelskaufmann/-frau	4
Industriemechaniker/-in	4
Elektroniker/-in für Betriebstechnik	3
Hotelfachmann/-frau	3
Industriekaufmann/-frau	3
Medizinische(r) Fachangestellte(r)	3
Verwaltungsfachangestellte(r)	3

009-1

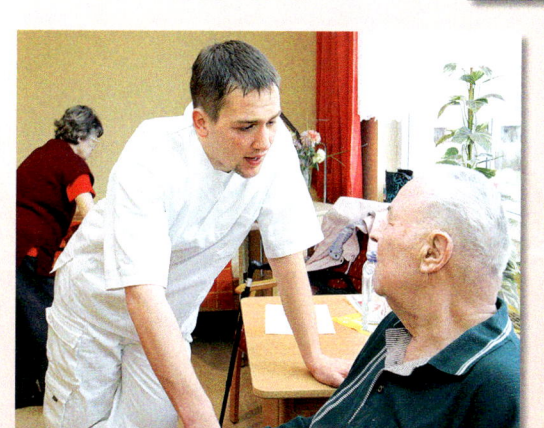

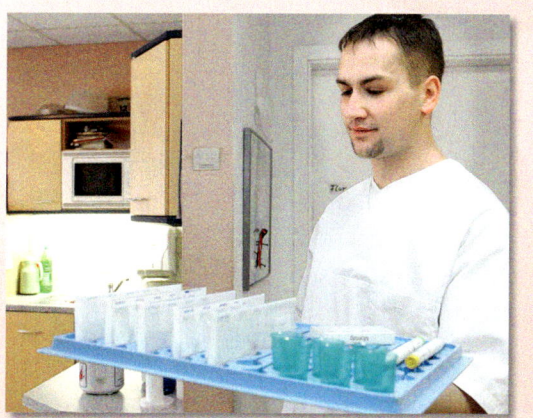

Ronnys praktische Ausbildung findet in einer Seniorenresidenz statt.

Das Schuljahr beginnt

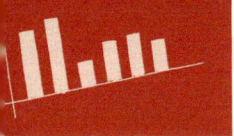

Die Schülerinnen und Schüler der Klasse 10 aus Schöntal wollten es genau wissen: Was geht schief bei Bewerbungen? Welche Fehler werden am häufigsten gemacht? Sie haben deshalb mit Betrieben und Firmen ihrer Region telefoniert, zum Beispiel der Sparkasse, einem Brillengeschäft, einem Chemiebetrieb, einem Reifenwerk und verschiedenen Maschinenbaubetrieben. Alle Befragten nannten ähnliche Beanstandungen:

a) Beanstandungen bei Bewerbungsmappen
- fehlende formale Angaben (Adresse, Telefonnummer, …)
- Name der Firma falsch
- offensichtliche Textkopien aus anderen Anschreiben, die gar nicht zur Firma passen
- unpersönliche Standardbewerbung (Internet) verwendet
- Rechtschreibfehler

b) Beanstandungen bei Vorstellungsgesprächen
- Kleidung („schlampig", „zu großer Ausschnitt")
- mangelndes Wissen über die Firma
- mangelndes Wissen über den Beruf und seine Anforderungen
- fehlende Motivation, den Beruf auszuüben

c) Beanstandungen bei Einstellungstests
- fehlende Kenntnisse in Mathematik (Grundrechenarten, Prozentrechnen)
- fehlende Kreativität beim Problemlösen

1 Hast du schon Pläne für die Zeit nach dem Schulabschluss? Berichte.

2 Führt eine Umfrage in eurer Klasse durch: *„Welchen Weg willst du nach Klasse 10 gehen?"* Vergleicht mit den Ergebnissen der Schule aus Leverkusen.

010-1

3 Informiere dich über die mathematischen Anforderungen in Einstellungstests. Berichte darüber in der Klasse, zum Beispiel anhand von ausgewählten Aufgaben aus solchen Tests (siehe Mediencode).

Abschlüsse der Schülerinnen und Schüler, die 2009 eine Ausbildung als Zweiradmechaniker/-in begannen:
- 57 % Hauptschulabschluss
- 35 % Mittlerer Schulabschluss
- 6 % Abitur
- 2 % Sonstige

Olga macht eine Ausbildung als Zweiradmechanikerin. Sie hat zum Beispiel gelernt, wie man eine Gangschaltung einstellt, ein Rad zentriert oder einen Kinderanhänger montiert.

➕ Einstellungstests ▶ THEMA

1 Ein Netz wird links als Faltvorlage vorgegeben. Du musst den passenden Körper (1), (2), (3) oder (4) zuordnen.

Du hast zwei Minuten Zeit!

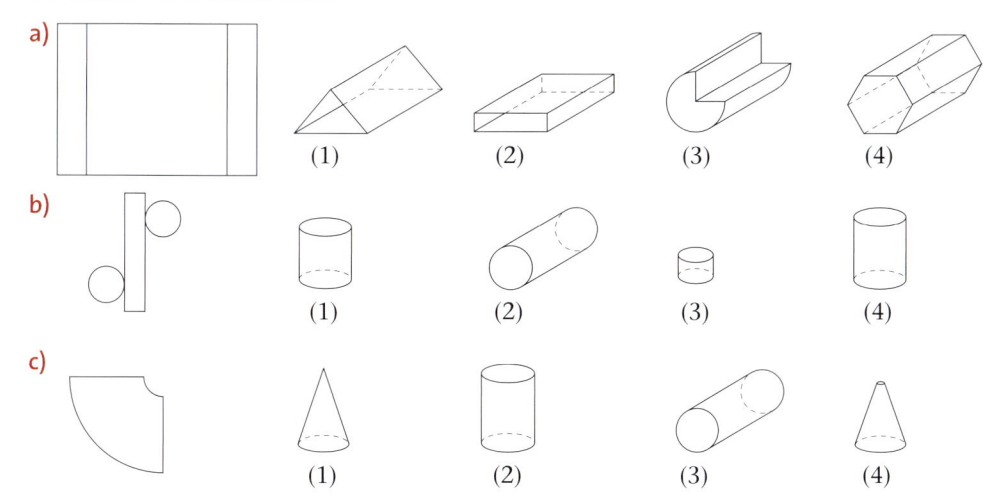

a)

b)

c)

Die Aufgaben zur Überprüfung rechnerischer Fähigkeiten kommen oft aus den Bereichen Grundrechenarten, Zuordnungen, Prozent- und Zinsrechnung.

2 Den Dreisatz anwenden

Du hast sechs Minuten Zeit!

a) Das Verlegen von Parkett in einem 20 m² großen Zimmer kostet 520 Euro. Welche Kosten wären für den 8 m² großen Flur zu erwarten?
b) Drei Minuten eines Handytelefonats aus dem Ausland kosten 2,73 Euro. Wie teuer wäre ein fünf Minuten langes Gespräch?
c) Samira bekommt 80 Euro Taschengeld für eine Jugendfahrt. Wie viel Euro könnte sie täglich ausgeben, wenn die Fahrt 8 Tage (10 Tage, 16 Tage) dauert?
d) 24 Arbeiter bauen in 30 Arbeitstagen 120 Maschinen zusammen. Für einen Auftrag über 100 Maschinen stehen 40 Arbeitstage zur Verfügung. Wie viele Arbeiter werden dafür benötigt?

3 Du kannst das richtige Ergebnis zum Beispiel durch Überschlagen oder durch einfache mathematische Überlegungen finden. Notiere es.

Du hast drei Minuten Zeit!

Aufgabe: $3,9 \cdot 4,9 = ?$
a) 19,11 b) 18,79 c) 20,81 d) 21,81 e) 19,63

Aufgabe: $734\,678 : 2 = ?$
a) 366 746 b) 324 389 c) 285 678 d) 367 339 e) 286 454

Aufgabe: $0,8456 - 19 = ?$
a) – 19,8456 b) – 18,1544 c) – 20,8456 d) – 19,1544 e) – 19,3056

Aufgabe: $197^2 = ?$
a) 41 237 b) 38 809 c) 39 763 d) 40 146 e) 43 156

Daten sammeln und auswerten

Menschen befragen, Daten erfassen

In der 10. Klasse finden sich in vielen Schulen Schülerinnen und Schüler zu einer neuen Klasse zusammen. Nur wenige kennen sich. In kurzer Zeit versuchen die Schülerinnen und Schüler, die Eigenheiten, Interessen und Kenntnisse der anderen zu erkunden. Wo kommen sie her? Wer trägt Schmuck? Wer spielt Fußball? Wer macht Musik in einer Band? Geburtsdaten, Telefonnummern, Adressen werden ausgetauscht, Zukunftswünsche, Traumberufe und vieles andere mehr verglichen …

Die Mathematik hat ein Spezialgebiet für das Sammeln, Zusammenstellen und Auswerten von Daten: die **Statistik**. Durch mündliche Befragungen oder mithilfe von Fragebögen finden Statistiker ihre Ergebnisse. Sie erstellen zum Beispiel Grafiken, Tabellen oder Listen.

Statistische Untersuchungen werden zum Beispiel von „Marktforschern" durchgeführt, die im Auftrag von Unternehmen arbeiten. Sie sammeln Informationen über Produkte und Kunden. Bei der Bravo-Jugendstudie „Faktor 9" geht es zum Beispiel um die Mediennutzung von Jugendlichen und die Werbung in Jugendmedien. Hier findest du einige Ergebnisse dieser Studie:

„Wenn die Werbung in meiner Lieblingszeitschrift steht, dann denke ich, dass das Produkt auch gut sein muss."
Sandra, 14 Jahre
(aus der Bravo-Jugendstudie „Faktor 9")

Medium	%
Musik hören	98
Fernsehen	91
DVD/Video ansehen	86
PC/Internet	68
PC/Videospiele spielen	67
Zeitschriften lesen	62
Bücher lesen	47
Tageszeitung lesen	24
Hörbuch hören	12

Welche Medien nutzt du?
(Angaben in Prozent, 3070 Befragte, 12 bis 19 Jahre)

Thema	%
TV-Programm	51
Handy	34
Zeitschrifteninhalte	30
Zeitungsinhalte	30
Internet	30
Computerspiele	29
PC	28
MP3-Player	24
Kino	23
Radio	13

Gespräche über Medien einmal/mehrmals pro Woche
(Anteile in Prozent, 1203 Befragte, 12 bis 19 Jahre)

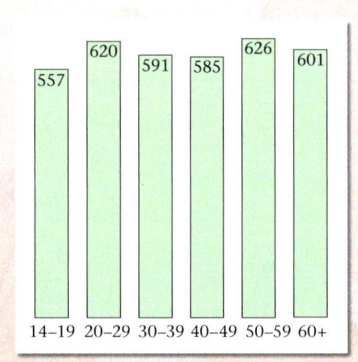

Altersgruppe	Minuten
14–19	557
20–29	620
30–39	591
40–49	585
50–59	626
60+	601

Tägliche Dauer der Mediennutzung nach Altersgruppen
(in Minuten, 4500 Befragte)

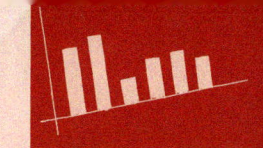

Der folgende Fragebogen ist ein Beispiel aus Zeitschriften. Er war in einer aktuellen Ausgabe enthalten. Die Leserinnen und Lesern wurden um ein baldiges Ausfüllen und Zurücksenden gebeten.

Sie haben diesen Fragebogen in der Zeitschrift _____ gefunden.

1. Nutzung
a) Wie häufig lesen Sie die Zeitschrift? *(Bitte nur eine der drei Alternativen ankreuzen!)*
  ○ Dies ist das erste Mal, dass ich diese Zeitschrift lese. ➠ *Bitte weiter mit Frage 2.*
  ○ gelegentlich ➠ *Bitte weiter mit Frage 2.*
  ○ ziemlich regelmäßig ➠ *Bitte weiter mit Frage 1 b).*
b) Seit wann lesen Sie diese Zeitschrift?
  ○ seit weniger als 2 Jahren
  ○ seit mindestens 2, höchstens aber 5 Jahren
  ○ seit mehr als 5 Jahren

2. Intensität
Wie viel der Zeitschrift lesen Sie? *(Bitte nur eine der vier Alternativen ankreuzen!)*
○ Nur ausgewählte, für mich besonders interessante Beiträge.
○ Normalerweise weniger als 50 Prozent eines Heftes.
○ 50 Prozent oder mehr eines Heftes, aber nicht alles.
○ Alle bzw. fast alle Seiten eines Heftes.

3. Werbung
Wie nehmen Sie die Werbung in den Heften wahr?
(Bitte nur eine der drei Alternativen ankreuzen!)
○ Werbung stört mich; deshalb blättere ich schnell weiter.
○ Ich schaue mir nur bestimmte Anzeigen an. Ich denke, Werbung hat auf meine Kaufentscheidungen keinen Einfluss.
○ Ich kaufe und nutze häufig die in der Werbung vorgestellten Produkte.

4. Nutzer
a) Sind Sie der Einzige, der das Exemplar, das Sie in Händen halten, liest?
  ○ Die Hefte werden normalerweise nur von mir gelesen. ➠ *Bitte weiter mit Frage 5.*
  ○ Die Hefte werden normalerweise an andere Personen weitergegeben. ➠ *Bitte weiter mit 4 b).*
b) Wie viele Personen lesen „Ihr" Exemplar noch?
  Außer mir lesen das Heft noch …
  ○ 1 bis 2 Personen,
  ○ 3 bis 5 Personen,
  ○ mehr als 5 Personen.

5. Aufbewahrung
a) Was geschieht mit der Zeitschrift nach dem Lesen?
  ○ Die Hefte werden normalerweise weggeworfen. ➠ *Bitte weiter mit Frage 6.*
  ○ Einzelne Seiten/Berichte werden aufgehoben. ➠ *Bitte weiter mit Frage 5 b).*
  ○ Die kompletten Hefte werden normalerweise aufgehoben. ➠ *Bitte weiter mit Frage 5 b).*
b) Wird zu einem späteren Zeitpunkt von Ihnen oder anderen Personen in den aufgehobenen Heften nachgeschlagen?
  ○ fast nie   ○ selten   ○ gelegentlich   ○ sehr oft

Daten sammeln und auswerten

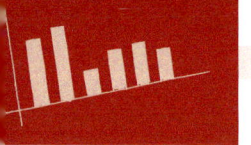

Daten erfassen ▶ ERFORSCHEN

1 Auf Seite 13 ist ein Teil eines Fragebogens abgebildet. Er stammt aus einer Studie zur Marktforschung. Was wollte das Unternehmen mit diesen Fragen wohl herausfinden?

Herr Müller, die neuen Fragebögen!

2 Was meinst du zu den folgenden Aussagen über den Fragebogen? Erläutere.
a) *Alina* fragt: „Warum soll man eigentlich bei manchen Fragen nur eine Aussage ankreuzen?"
b) *Isabell* behauptet: „Es kann sein, dass man bei dem Fragebogen nur bei einer einzigen Frage eine Antwort geben kann!"
c) *Natalie* sagt: „Wenn man bei einer Frage mehrere Aussagen ankreuzt, wird die Auswertung schwierig. Es würden mehr Kreuze als befragte Personen gezählt. Dies führt zu über 100 Prozent."

3 Welche Vorteile hat eine Befragung wie bei der folgenden Frage 6 gegenüber den Fragen 1 bis 5 des Fragebogens (Seite 13)? Begründe.

AUFGABE DER WOCHE
Wie viel Kilogramm Schokolade isst du in deinem Leben?

6. Beurteilung
Im Folgenden haben wir einige Aussagen vorbereitet. Bitte kreuzen Sie einfach an, wie Sie persönlich die Zeitschrift beurteilen.

Die Zeitschrift …	Die Aussage stimmt meines Erachtens …				
	immer (Note 1)	meistens (Note 2)	manchmal (Note 3)	selten (Note 4)	nie (Note 5)
enthält fachlich gute Beiträge.	○	○	○	○	○
liefert nützliche Tipps.	○	○	○	○	○
enthält gut verständliche Beiträge.	○	○	○	○	○
enthält aktuelle Beiträge.	○	○	○	○	○
ist übersichtlich aufgebaut.	○	○	○	○	○
ist ansprechend gestaltet.	○	○	○	○	○

4 Bei den Fragen 1 bis 6 des Fragebogens werden verschiedene Aussagen angekreuzt.
a) Hast du schon einmal eine andere Art der Befragung kennengelernt? Berichte.
b) Welche Möglichkeiten könnte es noch geben, im Rahmen von Marktforschung die Meinungen von Kundinnen und Kunden zu untersuchen?

5 Bildet Gruppen. Erstellt dann einen eigenen Fragebogen zu einem selbst gewählten Thema, zu dem ihr eure Mitschülerinnen und Mitschüler befragen wollt.
a) Entscheidet in der Gruppe, zu welchem Thema ihr die Befragung durchführen möchtet.
b) Formuliert nun eine allgemeine Frage, auf die ihr eine Antwort sucht.
c) Stellt nun die Fragen für den Fragebogen zusammen. Verwendet einfache Ankreuzfragen wie auf Seite 13 und Aussagen zum Beurteilen wie in Aufgabe 3.
d) Führt nun die Befragung in der Klasse durch.
e) Zur Auswertung: Zum einfachen Zählen eignet sich eine **Strichliste** besonders gut. Um schneller abzählen zu können, werden immer fünf Striche zu einem Päckchen gebündelt. Mithilfe der Strichliste lässt sich dann leicht eine **Häufigkeitstabelle** erstellen.

BEISPIEL
zu Aufgabe 5 b):
„Wie nutzen wir das Internet?"

6 Hier wurden die Ergebnisse einer Befragung notiert. Die Klasse besteht aus 21 Schülerinnen und Schülern.
a) Welche der beiden folgenden Fragen passt zu den Ergebnissen der Tabelle? Begründe.
  1. Wozu benötigst du das Internet?
  2. Wozu benötigst du hauptsächlich das Internet? Bitte nur eine Angabe.
b) Vervollständige im Heft die letzte Spalte der Tabelle. Runde sinnvoll.
c) Erstellt für eure Klasse eine solche Tabelle und tragt die Ergebnisse ein.

Aktivität	Strichliste	Häufigkeit	Anteil in Prozent
Chatten	IIII II	7	
E-Mail schreiben		0	
Musik herunterladen	IIII	5	
Informationen beschaffen	IIII III	8	
Einkaufen	I	1	

7 Freizeitverhalten
a) Macht eine Klassenumfrage: „Wie verbringst du am liebsten deine Freizeit mit Freunden?" Erstellt zu den Ergebnissen eine Tabelle wie in Aufgabe 6.
b) Zeichne für deine Klasse eine Grafik wie im Bild rechts.
c) Lassen sich die Ergebnisse deiner Klasse mit den Ergebnissen der Studie im Bild rechts vergleichen? Erkläre.

Einfach reden, unterhalten	75
Shoppen gehen	59
Draußen abhängen	51
Zusammen TV, DVD's, Videos gucken	42
Zusammen Musik hören	41
Ins Kino gehen	41
Zusammen im Internet surfen	26
In die Disco gehen	26
Zusammen Sport treiben	22
Zusammen PC-, Video-, Spielkonsolenspiele spielen	15

Frage: „Wie verbringst du am liebsten deine Freizeit mit Freunden?" (Basis: 434 Befragte, nur eine Antwort möglich; aus: Bravo-Jugendstudie „Faktor 9")

8 Zu den Ergebnissen der Studie aus Aufgabe 7 c) wurde eine weitere Grafik erstellt. Diese Grafik enthält aber Fehler.
Finde und beschreibe diese Fehler.

„Wie verbringst du deine Freizeit mit Freunden?"

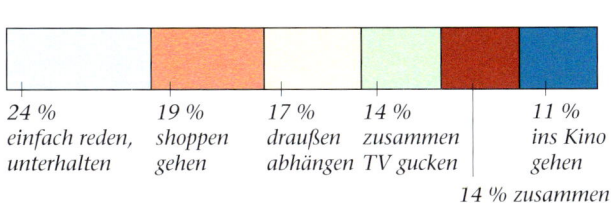

24 % einfach reden, unterhalten | 19 % shoppen gehen | 17 % draußen abhängen | 14 % zusammen TV gucken | 11 % ins Kino gehen

14 % zusammen Musik hören

Daten sammeln und auswerten

1 Minimum, Maximum und Zentralwert ▶ WISSEN

Orlando: 1,83 m
Ron: 1,82 m
Samuel: 1,79 m
Elmira: 1,67 m
Isabell: 1,78 m
Aline: 1,57 m
Atdhe: 1,78 m
Janis: 1,78 m
Aycan: 1,65 m
Melanie: 1,58 m
Natalie: 1,75 m
Iliriana: 1,72 m
Intissar: 1,70 m

Die Klasse 10 II aus Schöntal „ungeordnet"...

Orlando: 1,83 m
Ron: 1,82 m
Samuel: 1,79 m
Atdhe: 1,78 m
Janis: 1,78 m
Isabell: 1,78 m
Natalie: 1,75 m
Iliriana: 1,72 m
Intissar: 1,70 m
Elmira: 1,67 m
Aycan: 1,65 m
Melanie: 1,58 m
Aline: 1,57 m

... und absteigend nach der Größe geordnet.

Aus einer umfangreichen Datenreihe (**Urliste**) erhält man durch Ordnen nach der Größe eine **Rangliste**. Eine Rangliste kann mit dem kleinsten Wert beginnen (aufsteigend) oder mit dem größten Wert (absteigend). In einer Rangliste werden gleiche Werte mehrfach genannt.

Statistische Kennwerte
Maximum: der größte Wert. **Minimum**: der kleinste Wert.
Spannweite: der Unterschied zwischen dem Maximum und dem Minimum.
Zentralwert (Median): Der Wert, der in einer Rangliste genau in der Mitte steht. Hat eine Rangliste eine gerade Anzahl an Werten, wird der Durchschnitt der beiden Werte, die in der Mitte stehen, gebildet.

BEISPIELE zur Klasse 10 II aus Schöntal:
Aufsteigende Rangliste:

1,57 m	1,58 m	1,65 m	1,67 m	1,70 m	1,72 m	1,75 m	1,78 m	1,78 m	1,78 m	1,79 m	1,82 m	1,83 m
Minimum (Aline)						Zentralwert						Maximum (Orlando)

Die Spannweite beträgt 1,83 m − 1,57 m = 0,26 m.

In der Klasse sind vier Jungen, die 1,83 m; 1,82 m; 1,79 m bzw. 1,78 m groß sind. Diese absteigende Rangliste der Jungen umfasst vier Werte. Der Zentralwert der Jungen ist der Mittelwert von 1,82 m und 1,79 m, also 1,805 m.

ÜBEN

1 Fertige eine Rangliste der Körpergrößen in deiner Klasse an. Ermittle dann Maximum, Minimum, Spannweite und Zentralwert.

2 Die Schülerinnen und Schüler der Klasse 10 II aus Schöntal ermitteln, wie lange sie für ihren Schulweg brauchen:

10 min; 8 min; 8 min; 10 min; 15 min; 5 min; 5 min; 6 min; 8 min; 5 min; 5 min; 15 min; 6 min

a) Erstelle eine aufsteigende Rangliste.
b) Welches ist der kürzeste, welches der längste Schulweg?
c) Wie viele Schülerinnen bzw. Schüler sind länger als zehn Minuten unterwegs?
d) Berechne den Unterschied zwischen dem „Schnellsten" und dem „Langsamsten".

3 Nenne zu den folgenden Ranglisten jeweils den Zentralwert und die Spannweite.
a) 5; 10; 15; 20; 25; 30; 35
b) 1; 10; 15; 20; 25; 30; 35

4 Löse wie in Aufgabe 3.
a) 5; 6; 9; 11; 13; 15; 18; 20
b) 5; 6; 9; 11; 13; 15; 18; 80

5 Klassengrößen an der Schule in Schöntal:

Klasse	5a	5b	6a	6b	7a	7b
Schülerzahl	19	20	22	21	24	23

Klasse	8a	8b	9a	9b	10 I	10 II
Schülerzahl	22	24	23	22	25	13

a) Erstelle aus den Schülerzahlen eine Rangliste.
b) Ermittle Minimum, Maximum, Spannweite und Zentralwert.

6 Torschützenkönige
a) In der Tabelle sind die Treffer der Torschützenkönige der Fußball-Bundesliga aufgeführt. Welche Kennwerte sind zur Auswertung der Daten geeignet? Berechne und begründe.
b) „Im Durchschnitt reichen 25 Tore, um Torschützenkönig zu werden." Stimmt diese Aussage?

7 An verschiedenen Tagen wurden die Besucher der Schulbibliothek gezählt. Nach Anfertigen einer Rangliste erhielt man den Zentralwert 24,5.
War die Anzahl der Zähltage gerade oder ungerade? Begründe mit einem Beispiel.

8 Vor einer Schule wurden zwischen 7 und 14 Uhr pro Stunde folgende Pkw-Zahlen ermittelt:

72; 24; 4; 3; 8; 25; 26

a) Erstelle eine Rangliste und gib den Zentralwert an.
b) Zeichne ein Schaubild. Markiere darin den Zentralwert.

9 Die 9a und die 9b haben die gleiche Klassenarbeit geschrieben.

Punkte der 9a: 15; 4; 20; 18; 2; 11; 9; 15; 18; 7; 2; 8; 19; 17; 10; 12; 9; 5; 11; 3; 14; 11; 10

Punkte der 9b: 18; 0; 4; 3; 9; 7; 20; 18; 19; 15; 12; 11; 2; 4; 8; 1; 20; 18; 17; 20; 5; 4

Was stellst du fest, wenn du die Leistungen der beiden Klassen miteinander vergleichst? Nutze Ranglisten und Kennwerte.

Saison	97/98	98/99	99/00	00/01	01/02	02/03	03/04	04/05	05/06	06/07	07/08	08/09	09/10	10/11
Tore	22	23	19	22	18	21	28	24	25	20	24	28	22	28

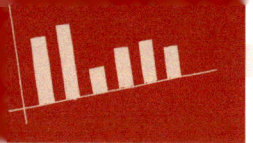

2 Durchschnitt ▶ WISSEN

Natalie und Janis haben in einer Zeitung Angaben zu Körpergrößen gefunden. Sie wollen diese mit ihrer Klasse vergleichen. Dazu berechnen sie die durchschnittliche Körpergröße der Schülerinnen und Schüler.

> Der Durchschnittseinwohner von Deutschland
> - insgesamt: 1,71 m groß
> - bei 18- bis 20-Jährigen: 1,74 m groß
>
> Mann
> - insgesamt: 1,78 m groß
> - bei 18- bis 20-Jährigen: 1,81 m groß
>
> Frau
> - insgesamt: 1,65 m groß
> - bei 18- bis 20-Jährigen: 1,67 m groß

1. Summe der Körpergrößen: 22,42 m
2. Anzahl der Werte: 13
3. Summe der Körpergrößen, dividiert durch die Anzahl der Werte: 22,42 m : 13 ≈ 1,72 m.

Ergebnis: Die Schülerinnen und Schüler sind im Durchschnitt 1,72 m groß.

> Der **Durchschnitt** ist eine der wichtigsten Größen in der Statistik. (Er wird auch **arithmetisches Mittel** oder kurz Mittelwert genannt.)
> Du berechnest den Durchschnitt, indem du die einzelnen Werte addierst und dann die Summe durch die Anzahl der Werte dividierst.
>
> $$\text{Durchschnitt} = \frac{\text{Summe aller Werte}}{\text{Anzahl der Werte}}$$

▶ ÜBEN

1 Die Klasse 10 II aus Schöntal im Vergleich
a) Vergleiche den Durchschnitt der Körpergrößen der Klasse 10 II, den Natalie und Janis berechnet haben, mit den Werten für die Einwohner Deutschlands (oben).
b) Berechne den Durchschnitt der Körpergrößen ...
  • der Jungen,   • der Mädchen der Klasse 10 II aus Schöntal (Werte: Seite 16).
c) Vergleiche die Ergebnisse aus b) mit den Werten für 18- bis 20-Jährige (oben).
d) *Natalie* sagt: „Mit 1,72 m liegt der Durchschnitt unserer Klasse unter dem Durchschnitt der 18- bis 20-Jährigen in Deutschland."
Janis sagt: „Das kann verschiedene Ursachen haben ..."
Wie könnte das Gespräch weitergehen?

2 Schuhgrößen
a) Berechne den Durchschnitt der Schuhgrößen der Klasse 10 II aus Schöntal:
38; 38; 38; 38; 39; 39; 39; 41; 41; 43; 44; 44; 44
b) Ermittle auch den Zentralwert und vergleiche mit dem Durchschnitt.

3 Berechne den Durchschnitt ...
a) der Zeiten für den Schulweg (Aufgabe 2, Seite 17),
b) der Schülerzahlen der Klassen an der Schule in Schöntal (Aufgabe 5, Seite 17),
c) der Trefferzahlen der Torschützenkönige (Aufgabe 6, Seite 17).

4 Gib Durchschnitt und Zentralwert an.
a) 5 m; 8 m; 2,6 m; 12 m; 7,5 m; 9 m; 8,6 m; 9,4 m; 6,1 m
b) 4 m; 28 m; 8 m; 10,5 m; 5,6 m; 6,4 m; 7,5 m; 8,1 m
c) Bei welcher Reihe weichen Durchschnitt und Zentralwert stark voneinander ab?

AUFGABE DER WOCHE
Wie oft dreht sich das Rad eines Rollers in einem „Rollerleben"?

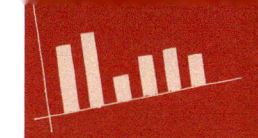

5 Hier sind die Einnahmen eines kleinen Kinos während einer Woche aufgelistet.

Montag	Dienstag	Mittwoch	Donnerstag	Freitag	Samstag	Sonntag
357,50 €	192,50 €	287,00 €	266,00 €	1274,00 €	1792,00 €	805,00 €

a) Berechne die durchschnittlichen Tageseinnahmen des Kinos für diese Woche.
b) Du kennst bestimmt die Preise für Kinokarten. Schätze ab, wie viele Kinokarten ungefähr in dieser Woche verkauft wurden.
c) Warum sind die Einnahmen im Laufe der Woche so unterschiedlich? Nenne mögliche Gründe.

6 Die Tageshöchsttemperaturen des Monats Mai in Euskirchen wurden in einer Zeitung veröffentlicht (Angaben in °C).

1.5.	2.5.	3.5.	4.5.	5.5.	6.5.	7.5.	8.5.	9.5.	10.5.	11.5.	12.5.	13.5.	14.5.	15.5.	16.5.
22	22	22	23	21	24,5	16	19	16	23,5	19	20	24,5	20	14,5	16

17.5.	18.5.	19.5.	20.5.	21.5.	22.5.	23.5.	24.5.	25.5.	26.5.	27.5.	28.5.	29.5.	30.5.	31.5.
14,5	22	25	28	30	28,5	28	30,5	31	27	22	17	11,5	19,5	21

a) Wie hoch war die durchschnittliche Tageshöchsttemperatur im Mai?
b) Erstelle eine Rangliste der Tageshöchsttemperaturen. Wie groß ist die Spannweite?
c) Um wie viel Grad unterscheiden sich das Minimum und der Durchschnitt?
d) Um wie viel Prozent unterscheidet sich das Maximum vom Durchschnitt?
e) *Janis* sagt: „Der 5. Mai war ein Sonntag. An einem sehr warmen Tag im Mai war ich den ganzen Tag im Freibad." Welcher Tag könnte es gewesen sein? Erkläre.

7 Von den 13 Schülerinnen und Schülern der Klasse 10 II haben 12 die erste Klassenarbeit geschrieben. Der Durchschnitt ihrer Noten betrug 2,9. Ron hat nachgeschrieben. Dadurch verbesserte sich der Mittelwert auf 2,8. Welche Note hat Ron geschrieben?

8 In der Klasse 10 II notieren alle Schülerinnen und Schüler und der Mathematiklehrer ihr Alter: 16; 17; 17; 18; 15; 16; 16; 17; 16; 16; 16; 17; 16; 48.
a) Berechne den Durchschnitt und den Zentralwert.
b) Woran liegt es, dass Durchschnitt und Zentralwert unterschiedlich sind?
c) *Elmira* sagt: „Ich denke, dass einer der beiden Kennwerte für unsere Klasse aussagekräftiger ist als der andere." Welchen Kennwert meint Elmira?

9 Lira geht regelmäßig joggen und notiert zwei Wochen lang ihre Laufzeiten in Minuten:
25; 27; 31; 30; 34; 25; 29; 34; 29; 31; 27; 19; 24; 28.
a) Berechne den Durchschnitt und den Zentralwert.
b) Berechne die Abweichung des Durchschnittes vom Zentralwert in Prozent und interpretiere diese.

10 Beim Elternabend der Klasse 10 II unterhalten sich die Eltern auch über die Zeiten, die ihre Kinder vor dem Computer verbringen (Angaben in Stunden pro Woche):
Mädchen: 9; 10; 8; 10; 7; 13; 36; 12; 14; 44; 9   *Jungen:* 23; 20; 19; 64
Die Klassenlehrerin sagt: „Der Durchschnitt liefert hier ein verzerrtes Bild …"

Daten sammeln und auswerten

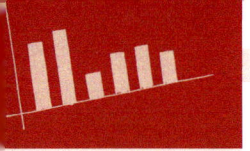

3 Relative und prozentuale Häufigkeit ▶ WISSEN

In der Statistik berechnet man oft Anteile. Sie ermöglichen einen schnelleren Überblick als zum Beispiel Ranglisten. Ein Anteil kann als Dezimalbruch oder in Prozent angegeben werden.

> Die **absolute Häufigkeit** gibt an, wie oft ein Wert auftritt.
> Zur Berechnung der **relativen Häufigkeit** teilt man die absolute Häufigkeit eines Wertes durch die Gesamtzahl der Werte.
> Um die **prozentuale Häufigkeit** anzugeben, schreibt man die relative Häufigkeit als Anteil in Prozent (Multiplikation mit 100).

BEISPIEL **Schuhgrößen**
Tabelle und Grafik zeigen die Anteile der Schuhgrößen in der Klasse 10 II aus Schöntal.

Schuh-größe	absolute Häufigkeit	relative Häufigkeit	prozentuale Häufigkeit
38	4	$\frac{4}{13} = 4 : 13 \approx 0{,}308$	30,8 %
39	3	$\frac{3}{13} = 3 : 13 \approx 0{,}231$	23,1 %
40	0	$\frac{0}{13} = 0 : 13 = 0$	0 %
41	2	$\frac{2}{13} = 2 : 13 \approx 0{,}154$	15,4 %
42	0	$\frac{0}{13} = 0 : 13 = 0$	0 %
43	1	$\frac{1}{13} = 1 : 13 \approx 0{,}077$	7,7 %
44	3	$\frac{3}{13} = 3 : 13 \approx 0{,}231$	23,1 %

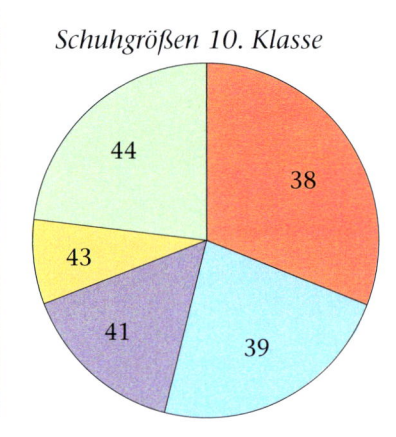

Schuhgrößen 10. Klasse

BEISPIEL **Körpergrößen**
Um die Körpergrößen der 10. Klasse darzustellen, fasst Aline ähnliche Werte zusammen.

Körper-größe	absolute Häufigkeit	relative Häufigkeit	prozentuale Häufigkeit
1,50 bis 1,59 m	2	$\frac{2}{13} = 2 : 13 \approx 0{,}154$	15,4 %
1,60 bis 1,69 m	2	$\frac{2}{13} = 2 : 13 \approx 0{,}154$	15,4 %
1,70 bis 1,79 m	7	$\frac{7}{13} = 7 : 13 \approx 0{,}538$	53,8 %
1,80 bis 1,89 m	2	$\frac{2}{13} = 2 : 13 \approx 0{,}154$	15,4 %

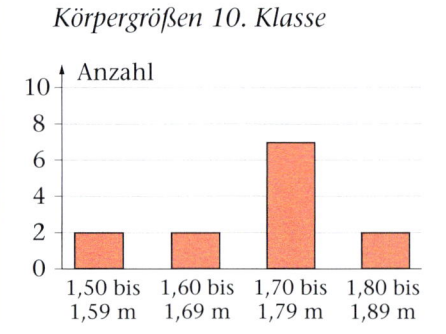

Körpergrößen 10. Klasse

> Bei statistischen Erhebungen mit sehr vielen Werten ist es nötig, annähernd gleiche Größen zusammenzufassen. Man teilt den Bereich der vorkommenden Werte in **Klassen** ein. Die Wahl der **Klassenbreite** hängt von den vorkommenden Werten ab. Meist wird der Wertebereich in gleich große Intervalle unterteilt, um Verzerrungen zu vermeiden. Im Beispiel oben wurden die Körpergrößen in vier gleich große Klassen eingeteilt.

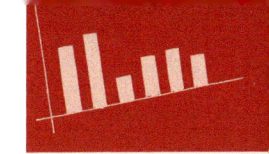

ÜBEN

1 In der letzten Mathematikarbeit erreichten die Schülerinnen und Schüler einer 9. Klasse die Noten in der Tabelle. Berechne die relativen und die prozentualen Häufigkeiten. Trage sie in eine Tabelle ein (siehe Beispiele auf Seite 20).

Note	1	2	3	4	5
Anzahl	2	6	10	4	2

2 Die Schülerinnen und Schüler der Klasse 10 II wollen herauszufinden, welche Autofarbe im Moment am beliebtesten ist. Dazu stellen sie sich an eine Straße, zählen eine halbe Stunde lang die vorbeifahrenden Autos und notieren ihre Farben:

Farbe	weiß	rot	blau	schwarz	gelb	orange	lila	grün	silber/grau
Anzahl	10	19	20	31	5	2	6	10	45

a) Wie viele Autos wurden insgesamt gezählt?
b) Berechne die relativen und die prozentualen Häufigkeiten der einzelnen Farben.
c) Stelle die prozentualen Häufigkeiten in einem Diagramm dar.

3 Die Schülerinnen und Schüler der 8. Klassen wurden nach ihren bevorzugten Sportarten befragt (je eine Antwort war möglich).

Sportart	Basketball	Boxen	Fußball	Handball	Reiten	Schwimmen	Turnen	Volleyball	keine
Anzahl	5	4	16	4	3	7	1	7	3

a) Wie viele Schülerinnen und Schüler wurden befragt?
b) Berechne die prozentualen Häufigkeiten der einzelnen Sportarten.
c) Um wie viel Prozentpunkte liegt das Interesse an Fußball über dem an Handball?

4 Am Valentinstag verkaufte eine Schülerfirma Rosen in der Schule. Berechne die prozentualen Häufigkeiten der Rosenfarben. Stelle sie in einem Kreisdiagramm dar.

Farbe	rot	weiß	rosa	gelb
Anzahl	87	24	35	16

5 Körpergrößen einer 9. Klasse (in m): 1,53; 1,58; 1,59; 1,62; 1,64; 1,67; 1,67; 1,68; 1,68; 1,68; 1,69; 1,69; 1,71; 1,72; 1,72; 1,72; 1,73; 1,75; 1,76; 1,81; 1,82; 1,84; 1,90; 1,92
a) Teile die Daten in passende Klassen ein.
b) Berechne die relativen und die prozentualen Häufigkeiten der Klassen.
c) Erstelle ein Balkendiagramm zu den Daten.

6 In einer Region wurden durchschnittliche Monatsverdienste erfasst.
a) Ermittle Maximum, Minimum, Spannweite, Durchschnitt und Zentralwert.
b) Welcher Wert ist in dieser Situation aussagekräftiger: der Durchschnitt oder der Zentralwert? Begründe.
c) Nimm eine Klasseneinteilung nach Verdiensten vor. Wie viele Berufe gehören jeweils zu den Klassen? Erstelle auch eine Grafik dazu.

Durchschnittliche Monatsentgelte in Euro	
Altenpfleger/-in	1657
Automobilmechaniker/-in	1960
Bankkauffrau/-mann	2561
Bürokauffrau/-mann	1703
Einzelhandelskauffrau/-mann	1737
Elektromechaniker/-in	2251
Geschäftsführer/-in	6513
Industriekauffrau/-mann	2170
Industriemechaniker/-in Maschinentechnik	2446
Kauffrau/-mann im Groß- und Außenhandel	2046
Maler/-in und Lackierer/-in	1949
Sekretär/-in	1966
Landschaftsgärtner/-in	1899

Landschaftsgärtner bei der Arbeit

Daten sammeln und auswerten

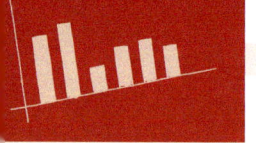

4 Statistik mit einer Tabellenkalkulation ▶ WISSEN

Viele Schülerinnen und Schüler übernehmen kleinere Ferienjobs. Bei einer Umfrage wurde der Verdienst pro Stunde erfasst (in Euro):

3,90; 4,20; 4,78; 5,10; 4,45; 7,60; 5,05; 4,80; 4,65; 6,80; 4,10; 5,00; 5,30; 4,60; 3,90; 4,15; 4,90; 5,30; 7,10; 5,10

Alina und Samuel werten diese Daten mit einer Tabellenkalkulation aus.

Zeitungen austragen – ein typischer Schülerjob

HINWEIS
Die Befehle sind dem Programm Excel 2007 entnommen.

1. Samuel öffnet in dem Tabellenkalkulationsprogramm eine neue Datei. Er gibt die Werte in die Felder **B7** bis **B26** ein. Dann formatiert er die Felder als Währungsfelder (Zellen markieren; Registerkarte **Start → Zahl**; Kategorie **Währung**).

2. Alina sortiert die Daten in den Feldern **B7** bis **B26**. Zuerst markiert sie die Felder mit der Maus. Sie wählt dann auf der Registerkarte **Daten** den Befehl **Sortieren** und die Option **Aufsteigend** aus. Ihr Ergebnis siehst du unten in der Datenreihe.

TIPP
Formeln und Funktionen müssen immer mit einem Gleichheitszeichen eingeleitet werden.

3. Tabellenkalkulationen enthalten vorbereitete Funktionen für statistische Kennwerte. Du erreichst sie über die Registerkarte **Formeln** und die Kategorie **Mehr Funktionen → Statistisch**.
Um das Minimum zu ermitteln, gibst du in das Feld **D7** ein: **=MIN(B7:B26)**. In der Klammer steht **B7:B26** für den Bereich mit den zu untersuchenden Daten. Für das Maximum gibt es die Funktion **=MAX(B7:B26)**, für den Durchschnitt die Funktion **=MITTELWERT(B7:B26)**, für den Zentralwert die Funktion **=MEDIAN(B7:B26)**.

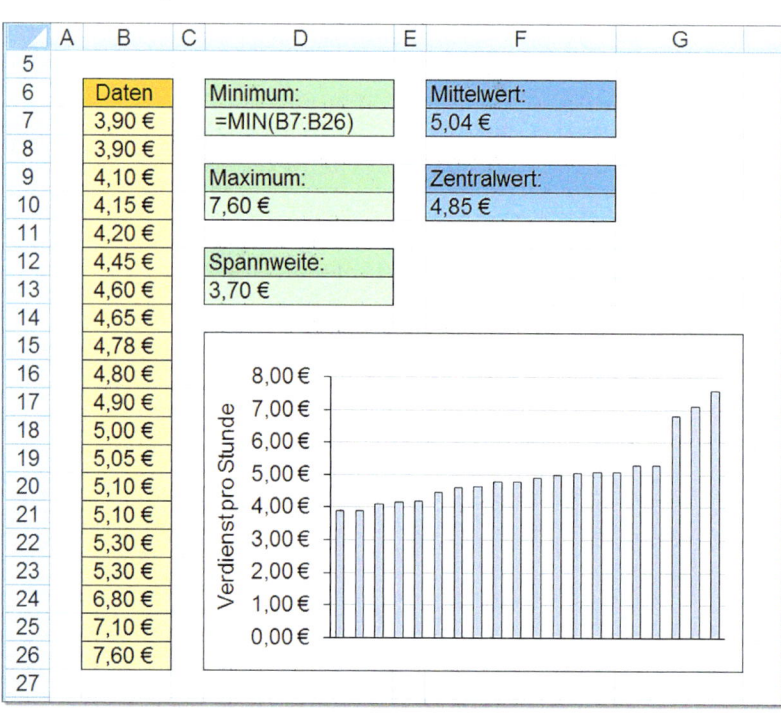

4. Die Spannweite berechnet Samuel mit der Formel **=D10−D7**.

5. Alina markiert nun noch die Felder **B7** bis **B26** und erstellt mit **Einfügen → Diagramme** ein passendes Säulendiagramm.

▶ ÜBEN

1 Arbeitet das Beispiel auf Seite 22 gemeinsam am Computer durch.

2 Gib die folgenden Zahlen in ein Arbeitsblatt einer Tabellenkalkulation ein:

5   11   7   21   25   9   15   2   19   15

a) Erstelle nun mithilfe des Programms eine aufsteigende Rangliste.
b) Beschrifte die Zellen, unter oder neben denen das Minimum, das Maximum, die Spannweite, der Durchschnitt und der Zentralwert eingefügt werden sollen. Füge dann die entsprechenden Befehle für die Berechnungen ein.
c) Drucke das Arbeitsblatt aus. Überprüfe die Kennwerte durch eigene Berechnungen.

3 Regelmäßig werden in Zeitungen die Vorwahlnummern veröffentlicht, mit denen man günstig telefonieren kann. Folgende Preise (in Cent) werden für eine Gesprächsminute angegeben (Festnetz in Deutschland):

1,48   1,43   1,39   1,68   1,80   2,20   1,00   1,86   1,20   1,66

a) Trage diese Werte in ein Tabellenkalkulationsprogramm ein.
b) Erstelle mithilfe des Programms eine absteigende Rangliste.
c) Lasse das Programm Minimum, Maximum, Spannweite, Durchschnitt und Zentralwert berechnen.
d) Erstelle ein Diagramm. Welche Art ist am besten dafür geeignet?

4 Samuel ist Eishockeyfan. Er hat in einer Tabellenkalkulation mit verschiedenen Schaubildern experimentiert.

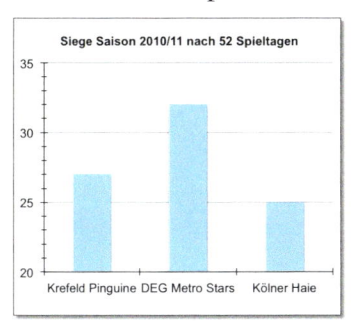

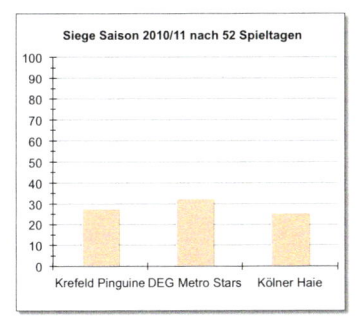

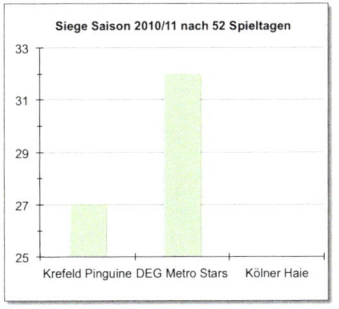

a) Vergleiche die drei Darstellungen. Was unterscheidet diese Diagramme?
b) Wer könnte an der Veröffentlichung der jeweiligen Darstellungsweise interessiert sein?

5 Erstelle mit den Angaben zu den Schülerverdiensten auf Seite 22 in einer Tabellenkalkulation ein Diagramm, bei dem ...
a) die Unterschiede zwischen den Verdiensten sehr gering wirken,
b) die Unterschiede zwischen den Verdiensten sehr groß wirken,
c) die Verdienste angemessen dargestellt sind.
Arbeite dazu jeweils mit der Möglichkeit, die Wertachse unterschiedlich zu skalieren. Vorgehen: Anklicken der Hochachse mit der rechten Maustaste, **Achse formatieren** auswählen; Rubrik **Achsenoptionen**; dort sind die **Minimum-** und **Maximumwerte** der Achse veränderbar.

AUFGABE DER WOCHE

„Frisch gewagt = $\frac{1}{2} \cdot$ gewonnen!"

Kennst du andere Sprichwörter, die man als „Gleichung" schreiben kann?

Daten sammeln und auswerten

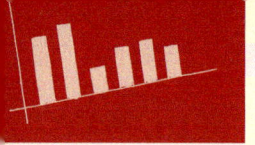

▶ MATHEMEISTERSCHAFT

1 In einem Fitnessstudio fand eine Aktion zum Abnehmen statt. Zehn Personen meldeten sich an. Ihr Gewicht wurde zum Anfang und nach einem Monat Training notiert.

Anfangsgewicht (in kg)	118,8	63,8	69,8	68,4	91,4	84,2	74,8	73,0	101,8	74,4
Nach 1 Monat (in kg)	114,4	61,0	66,8	65,8	86,0	80,2	70,6	69,2	97,6	70,4

a) Berechne das durchschnittliche Anfangsgewicht und das durchschnittliche Gewicht nach einem Monat Training. *(4 Punkte)*
b) Wie groß ist die durchschnittliche Gewichtsabnahme? *(3 Punkte)*
c) Erstelle für die Gewichtsabnahme nach einem Monat Training eine Rangliste. Ermittle den Zentralwert, das Minimum, das Maximum und die Spannweite. *(5 Punkte)*

2 In einem Ort gibt es in den Sportvereinen folgende Mitgliederzahlen:

Verein	Fußball	Schwimmen	Turnen	Leichtathletik	Handball	Tennis	Eishockey
Mitglieder	532	105	81	95	138	224	46

a) Stelle die Mitgliederzahlen mit einem Tabellenkalkulationsprogramm als Diagramm dar. *(4 Punkte)*
b) Erstelle mit der Tabellenkalkulation eine Rangliste. Lasse vom Programm Durchschnitt und Zentralwert berechnen. Drucke das Arbeitsblatt aus. *(6 Punkte)*
c) Ändere die Mitgliederzahl im Schwimmverein auf 155. Wie verändern sich dadurch die Kennwerte aus Aufgabe b)? *(2 Punkte)*

3 Herr Schneider wertet seine Telefonrechnungen des letzten Jahres aus. Rechnungsbeträge:
38,77 €; 33,26 €; 23,49 €; 39,09 €; 39,38 €;
33,04 €; 29,30 €; 31,37 €; 27,89 €; 34,66 €;
42,87 €; 31,98 €
a) Berechne alle statistischen Kennwerte, die du kennst. *(5 Punkte)*
b) Welche der Kennwerte aus a) sind für Herrn Schneider von Interesse? Erkläre. *(4 Punkte)*

4 Die Ergebnisse einer Untersuchung aus dem Jahr 2010 bei 12- bis 19-jährigen Schülerinnen und Schülern wurden in den beiden folgenden Diagrammen dargestellt.
a) Wie erklärst du dir die Unterschiede zwischen den Schülergruppen? *(3 Punkte)*
b) Sind die Ergebnisse sachlich richtig dargestellt? Erläutere. *(3 Punkte)*

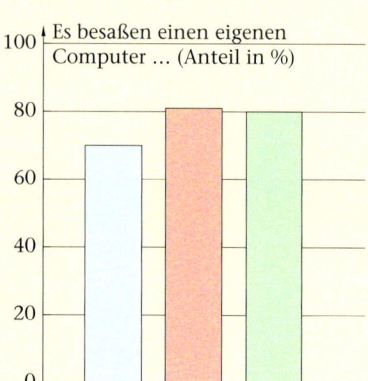

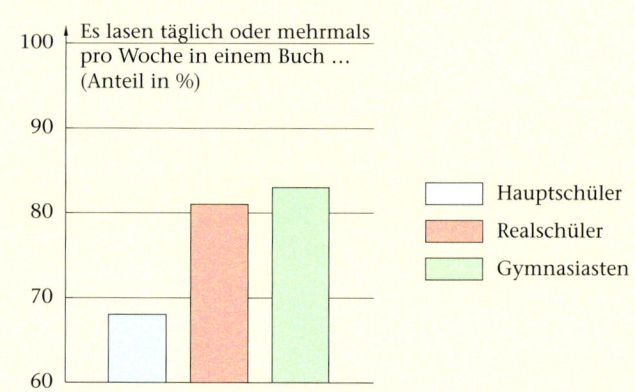

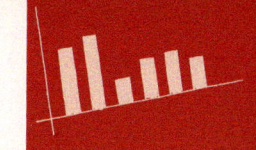

Berufsbild Bürokaufmann/-frau ▶ THEMA

Frau Neuer arbeitet als Bürokauffrau im Ingenieurbüro Ingtech. Sie kümmert sich um viele organisatorische Dinge im Unternehmen und erledigt die Buchhaltung. Terminanfragen zu beantworten, die Kundendatei zu führen und Rechnungen zu stellen zählt ebenso zu ihren Aufgaben wie die Urlaubsplanung der Mitarbeiter und das Finden einer Vertretung im Krankheitsfall. Viele dieser Tätigkeiten werden am Computer erledigt. Telefonische Absprachen erledigt Frau Neuer freundlich, möglichst umgehend und verbindlich.
Ihren Beruf hat Frau Neuer in einer dreijährigen Ausbildung erlernt.

1 Erstelle mit einer Tabellenkalkulation eine Liste mit den Einnahmen (mit den Ausgaben) des Monats Juni. Berechne die Summen. Bleibt ein Gewinn für das Unternehmen?

Einnahmen:	Schlussrechnung Objekt Badstr.: +8245,16 €; Abschlagszahlung Objekt Birkenallee: +7250,00 €; Abschlagszahlung Objekt Südpark: +2860,00 €; Auftrag Fam. Eiermann: +225,82 €; Steuererstattung: +928,81 €; Kontozinsen: +19,71 €; Schlussrechnung Objekt Stadion: +13 615,58 €; Verkauf vier PCs: je +192,50 €; Verkauf Pkw: +3290 €; Untervermietung: +445,88 €
Ausgaben:	Miete Büro: −1498,55 €; Gehälter: −19 726,36 €; Telefon Flatrate: −49,95 €; Mobiltelefone drei Mitarbeiter: je −29,90 €; Software: −817,77 €; Papier: −94,29 €; Druckerzubehör: −192,77 €; Versicherungsbeiträge: −2266,81 €; Büroreinigung: −615,55 €; Fachliteratur: −89,70 €; Auftrag Statikprüfung: −2477,51 €; Anschaffung vier PCs: je −895,00 €; Bewirtung: −215,20 €; Fahrtkosten: −61,55 €; −72,66 €; −187,55 €; −17,55 €; −3,91 €

2 Eine Schlussrechnung für die Bauplanung des Objektes Birkenallee (Objektnr. 2118) soll am PC geschrieben werden. Der Rechnungsbetrag sind 6162,77 €. Hinzu kommen 19 % Mehrwertsteuer. Die Planungsleistungen wurden zum 18. Juli abgeschlossen. Die Rechnung muss den Namen Ingtech, das aktuelle Datum, das Objekt, das Datum der Leistungserstellung, eine Rechnungsnummer, die Steuernummer „909/Ingtech/XY" und die Unterschrift des Geschäftsführers enthalten. Für die Rechnungsnummer gilt bei Ingtech die folgende Regel: „Objektnummer/aktuelles Datum".

3 In der folgenden Tabelle findest du einige statistische Angaben zur Entwicklung der Beschäftigung von Bürokaufleuten in Deutschland.
Was kannst du der Tabelle entnehmen?

Jahr	1999	2001	2003	2005	2007	2009
Beschäftigung						
sozialversicherungspflichtig Beschäftigte insgesamt	3 375 522	3 493 474	3 460 436	3 460 287	3 534 173	3 627 977
Anteil Frauen	72,8 %	72,2 %	72,0 %	71,8 %	71,3 %	71,2 %
Teilzeitarbeit						
Anteil Teilzeitkräfte unter 18 Stunden pro Woche	2,6 %	3,0 %	3,5 %	3,7 %	4,1 %	4,5 %

Von den Bürokaufleuten, die 2009 ihre Ausbildung begannen, hatten
- *12 % einen Hauptschulabschluss,*
- *55 % einen mittleren Schulabschluss,*
- *29 % Abitur,*
- *4 % andere Abschlüsse.*

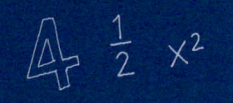

4 Zahlen und Zahlbereiche

Zu Besuch in Europa

London 51° 30' N; 0° 8' W
Januar 3,9 °C/Juli: 16,3 °C
753 mm Niederschlag pro Jahr
Vorwahl 0044-(0)020
Koordinierte Weltzeit UTC
Fläche: 1572 km^2
Einwohner:
▶ Stadt: 7 556 900
▶ mit Umland: 13 945 000
(Stand Mitte 2007)

Bevölkerungsdichte:
4758 Einwohner/km^2
Bevölkerung nach Geburtsland:
72,6 % Großbritannien
 2,3 % Irland
 7,5 % sonstiges Europa
 7,2 % Asien
 3,6 % Afrika
 3,2 % Nord- und Mittelamerika
 2,9 % Australien/Ozeanien
 0,7 % Südamerika

Innenhof des Britischen Museums (London), 7100 m^2 groß und mit 1656 Paaren Glasplatten überdacht

Paris 48° 51' N; 2° 21' O
Januar 3,1 °C/Juli: 19,0 °C
585 mm Niederschlag pro Jahr
Vorwahl 0033-(0)1
UTC +1 h
Fläche: 105 km^2
Einwohner:
▶ Stadt 2 211 297
▶ mit Umland 10 197 678
(Stand 1. Januar 2008)
Bevölkerungsdichte:
20 980 Einwohner/km^2

Paris ist die mit Abstand größte und wichtigste Stadt Frankreichs. Von den beiden Flughäfen Charles-de-Gaulle und Orly werden 39 % der Inlandsflüge, 63 % der Flüge von Frankreich zu Zielen in der EU und 83 % der Flüge von Frankreich ins sonstige Ausland abgewickelt.

Paris ist eine der meistbesuchten Städte der Welt

Aachen 50° 47' N; 6° 5' O
Januar: 1,8 °C/Juli: 17,6 °C
805 mm Niederschlag pro Jahr
Vorwahl 0049-(0)241
UTC + 1 h
Fläche: 161 km^2
Einwohner: 258 664 (Stand 31. Dezember 2010)
Bevölkerungsdichte: 1608 Einwohner/km^2

Länge der Stadtgrenzen insgesamt: 87,7 km
- davon zu Belgien: 23,8 km (27,1 %)
- davon zu den Niederlanden: 21,8 km (24,9 %)

Kinos 2011: 4 Stück; 19 Säle; 4121 Sitzplätze

Tourismus: 854 491 Übernachtungen
Rheinisch-Westfälisch-Technische Hochschule:
30 000 Studierende, 10 000 Beschäftigte

Der Dom in Aachen

Verona 45° 26' N; 10° 59' O
Januar 3,0 °C/Juli: 23,0 °C
726 mm Niederschlag pro Jahr
Vorwahl 0039-(0)45
UTC +1 h
Fläche: 207 km^2
Einwohner: 263 964 (Stand 31. Dezember 2010)
Bevölkerungsdichte: 1277 Einwohner/km^2

Jährlich besuchen 2,5 Mio. Touristen Verona. Ihr wohl beliebtestes Ziel ist das Elternhaus der Giulietta. Sie wurde zum Vorbild für Shakespeares Julia. Der „Balkon der Julia" wurde dort später extra für Touristen nachgebaut. Verliebte hinterlassen heute an den Wänden kleine Briefe und Zeichen.

„Balkon der Julia" in Verona

Istanbul 41° 01' N; 28° 58' O
Januar 5,6 °C/Juli: 23,3 °C
679 mm Niederschlag pro Jahr
Vorwahlen 0090-(0)212 und 0090-(0)216
UTC +2 h
Fläche: 1831 km^2
Einwohner: 13 120 596 (Stand 31. Dezember 2010)
Bevölkerungsdichte: 7166 Einwohner/km^2

Istanbuls Fußballclubs:
- Fenerbahçe: 17-mal Meister; Stadion: 50 509 Plätze
- Galatasary: 17-mal Meister; Stadion: 52 650 Plätze
- Beşiktaş: 13-mal Meister; Stadion: 32 145 Plätze

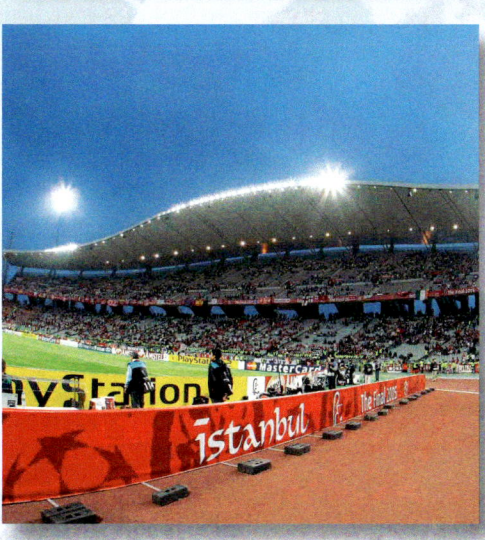

Im Istanbuler Atatürk-Olympia-Stadion

Zahlen und Zahlbereiche

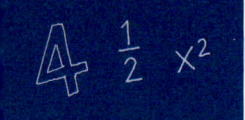

Mit Zahlen umgehen ▶ ERFORSCHEN

1 Gerundet oder genau?
Die Einwohnerzahl von Aachen wurde in einem Zeitungsartikel auf 258 000 gerundet (Stand: 31. Dezember 2005). Wie viele Einwohner könnte die Stadt damals genau gehabt haben?

2 Immer mehr?
a) Istanbul hatte am 31. Januar 2009 12 782 960 Einwohner. Vergleiche mit 2010.
b) Wie veränderte sich dadurch die Bevölkerungsdichte?
c) Welche Einwohnerzahl erwartest du für 2015?

3 Eine Währung, viele Münzen
Melanie war für zwei Wochen in Paris bei ihren Verwandten. Sie hat eine Strichliste geführt, aus welchen Ländern die Geldmünzen (Euro und Cent) stammten, die sie als Wechselgeld bekam.

Land	Anzahl
Belgien	‖‖‖ ‖‖‖
Deutschland	‖‖‖ ‖
Frankreich	‖‖‖ ‖‖‖ ‖‖‖ ‖‖‖ ‖‖‖ ‖‖
Italien	‖
Niederlande	‖
Österreich	‖
Portugal	‖
Spanien	‖‖‖

AUFGABE DER WOCHE
Stelle eine Stadt deiner Wahl in einem Steckbrief vor.

4 Flugstrecken von Frankfurt/Main
Auckland 19 800 km; Buenos Aires 11 900 km; Hongkong 8900 km; Istanbul: 1900 km; Kalkutta 7100 km; Los Angeles 9300 km; Paris: 540 km; Sydney 17 600 km; Reykjavik 2400 km.
a) Die Reichweite des Airbus A330 (242 Plätze) beträgt 11 000 km, die des A320 (150 Plätze) 3200 km. Welche Orte sind von Frankfurt ohne Zwischenlandung erreichbar?
b) Wo könnte der A330 zwischenlanden und auftanken, um Sydney zu erreichen?
c) Der A330 verbraucht bei einem Langstreckenflug je 100 Flugkilometer rund 990 ℓ Kerosin. Bei der Verbrennung von einem Liter Kerosin werden etwa 2,76 kg CO_2 erzeugt.

5 Winter in Oslo
Die Tabelle zeigt die Temperaturen an fünf Tagen.

	10. 12.	11. 12.	12. 12.	13. 12.	14. 12.
7.00 Uhr	−9 °C	−7 °C	0 °C	−6 °C	−12 °C
12.00 Uhr	0 °C	+1 °C	+3 °C	−1 °C	−5 °C
19.00 Uhr	−2 °C	−2 °C	−1 °C	−8 °C	−7 °C
0.00 Uhr	−6 °C	−4 °C	−5 °C	−11 °C	−10 °C

a) Beschreibe den Temperaturverlauf.
b) Berechne für jeden Tag die durchschnittliche Temperatur (die jeweiligen Abweichungen).
c) Erstelle ein Schaubild zum Temperaturverlauf.

6 Mathebuch
a) Schätze, wie viele Zahlen (wie viele Wörter) ungefähr dieses Buch enthält.
b) Begründe, ob es voraussichtlich mehr oder weniger als 100 000 Zahlen sind.
c) Wie viele Seiten könnte ein Buch mit einer Million Zahlen haben?

7 Dazwischen
a) Wie viele natürliche Zahlen liegen zwischen 5287 und 5312?
b) Finde drei Brüche, die zwischen $\frac{3}{8}$ und $\frac{2}{5}$ liegen.
c) Wie viele Dezimalbrüche liegen zwischen 3,14 und 3,15?

8 Bilde aus den Ziffern 9; 5; 3; 8; 0; 7; 1
a) … die fünf größten sechsstelligen Zahlen. Ordne sie.
b) … die fünf kleinsten sechsstelligen Zahlen. Ordne sie.
c) … die vier Zahlen, die 600 000 am nächsten kommen.
d) Wie viele verschiedene Zahlen kannst du aus den sieben Ziffern bilden?

9 Erklären und Begründen
a) Wie ändert sich die Summe von fünf Zahlen, wenn du jede Zahl um 10 vergrößerst?
b) Wie ändert sich die Differenz aus zwei Zahlen, wenn du beide Zahlen um 90 vergrößerst?
c) Wie ändert sich die Differenz von vier Zahlen, wenn du jede Zahl um 5 verkleinerst?

10
Verwende die Zahlen 72; 18 und 5, die Grundrechenarten +; –; · und : sowie Klammern. Bilde Aufgaben mit …
a) einem Ergebnis, das möglichst nahe bei 300 (das zwischen 5 und 15) liegt.
b) den beiden größtmöglichen (den beiden kleinstmöglichen) Ergebnissen.

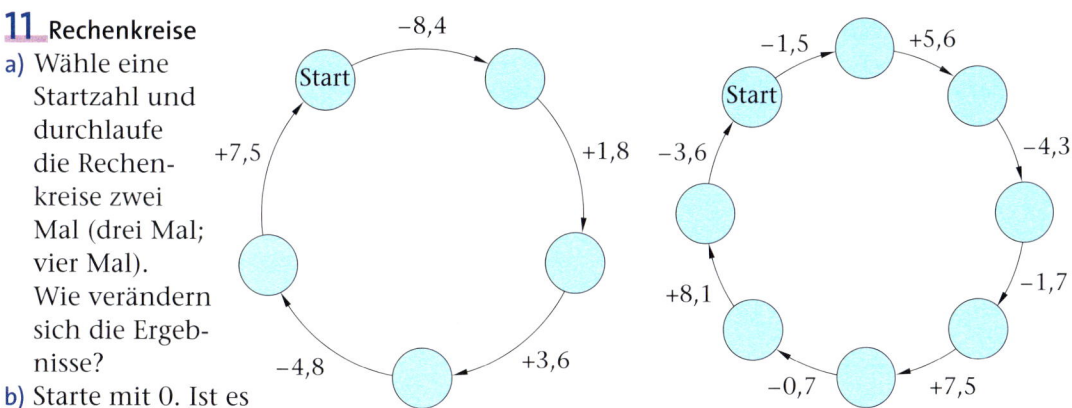

11 Rechenkreise
a) Wähle eine Startzahl und durchlaufe die Rechenkreise zwei Mal (drei Mal; vier Mal). Wie verändern sich die Ergebnisse?
b) Starte mit 0. Ist es möglich, eine Zahl zu erhalten, die größer als 50 ist? Wenn ja: bei welchem Durchlauf? Begründe.

12 Setze die Zahlenreihen um fünf Zahlen fort.
a) 7550; 7750; 7950; …
b) 97 544; 97 024; 96 504; …
c) 4280; 7570; 4580; 7970; …
d) 977; 8022; 1057; 7932; …

13
Wie viele Quadrate befinden sich innerhalb des 5. (7.; 10.; x.) Ringes?

Zahlen und Zahlbereiche

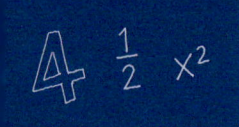

1 Runden, Schätzen und Vergleichen ▶ WISSEN

Nicht weit von Aachen entfernt liegt die niederländische Stadt Maastricht. Dort wurde 1992 der Vertrag über die Europäische Union unterschrieben.
Maastricht ist eine sehr alte Stadt. Bereits die Römer bauten dort eine Handelsniederlassung und ein Kastell. Maastricht ist Partnerstadt von Koblenz am Rhein.
Die Fahrt von Maastricht nach Aachen dauert nur rund 30 Minuten.

In Maastricht

Jahr	Einwohner Maastrichts
1300	20 000
1370	12 500
1800	18 000
1850	25 000
1914	40 000
1960	90 202
1970	93 927
1980	109 285
1990	117 008
2000	122 070
2005	121 456
2010	118 533

1960 gab es eine Volkszählung, Stichtag 1. Januar. Die Zahl ist genau.

Für 1800 wurde die Bevölkerung geschätzt.

▶ ÜBEN

1 Finde weitere Aussagen zu den Einwohnerzahlen von Maastricht.
a) Welche Angaben sind gerundet, welche Angaben sind genau?
b) In welchen Zeiträumen nahm die Bevölkerung zu, in welchen nahm sie ab?
c) Vergleiche die Einwohnerzahl von Aachen mit der von Maastricht.

2 Zeichne ein Säulendiagramm zur Bevölkerungsentwicklung von Maastricht.

3 Wie hat sich die Bevölkerung eures Schulortes entwickelt? Informiert euch und berichtet darüber.

4 Ordne die Zahlen nach der Größe.
a) 71 802; 89 600; 70 999; 81 006; 70 784; 78 089; 78 995; 71 788
b) 51,245; 509,99; 51,18; 5099,09; 5108,89; 52 000; 511,75
c) 2743,60; 291,5; 71 529,1; 8909,9; 7918,01; 2195,343; 149 569,15

5 Setze im Heft das passende Zeichen (<; =; >).
a) 542 755 ▲ 542 575
b) 56 748 ▲ 56 784
c) 7398,75 ▲ 73 987,5
d) 14 839,7 ▲ 418,397
e) 746 380 ▲ 7 436 380
f) 7558,547 ▲ 75 855,74

6 Wie viele Zahlen liegen zwischen 100 255 und 100 267? Wie viele davon sind gerade (das heißt: durch 2 teilbar)?

7 Wie viele Zahlen liegen zwischen 285 730 und 285 746? Wie viele davon sind ungerade (das heißt: nicht durch 2 teilbar)?

8 Notiere zu 4 799 800 die folgenden fünf Zahlen in …
a) Tausenderschritten,
b) Zehntausenderschritten.

9 Runde jeweils auf Tausender-, Zehntausender- und Hunderttausender.
a) 2 546 793; 4 615 386; 8 599 301; 1 670 490; 7 098 142; 2 169 472
b) 4 999 971; 9 950 756; 2 263 994; 5 804 528; 9 728 674; 5 099 828

10 Schreibe eine Anleitung, wie man Zahlen mathematisch rundet.
Verwende dabei auch Beispiele wie: „Runden von 46 097 auf die Zehntausenderstelle" und „Runden von 3,825 auf die Hundertstelstelle".

11 Runde jeweils auf Tausendstel und Zehntel.
a) 32,8916; 0,88125; 108,91506; 1,19191
b) 22,68144; 8,1799; 9,99999; 10,00001

12 Das Herz eines Menschen schlägt ungefähr 70-mal pro Minute. Wie oft schlägt es …
a) in einer Stunde?
b) an einem Unterrichtsvormittag?
c) in einer Woche?
d) Wie oft hat dein Herz bis heute geschlagen? (Rechne jeweils mit gerundeten Werten.)

13 Ein Ergebnis wurde auf Zehntel gerundet. Es lautet −9,8. Nenne Beispiele für Ausgangszahlen.

14 Zeichne jeweils eine passende Zahlengerade und markiere darauf die folgenden Zahlen.
a) 7500; 3000; 4500; 6000; 2500; 9000; 5000; 8500
b) 70 000; 45 000; 81 000; 60 000; 52 000; 48 000
c) 1 500 000; 1 800 000; 1 200 000; 2 000 000; 1 950 000; 1 050 000
d) −24; −9; 0; −16; −2; +5; +16; +8; +12

15 Zeichne eine Zahlengerade von −700 bis −200. Stelle darauf die Vielfachen von −40 dar.

16 Zeichne eine Zahlengerade von −8 bis +5. Wo etwa liegen darauf die Zahlen −7,642 und +1,809?

17 Unbekannte Klimastation
a) Stelle die Temperaturen in einem Schaubild dar. (HINWEIS: Runde zuvor auf ganze Zahlen.)
b) Wo könnte die Station liegen?

Monat	Jan	Feb	Mär	Apr	Mai	Jun	Jul	Aug	Sep	Okt	Nov	Dez
Mittlere Temp. (°C)	1,8	1,5	0,3	−2,2	−4,1	−5,7	−7,1	−6,9	−4,1	−2,6	−1,8	0,4

18 Zahlen zur Bevölkerung

Staat	Einwohner in Mio. (2008)	Wachstum pro Jahr
Ghana	23,351	+2,2 %
Kamerun	19,088	+2,3 %
Mali	12,706	+2,4 %
Niger	14,704	+3,6 %
Senegal	12,211	+2,6 %
Tschad	10,914	+3,3 %

a) Ordne die Staaten nach ihrer Einwohnerzahl.
b) Runde sinnvoll. Zeichne mit den gerundeten Angaben ein Diagramm zu den Einwohnerzahlen 2008.
c) Um wie viele Einwohner verändert sich jeweils die Bevölkerung gegenüber dem Jahr 2007?

19 Setze um fünf Zahlen fort.
a) 0,42; 0,56; 0,7; …
b) 7,2; 4,5; 21,6; 7,5; 64,8; …
c) 0; 1; 1; 2; 3; 5; 8; 13; 21; 34; …

20 Prof. Fermi fragt
a) Wie viele Wohnhäuser gibt es in Maastricht?
b) Wie viele Fahrräder gibt es in den ganzen Niederlanden zusammen?

TIPP
Die Rundungsregeln findest du im Mathelexikon in diesem Buch.

Zahlen und Zahlbereiche

2 Addieren und Subtrahieren ▶ WISSEN

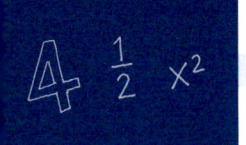

Aachen (258 664 Einwohner) hat neun Partnerstädte in der Welt.
Sara und Vahit haben sich die Größen dieser Städte angesehen. Ihre Aussagen begründen sie durch Überschläge und genaue Rechnungen.

Stadt	Land	Einwohner (Jahr)
Reims	Frankreich	181 468 (2008)
Halifax	England	82 056 (2001)
Toledo	Spanien	82 489 (2010)
Naumburg	Deutschland	34 294 (2010)
Ningbo	China	5 710 000 (2010)
Arlington	USA	207 627 (2010)
Kapstadt	Südafrika	3 497 101 (2007)
Kostroma	Russland	273 400 (2007)

Ningbo, Partnerstadt von Aachen

1. Sara sagt: „Die kleinste Partnerstadt Naumburg hat rund 225 000 Einwohner weniger als Aachen."

Sara überschlägt:
  259 000
− 34 000
= 225 000

Sara rechnet:
  258 664
− 34 294
         1
  224 370

2. Vahit sagt: „Halifax, Toledo und Naumburg haben zusammen rund 75 000 Einwohner mehr als Kostroma in Russland."

Vahit überschlägt:
270 000 − 80 000 − 80 000 − 35 000 = 75 000

Vahit rechnet:
   82 056
+ 82 489
+ 34 294
     1 2 1
  198 839

   273 400
− 198 839
   1 1 1 1 1
    74 561

▶ ÜBEN

HINWEIS
Mache immer zuerst einen Überschlag, auch wenn du einen Taschenrechner nutzt.

1 Finde Aussagen zu den Partnerstädten von Aachen. Begründe sie wie Sara und Vahit durch Rechnungen.

2 Bilde eine Additionsaufgabe (eine Subtraktionsaufgabe) mit dem Ergebnis 1111.

3 Berechne geschickt.
a) 808 + 2700 + 302
b) 7800 + 3712 + 488
c) 12 731 + 2000 + 8269
d) 78 + 715 + 212 + 4285

4 Vervollständige die Additionspyramide im Heft.

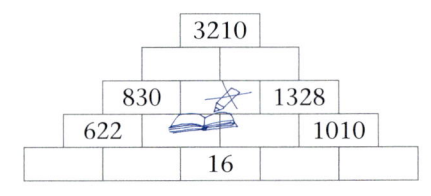

```
          3210
      830      1328
   622            1010
          16
```

5 Vervollständige im Heft.

+	53	64	75		97
91	144				
81					
	100			157	

6 Berechne.
a) 652 + 1919   b) 2837 − 871   c) 9387 − 6524
d) 82 716 − 808   e) 2610 − 1969   f) 4102 − 209

7 Überschlage und berechne.
a) 15 874 − 774 − 520   b) 28 693 + 1600 − 7093
c) 8902 − 8700 + 1012   d) 87 599 − 8099 − 15 500

Wenn du schriftlich mit Dezimalbrüchen rechnest: Schreibe stellengerecht untereinander, also Komma unter Komma.

8 Überschlage und berechne.
a) 4570,2 + 306,5   b) 2408,6 + 99,8
c) 809,573 + 175,399   d) 197,56 + 420,60
e) 305,96 + 78,407   f) 38,92 + 50,772

9 Überschlage und berechne.
a) 3261,50 − 769,94
b) 195,86 − 84,5
c) 907,71 − 42,88
d) 5119,95 − 702,97
e) 4206,47 − 59,337
f) 941,682 − 74,93
Kontrollzahlen:
111,36; 864,83; 866,752;
2491,56; 4416,98; 4147,133

10 Finde die passende Zahl.
a) ▲ + 2540 = 3120
b) 36,75 + ▲ = 423,5
c) ▲ + 75,9 = 80,2
d) 806,2 + ▲ = 912,1
e) 64,68 − ▲ = 58,18

11 Finde die passende Zahl.
a) 86 704 + ▲ + 19 975 = 122 222
b) 9,67 + 58,35 + ▲ + 117,5 = 200
c) 109,6 + 680 + 0,4 + ▲ = 905,2
d) 6,36 + 9,99 + ▲ + 8,64 = 29,99

12 Finde nur durch Überschlagen das richtige Ergebnis.
a) 156 089 + 80 847 + 527 738
(975 438; 764 674; 520 831)
b) 7 884 021 + 400 789 + 309 962
(8 594 772; 5 480 321; 867 443)
c) 850 607 − 64 882 − 349 992
(435 733; 627 122; 250 329)
d) 3572,289 − 749,983 − 268,117
(2554,189; 255,418; 6255,418)

13 Finde für ■ jeweils die passenden Ziffern.
a) 5■76■4 − 40■875 = 144 74■
b) 705,■31 + 4■,62■ = ■■0,8■0

14 Ein Autohaus bietet ein Fahrzeug mit Sportausstattung zum Aktionspreis von 21 450 € an. Die Sportausstattung umfasst: Sportsitze 620 €; Sportlenkrad 140 €; getönte Scheiben 210 €; Schiebedach 510 €.
Ist der Kauf interessant, wenn der Grundpreis für das Fahrzeug 20 370 € beträgt?

15 Notiere je drei Beispiele passender Zahlen.
a) Die Summe von vier Zahlen beträgt 334 042. Eine Zahl enthält dieselben Ziffern wie eine andere.
b) Die Summe von fünf Zahlen beträgt 100 001. Zwei Zahlen sind das Doppelte je einer anderen.

16 Verwende die Ziffern 3; 7; 2; 9; 0 und 8.
a) Addiere die drei größten (die drei kleinsten) Zahlen, die du mit diesen Ziffern bilden kannst.
b) Subtrahiere die Summe der drei kleinstmöglichen Zahlen aus diesen Ziffern von der Summe der drei größtmöglichen Zahlen.
c) Addiere zur größtmöglichen Zahl die beiden kleinsten mit 230… beginnenden Zahlen.

17 Wie verändert sich …
a) die Summe zweier Zahlen, wenn die erste Zahl um 7,6 vermindert und die zweite Zahl um 7,6 erhöht wird?
b) die Differenz zweier Zahlen, wenn beide Zahlen um 0,15 verkleinert werden?

AUFGABE DER WOCHE
Was ist ein Hektoliter?

BIST DU FIT?

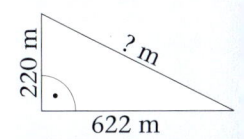

1. Links siehst du Amelie Kober auf ihrer Fahrt zur Silbermedaille bei den Olympischen Spielen in Turin 2006.
Beschreibe ihre Körperhaltung und die Stellung ihres Snowboards. Gehe dabei auf die Winkel ein, die zum Beispiel ihre Beine zum Snowboard (zur Piste, zum Oberkörper) bilden.

2. Eine Snowboardstrecke überwindet einen Höhenunterschied von 220 m und eine horizontale Entfernung von 622 m. Welche Strecke fahren die Sportler?

Zahlen und Zahlbereiche

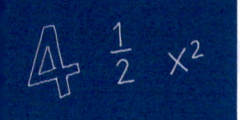

3 Multiplizieren und Dividieren ▶ WISSEN

Im Jahr 2010 wurden in Aachen 405 217 ankommende Besucher (ohne Tagesgäste) und insgesamt 845 661 Übernachtungen gezählt.

Sara will ausrechnen, wie viele Tage die Gäste durchschnittlich bleiben.
Sie überschlägt zuerst:
800 000 : 400 000 = 2

Den genauen Wert errechnet Sara mit ihrem Taschenrechner und rundet:
845 661 : 405 217 = 2,086 … ≈ 2,1

Die mittelalterlichen Stadtbefestigungen sind Wahrzeichen und viel besuchte Sehenswürdigkeiten in Aachen.

▶ ÜBEN

1 Berechne im Kopf.
a) 500 · 40　　b) 75 · 3　　c) 250 · 40
d) 4 · 17 · 25　　e) 8 · 700 · 25　　f) 8 · 6 · 125
g) 6400 : 4　　h) 72 000 : 80　　i) 900 : 45
j) 6600 : 3　　k) 280 000 : 14　　l) 121 000 : 11
Kontrollzahlen: 20; 225; 900; 1600; 1700; 2200; 6000; 10 000; 11 000; 20 000; 20 000; 140 000

2 Das Produkt zweier Zahlen ist 10 479 042. Eine Zahl ist doppelt so groß wie die andere.

3 Multiplikationspyramiden

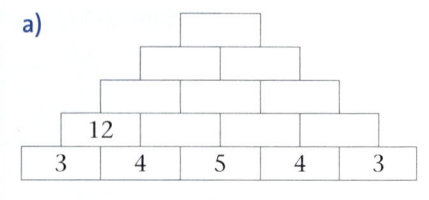

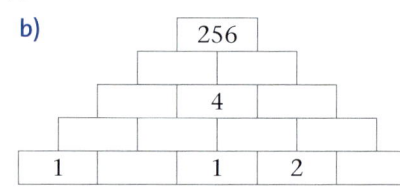

a)
```
          [  ]
       [  ][  ]
    [  ][  ][  ]
  [12][  ][  ][  ]
[3][4][5][4][3]
```

b)
```
         [256]
       [  ][  ]
     [  ][4][  ]
   [  ][  ][  ][  ]
  [1][  ][  ][1][2]
```

HINWEIS: Wenn du schriftlich multiplizierst, kannst du das Komma nach dem Überschlag setzen. Oder nach der Regel: Das Ergebnis hat so viele Nachkommastellen wie beide Faktoren zusammen.

4 Überschlage und berechne.
a) 628 · 4,9　　b) 758,2 · 67　　c) 2097,8 · 4,2
d) 2,585 · 8,3　　e) 0,62 · 125　　f) 0,93 · 0,84

5 Überschlage die Ergebnisse.
a) 40,92 · 40;　40,92 · 400;　40,92 · 4000
b) 589,4 · 8;　589,4 · 80;　589,4 · 800
c) 5,02 · 8;　5,02 · 0,8;　5,02 · 0,08;　5,02 · 0,008

6 Übernachten in Aachen 2010
a) Hotels, Pensionen und Kurkliniken boten täglich Platz für 4506 Gäste. Wie viele Übernachtungen sind pro Jahr theoretisch möglich?
b) In Aachen gibt es rund 100 Ferienwohnungen und Privatzimmer. Schätze, für wie viele Gäste sie Platz bieten.
c) Wie vielen Gästen bietet Aachen insgesamt etwa Platz?

7 Erkläre: „2010 waren die Hotels, Pensionen und Kurkliniken in Aachen zu durchschnittlich 51,4% ausgelastet."

8 Unter den ankommenden Besuchern Aachens im Jahr 2010 waren 123 467 aus dem Ausland. Sie blieben für insgesamt 242 908 Nächte.
a) Wie viele Tage blieben diese Gäste durchschnittlich?
b) Vergleiche mit den Besuchern insgesamt (siehe oben).
c) Erkläre den Begriff „durchschnittlich" am Beispiel der Übernachtungsdauer.
d) Wie viel Prozent aller Besucher Aachens kamen 2010 aus dem Ausland?

9 Überschlage und berechne.
a) 789 · 6,4   b) 853 · 5,9
c) 642 · 8,43   d) 80,7 · 16,5
e) 91,83 · 8,4 f) 64,7 · 20,8
Kontrollzahlen:
771,372; 1331,55; 1345,76;
5032,7; 5049,6; 5412,06

10 Vergleiche.
a) 7 · 8 + 5 · 6 und 7 + 8 · 5 + 6
b) 3 · 6 + 9 · 4 und 3 + 6 · 9 + 4
c) 6 · 7 + 4 · 18 und 6 + 7 · 4 + 18

11 Ein Oldtimertraktor erreicht 25 km/h Höchstgeschwindigkeit. Er hat ein Schwungrad für einen gleichmäßigen Motorlauf und um andere Maschinen über einen Riemen anzutreiben. Das Schwungrad dreht sich bei mittlerer Fahrtgeschwindigkeit 520-mal pro Minute.

12 Erwachsene Menschen atmen pro Minute etwa 12-mal ein und aus, Jugendliche etwa 15-mal. Ein Säugling atmet in der gleichen Zeit etwa 40- bis 60-mal.
a) Wie viele Atemzüge sind dies jeweils in einem Jahr?
b) Wie viele Atemzüge waren es bei dir bis jetzt?
c) Bei einem Notfall wird 15 Minuten lang künstlich beatmet. Was ist zu beachten?
d) Wie verändert sich deine Atmung, wenn du Sport treibst?

13 Welche der Zahlen sind teilbar …
a) durch 3: 444; 3921; 84 509; 75 162; 58 377?
b) durch 4: 7964; 88 802; 63 736; 775 328; 92 482?
c) durch 5: 899 570; 553 585; 255 054; 999 990?

14 Überschlage und berechne.
a) 74 580 : 30   b) 83 600 : 50   c) 498 000 : 600
d) 25 795 : 55   e) 742 840 : 7   f) 38 440 : 62

15 Vergleiche die Ergebnisse.
a) Dividiere 78 560 durch 20 (durch 2; durch 0,2).
b) Dividiere 3276 durch 7 (durch 0,7; durch 0,07).

16 Berechne.
a) 12 060 : 4,5   b) 770 : 2,8   c) 29 015 : 0,3
d) 351,88 : 76   e) 217,62 : 2,6 f) 73,08 : 4

17 Finde passende Zahlen.
a) ▲ · 596 = 2086   b) 211,2 · ▲ = 264
c) ▲ : 38 = 49   d) 40 227 : ▲ = 583

18 Überschlage und berechne.
a) 397,44 : 46   b) 4273,92 : 7,2
c) 939,471 : 10,9   d) 636,888 : 1,36
e) 1489,940 : 20,5   f) 1334,368 : 51,8

19 Welches der Ergebnisse …
a) liegt am nächsten an 470?
   13 895 : 35; 20 871 : 27; 9234 : 19; 13 804 : 23
b) liegt zwischen 1200 und 1500?
   114 975 : 105; 129 046 : 113; 261 936 : 214;
   115 064 : 76; 387 846 : 261

HINWEIS
Punktrechnung vor Strichrechnung

20 Multipliziere zweistellige Zahlen im Kopf.

Trick:	Beispiel: 21 · 32
1. Stelle dir die beiden Zahlen untereinander vor.	21 × 32
2. Multipliziere die Einerziffern. Dies ergibt im Ergebnis die Einerziffer.	1 · 2 = 2
3. Multipliziere die Ziffern „über Kreuz" und addiere. Dies ergibt im Ergebnis die Zehnerziffer.	2 · 2 = 4 und 1 · 3 = 3 4 + 3 = 7
4. Multipliziere die Zehnerziffern. Dies ergibt im Ergebnis die Hunderterziffer.	2 · 3 = 6 **Ergebnis:** 672

Ausnahme: Ist das Ergebnis eines Zwischenschritts größer als 9, dann wird die Einerziffer aufgeschrieben und die Zehnerziffer zum Ergebnis des nächsten Schritts addiert.

Zahlen und Zahlbereiche

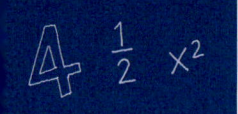

4 Anteile und Brüche ▶ WISSEN

Die folgenden Bilder zeigen verschiedene Darstellungen des Bruches $\frac{5}{6}$.

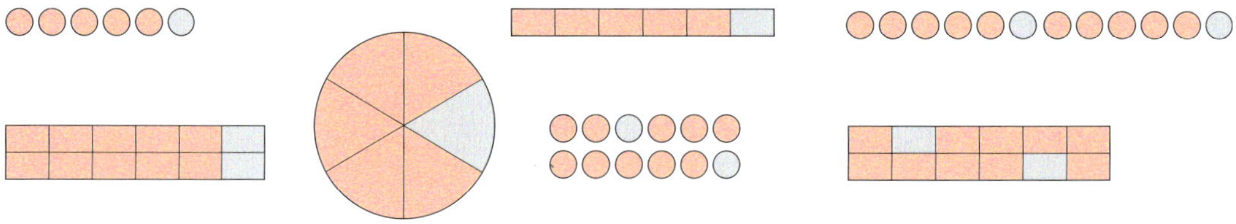

$\frac{5}{6}$
$= 5 : 6$
$= 0{,}833\,33\ldots$
$= 0{,}8\overline{3}$
$\approx \frac{83}{100}$
$= 83\,\%$

▶ ÜBEN

1 Toni meint, dass er in den Bildern oben auch die Brüche $\frac{1}{6}$ und $\frac{10}{12}$ sieht. Was meinst du dazu? Begründe.

2 Wähle einen Bruch aus und fertige dazu passende Darstellungen an (siehe oben).

3 Zeichnen und Färben
a) Zeichne Quadrate. Färbe davon $\frac{3}{4}$ ($\frac{5}{8}$; $\frac{5}{6}$; $\frac{2}{3}$) rot.
b) Zeichne Rechtecke. Färbe davon $\frac{4}{5}$ ($\frac{3}{10}$; $\frac{5}{8}$; $\frac{4}{6}$) rot.
c) Stelle an Kreisen die Brüche $\frac{3}{4}$ ($\frac{5}{12}$; $\frac{3}{8}$; $\frac{5}{6}$; $\frac{4}{5}$) dar.

4 Welche Brüche sind hier dargestellt? Was fällt dir auf?

5 Mithilfe des Bildes aus Aufgabe 4 begründet Tahira, dass $\frac{2}{5} < \frac{3}{7}$ ist.
Was meinst du dazu? Finde selbst solche Aussagen.

6 Vergleiche.
a) $\frac{3}{8}$ und $\frac{4}{5}$ b) $\frac{7}{8}$ und $\frac{7}{9}$
c) $\frac{2}{9}$ und $\frac{1}{5}$ d) $\frac{3}{4}$ und $\frac{21}{28}$
e) $\frac{3}{5}$ und $\frac{5}{3}$ f) $\frac{1}{6}$ und $\frac{1}{9}$

7 Welche Brüche sind hier dargestellt?
a)
b)
c)

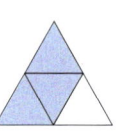

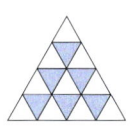

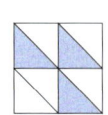

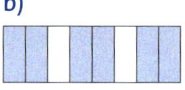

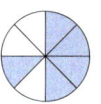

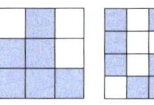

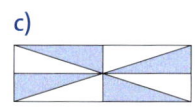

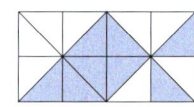

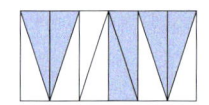

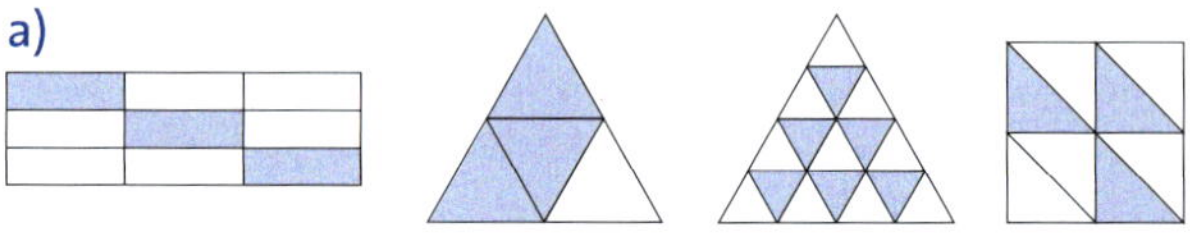

8 Welche Zahlen sind an der Zahlengerade markiert? Ordne sie der Größe nach.

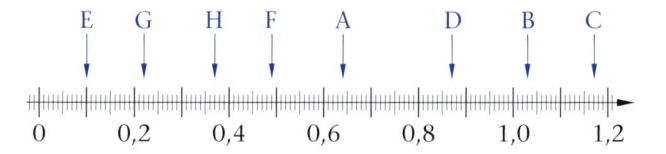

9 Nenne die dargestellten Zahlen. Ordne sie der Größe nach.

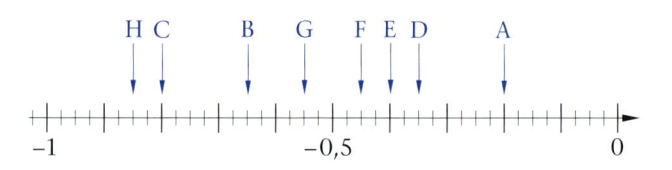

10 Zeichne eine passende Zahlengerade in dein Heft. Markiere darauf die folgenden Brüche.
a) $\frac{5}{6}$ b) $\frac{2}{3}$ c) $\frac{3}{4}$ d) $\frac{7}{8}$ e) $\frac{4}{9}$

5 Rechnen mit Brüchen ▶ WISSEN

Stefanie hat ein Bild gezeichnet, das zur Aufgabe $\frac{2}{3} - \frac{1}{5}$ passt:

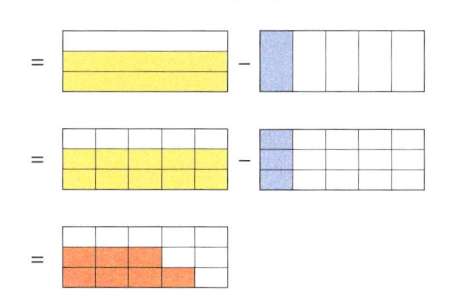

Laurin hat ein Bild gezeichnet, zu dem es zwei passende Aufgaben gibt:

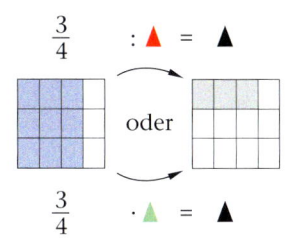

$$\frac{3}{4} : \triangle = \blacktriangle$$

oder

$$\frac{3}{4} \cdot \triangle = \blacktriangle$$

HINWEIS
Kürze deine Ergebnisse, wenn möglich.

Und so rechnet Stefanie:

$\frac{2}{3} - \frac{1}{5} = \frac{10}{15} - \frac{3}{15} = \frac{7}{15}$

Das Ergebnis $\frac{7}{15}$ kann man nicht weiter kürzen.

Und so rechnet Laurin:

Dividieren:
$\frac{3}{4} : 3 = \frac{3}{12} = \frac{1}{4}$

Multiplizieren:
$\frac{3}{4} \cdot \frac{1}{3} = \frac{3 \cdot 1}{4 \cdot 3}$
$= \frac{3}{12} = \frac{1}{4}$

▶ ÜBEN

1 Suche dir eine Additionsaufgabe mit Brüchen aus. Zeichne dazu ein Bild wie Stefanie.

2 Erkläre an Beispielen, wie man zwei Brüche addiert (subtrahiert). Schlage dazu auch im Mathelexikon nach.

3 Berechne.
a) $\frac{2}{5} + \frac{4}{5} + \frac{3}{5}$
b) $\frac{4}{3} + \frac{2}{3} + \frac{7}{3}$
c) $\frac{9}{10} - \frac{3}{10} - \frac{5}{10}$

4 Ergänze jeweils die fehlende Zahl.
a) $\frac{3}{9} + \frac{5}{12} = \frac{\triangle}{36}$
b) $\frac{9}{10} - \frac{\triangle}{15} = \frac{5}{30}$
c) $\frac{7}{\triangle} - \frac{3}{8} = \frac{13}{40}$
d) $\frac{5}{6} + \frac{9}{\triangle} = \frac{47}{24}$
e) $\frac{3}{8} - \triangle = \frac{5}{24}$
f) $\triangle - \frac{3}{4} = \frac{7}{8}$

5 Berechne.
a) $\frac{2}{5} + \frac{1}{6}$
b) $\frac{7}{8} - \frac{1}{4}$
c) $\frac{2}{3} - \frac{2}{9}$
d) $\frac{5}{12} + \frac{5}{6}$
e) $\frac{5}{8} - \frac{1}{3}$
f) $\frac{4}{5} + \frac{2}{3}$
g) $\frac{5}{6} + \frac{7}{12} + \frac{3}{8}$
h) $\frac{6}{7} + \frac{5}{14} - \frac{1}{4}$

HINWEIS: Zahlen wie $3\frac{1}{6}$ sind gemischte Zahlen.
Es gilt: $3\frac{1}{6} = 3 + \frac{1}{6} = \frac{18}{6} + \frac{1}{6} = \frac{19}{6}$

6 Berechne. Beachte den Hinweis.
a) $4\frac{3}{4} + \frac{4}{5}$
b) $5\frac{2}{5} - \frac{3}{8}$
c) $4\frac{1}{2} - 2\frac{3}{4}$
d) $\frac{17}{10} - 4\frac{1}{5}$
e) $2\frac{1}{6} + 3\frac{7}{8}$
f) $1\frac{1}{8} - 1\frac{1}{9}$

7 Nenne Brüche, die genau in der Mitte liegen zwischen …
a) 6 und 7,
b) $2\frac{1}{2}$ und 3,
c) $5\frac{1}{4}$ und 6,
d) $\frac{3}{8}$ und $\frac{1}{2}$.

8 Gib die Anteile als Brüche an.
a) 2 m von 16 m
b) 4 € von 28 €
c) 5 s von 60 s
d) 10 t von 15 t

9 Berechne.
a) $\frac{2}{3}$ von 36 m
b) $\frac{3}{4}$ von 28 €
c) $\frac{2}{5}$ von 60 s
d) $\frac{7}{10}$ von 15 t
e) $\frac{5}{6}$ von 60 h
f) $\frac{1}{10}$ von 36 €

10 Berechne.
a) $\frac{5}{6} \cdot 3$
b) $\frac{3}{5} \cdot 7$
c) $\frac{4}{9} \cdot 6$
d) $\frac{7}{12} \cdot 14$

11 Finde passende Zahlen für △.
a) $\triangle \cdot 24 = 12$
b) $\frac{4}{5} \cdot \triangle = 48$
c) $\frac{5}{8} \cdot \triangle = 20$
d) $\triangle \cdot 36 = 24$

12 Erkläre an einem Beispiel, wie man zwei Brüche miteinander multipliziert. Schlage dazu auch im Mathelexikon nach.

Zahlen und Zahlbereiche

13 Berechne.
a) $\frac{3}{5}$ von $\frac{1}{2}$ b) $\frac{2}{3}$ von $\frac{3}{4}$ c) $\frac{1}{2}$ von $\frac{3}{4}$
d) $\frac{1}{6}$ von $\frac{4}{5}$ e) $\frac{3}{8}$ von $4\frac{1}{2}$ f) $\frac{3}{4}$ von $2\frac{2}{5}$

14 Berechne.
a) $\frac{5}{9} \cdot \frac{3}{4}$ b) $\frac{3}{4} \cdot \frac{5}{12}$ c) $\frac{5}{8} \cdot \frac{4}{5}$
d) $\frac{2}{3} \cdot 1\frac{1}{2}$ e) $\frac{4}{15} \cdot \frac{12}{5} \cdot \frac{5}{6}$ f) $\frac{1}{2} \cdot \frac{1}{3} \cdot \frac{1}{4}$

15 Vergleiche die Ergebnisse. Was fällt dir auf?
a) $\frac{3}{4} : 3$ und $\frac{3}{4} \cdot \frac{1}{3}$ b) $\frac{4}{7} : 2$ und $\frac{4}{7} \cdot \frac{1}{2}$
c) $\frac{8}{9} : 4$ und $\frac{8}{9} \cdot \frac{1}{4}$ d) $\frac{3}{8} : 5$ und $\frac{3}{8} \cdot \frac{1}{5}$
e) $\frac{3}{5} \cdot 3$ und $\frac{3}{5} : \frac{1}{3}$ f) $\frac{1}{2} \cdot 6$ und $\frac{1}{2} : \frac{1}{6}$

16 Laurin sagt: „Man kann zwei Zahlen miteinander multiplizieren, und das Ergebnis ist kleiner als jede der beiden Zahlen."
Hat er recht? Begründe deine Aussage.

17 Erkläre an einem Beispiel, wie man einen Bruch durch einen anderen Bruch dividiert. Schlage dazu auch im Mathelexikon nach.

18 Berechne.
a) $\frac{2}{3} : 2$ b) $\frac{2}{5} : 3$ c) $\frac{4}{5} : 10$
d) $\frac{11}{2} : 5$ e) $\frac{4}{5} : 2$ f) $\frac{1}{2} : 10$

19 Berechne.
a) $\frac{1}{2} : 4$ b) $\frac{1}{3} : 2$ c) $\frac{3}{5} : 6$
d) $\frac{2}{9} : 8$ e) $\frac{3}{2} : 15$ f) $2\frac{1}{4} : 2$

20 Berechne.
a) $3\frac{3}{4} : 5$ b) $2\frac{2}{3} : 4$ c) $4\frac{4}{6} : 7$
d) $2\frac{5}{6} : 2$ e) $1\frac{4}{5} : 9$ f) $8\frac{3}{4} : 5$

21 Ergänze im Heft zu richtig gelösten Aufgaben.
a) ▲ $\cdot \frac{3}{4} = 27$ b) $12 :$ ▲ $= \frac{2}{5}$
c) ▲ $: 2 = \frac{1}{8}$ d) ▲ $\cdot \frac{2}{3} = 28$
e) $12 \cdot$ ▲ $= 8$ f) $15 :$ ▲ $= 10$

22 Deutschland ist $357\,093\,km^2$ groß. Verkehrswege und Siedlungen nehmen $\frac{1}{8}$ seiner Fläche ein. Wie viel km^2 sind das?

23 Deutschlands Grenzen sind 3757 km lang. Die gemeinsame Grenze mit der Schweiz macht rund $\frac{1}{12}$ davon aus. Die gemeinsame Grenze mit Frankreich ist 448 km lang, die zu Luxemburg 135 km.

24 Bei einem Ausflug der 10I sind 8 Schüler und Schülerinnen erkrankt. Das sind $\frac{2}{7}$ der Klasse. Wie viele Schülerinnen und Schüler hat die 10I?

25 Daniel füllt aus einer 1,5-ℓ-Flasche Mineralwasser in Gläser mit je 0,2 ℓ Inhalt. Wie viele Gläser kann er füllen? Wie viele wären es bei $\frac{1}{3}$-ℓ-Gläsern?

26 Bei einem Kraftstoffgemisch für einen Rasenmäher ist $\frac{1}{25}$ des Volumens Öl, der Rest ist Benzin.
Ein Kanister fasst 5ℓ (10ℓ; 20 ℓ).

AUFGABE DER WOCHE
Diese Figur wurde aus Halbkreisen mit verschiedenen Durchmessern erzeugt.

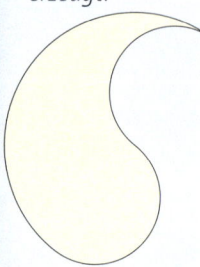

Zeichne sie nach und berechne ihre Fläche.

BIST DU FIT?

1. Rechts siehst du einen Teil eines Hausgiebels.
a) Welche geometrischen Figuren erkennst du am Giebel?
b) Ist der Giebel symmetrisch? Begründe deine Aussage.

2. Zeichne ein Quadrat (Seitenlänge 4,2 cm) und ein Rechteck (Länge 14,7 cm; Breite 1,2 cm). Vergleiche Umfänge (Flächeninhalte) der Figuren.

27 Diese drei Tafeln Schokolade wiegen je 100 g.

a) Bei welcher Tafel ist der Anteil der hervorgehobenen Stückchen an der ganzen Tafel am größten?
b) Wie viel Gramm sind jeweils hervorgehoben?

28 Setze die Kärtchen so geschickt ein, dass du das Ergebnis im Kopf berechnen kannst. Verwende jedes Kärtchen aber nur einmal.

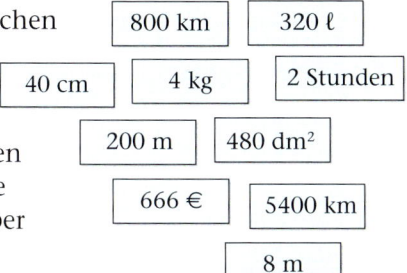

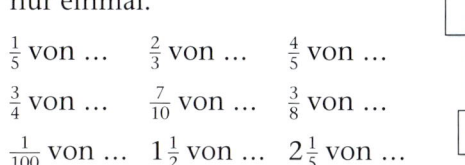

800 km	320 ℓ
40 cm	4 kg	2 Stunden
200 m	480 dm²
666 €	5400 km
8 m
128 €
62,5 km

$\frac{1}{5}$ von ... $\frac{2}{3}$ von ... $\frac{4}{5}$ von ...

$\frac{3}{4}$ von ... $\frac{7}{10}$ von ... $\frac{3}{8}$ von ...

$\frac{1}{100}$ von ... $1\frac{1}{2}$ von ... $2\frac{1}{5}$ von ...

(Drei Kärtchen bleiben übrig. Erfinde eigene Aufgaben dazu.)

29 Vergleiche die farbigen Anteile jeweils nach Augenmaß.

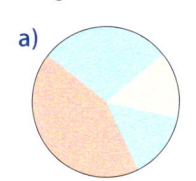

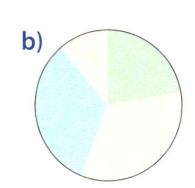

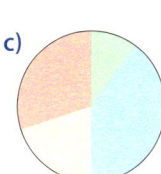

a)   b)   c)

30 Wahr oder falsch? Begründe.
a) $\frac{1}{4}$ kg $\stackrel{?}{=}$ 0,25 kg
b) $1\frac{7}{100}$ ℓ $\stackrel{?}{=}$ 1,7 ℓ
c) 4,5 km $\stackrel{?}{=}$ $4\frac{1}{2}$ km
d) 0,6 $\stackrel{?}{=}$ $\frac{2}{3}$
e) 1,025 t $\stackrel{?}{=}$ $1\frac{1}{4}$ t
f) 5,250 ℓ $\stackrel{?}{=}$ $5\frac{1}{5}$ ℓ
g) 3,03 kg $\stackrel{?}{=}$ $3\frac{3}{100}$ kg
h) $\frac{1}{9}$ $\stackrel{?}{=}$ 0,11...

31 Wahr oder falsch? Begründe.
a) $\frac{3}{5}$ $\stackrel{?}{=}$ 0,6
b) $\frac{6}{8}$ $\stackrel{?}{=}$ 0,65
c) $\frac{4}{5}$ $\stackrel{?}{=}$ 0,8
d) $\frac{20}{100}$ $\stackrel{?}{=}$ 0,2
e) $\frac{1}{3}$ $\stackrel{?}{=}$ 0,333
f) $\frac{9}{15}$ $\stackrel{?}{=}$ 0,6

32 Schreibe als Dezimalbrüche.
a) $\frac{3}{10}$
b) $1\frac{1}{2}$
c) $2\frac{1}{4}$
d) $\frac{2}{1000}$
e) $\frac{4}{100}$
f) $2\frac{1}{5}$
g) $1\frac{1}{8}$
h) $4\frac{3}{4}$
i) $3\frac{1}{10}$

33 Finde fünf Brüche, die zum Dezimalbruch 0,75 passen.

34 Dimitra hatte für eine Urlaubsreise 44 € Taschengeld. Davon hat sie $\frac{3}{4}$ ausgegeben. Patrick hatte 45 € mit im Urlaub. Er hat $\frac{4}{5}$ ausgeben. Wer hat mehr Geld übrig?

35 Finde einen Bruch, der möglichst nah an $\frac{1}{2}$ liegt, aber größer als $\frac{1}{2}$ ist.

36 Finde für △ passende Brüche.
a) $\frac{1}{9} + △ = \frac{1}{3}$
b) $\frac{1}{5} - △ = \frac{1}{10}$
c) $△ + \frac{1}{5} = \frac{15}{20}$
d) $\frac{1}{2} + △ = \frac{8}{5}$
e) $△ - \frac{1}{4} = \frac{1}{8}$
f) $\frac{4}{3} - △ = \frac{1}{6}$

37 Ermittle den Umfang und den Flächeninhalt der folgenden Figur.

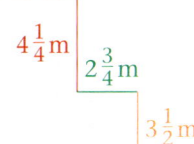

$12\frac{1}{2}$ m
$4\frac{1}{4}$ m
$2\frac{3}{4}$ m
$3\frac{1}{2}$ m

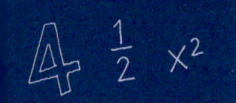

6 Zehnerpotenzen ▶ WISSEN

Der Baikalsee ist der größte Süßwassersee der Erde. Seinen Wasserinhalt von 23 600 000 000 000 m³ kann man kurz schreiben: 2,36 · 10¹³ m³.

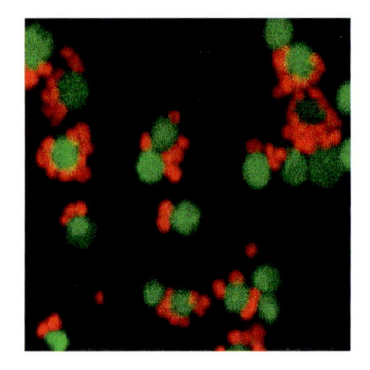

Die Bakterie Nanoarchaeum equitans (im Bild rot) gilt mit $4 \cdot 10^{-7}$ Metern Durchmesser als kleinstes Lebewesen der Erde. Auf den Punkt am Satzende passen 400 000 dieser Tiere.

Potenzen mit der Basis 10 heißen Zehnerpotenzen. Sie werden genutzt, um sehr große oder sehr kleine Zahlen übersichtlich und kurz aufzuschreiben.

Tausend	1 000	10^3	10^{-3}	0,001	Tausendstel
Million	1 000 000	10^6	10^{-6}	0,000 001	Millionstel
Milliarde	1 000 000 000	10^9	10^{-9}	0,000 000 001	Milliardstel
Billion	1 000 000 000 000	10^{12}	10^{-12}	0,000 000 000 001	Billionstel

BEISPIELE

$0,0001$
$= 0,1 \cdot 0,1 \cdot 0,1 \cdot 0,1$
$= \frac{1}{10} \cdot \frac{1}{10} \cdot \frac{1}{10} \cdot \frac{1}{10}$
$= \frac{1}{10 \cdot 10 \cdot 10 \cdot 10}$
$= \frac{1}{10^4} = 10^{-4}$

$5\,900\,000\,000$ km
$= 5,9 \cdot 1\,000\,000\,000$ km
$= 5,9 \cdot 10^9$ km
(Entfernung des Pluto von der Sonne)

$7,5 \cdot 10^{-6}$ m
$= 7,5 \cdot \frac{1}{10^6}$ m
$= 0,000\,007\,5$ m
(Durchmesser eines roten Blutkörperchens)

▶ ÜBEN

INFO
*Die Schreibweise großer und kleiner Zahlen mit Zehnerpotenzen nennt man auch **wissenschaftliche Schreibweise**.*

1 Setze die Liste oben im Heft fort (Billiarden und Billiardstel, Trillionen und Trillionstel, …).

2 Schreibe in Kurzform mithilfe von Zehnerpotenzen.
a) 52 000 m b) 360 000 km
c) 7 100 000 t d) 0,05 m
e) 0,000 04 g f) 0,000 15 mm²

3 Runde die Einwohnerzahlen auf den Seiten 26 und 27 und schreibe sie mit Zehnerpotenzen.

4 Schreibe ausführlich ohne Zehnerpotenzen.
a) $3,8 \cdot 10^3$ m b) $1,5 \cdot 10^5$ m
c) $8,3 \cdot 10^8$ m d) $2 \cdot 10^{-3}$ m
e) $9 \cdot 10^{-4}$ m f) $7 \cdot 10^{-12}$ m

5 Schreibe ausführlich ohne Zehnerpotenzen.
a) $4,2 \cdot 10^7$ m³ b) $4,85 \cdot 10^{10}$ m³

6 Beschreibe, wie dein Taschenrechner das Ergebnis darstellt. Begründe.
a) 25 000 · 4 800 000 · 120 000
b) 0,000 075 · 0,000 01 8 · 0,000 083
c) 0,000 96 · 0,000 000 36 · 0,000 002 8
d) 7 800 000 · 24 000 000 · 4 800 000 000

7 Berechne mit einem Taschenrechner.
a) $9 \cdot 4,8 \cdot 10^8$ b) $5,2 \cdot 10^{-4} \cdot 6800$
c) $2,08 \cdot 10^6 : 25$ d) $4,8 \cdot 10^8 + 2 \cdot 10^8$
e) $40 : (2 \cdot 10^{-5})$ f) $8,1 \cdot 10^6 + 2 \cdot 10^{-2}$

8 Die Umlaufgeschwindigkeit der Erde um die Sonne beträgt etwa $3 \cdot 10^4$ m/s. Hänschen wurde heute drei Jahre alt. Wie oft hat er bereits die Sonne umkreist?

Die Planeten unseres Sonnensystems

	Sonne	Merkur	Venus	Erde	Mars
		Mein	Vater	erklärt	mir
Durchmesser	1 395 500 km	4878 km	12 102 km	12 756 km	6794 km
Masse	$2{,}0 \cdot 10^{30}$ kg	$3{,}3 \cdot 10^{23}$ kg	$4{,}9 \cdot 10^{24}$ kg	$6{,}0 \cdot 10^{24}$ kg	$6{,}4 \cdot 10^{23}$ kg
mittlere Entfernung von der Sonne	0 km	$58 \cdot 10^6$ km	$108 \cdot 10^6$ km	$150 \cdot 10^6$ km	$228 \cdot 10^6$ km

	Jupiter	Saturn	Uranus	Neptun	Pluto
	jeden	Sonntag	unsere	neun	Planeten
Durchmesser	142 948 km	120 536 km	51 118 km	49 528 km	2302 km
Masse	$1{,}9 \cdot 10^{27}$ kg	$5{,}7 \cdot 10^{26}$ kg	$8{,}7 \cdot 10^{25}$ kg	$1{,}0 \cdot 10^{26}$ kg	$1{,}3 \cdot 10^{22}$ kg
mittlere Entfernung von der Sonne	$779 \cdot 10^6$ km	$1427 \cdot 10^6$ km	$2870 \cdot 10^6$ km	$4497 \cdot 10^6$ km	$5900 \cdot 10^6$ km

9 Ordne die Planeten nach …   a) ihrem Durchmesser,   b) ihrer Masse.
Erstelle jeweils eine Rangliste.

10 Stimmt's?
a) *Ron*: „Der Sonnendurchmesser ist ja nur rund 100-mal so groß wie der Erddurchmesser."
b) *Timo*: „Dann passt die Erde (1,1 Billionen km³) rund 100-mal in die Sonne (1,4 Trillionen km³)."

11 Eine Raumsonde fliegt mit einer Geschwindigkeit von 5 km/s. Wie lange braucht sie von der Erde bis zu unserem Nachbarplaneten Mars?

12 Vervollständige im Heft die folgenden Tabellen.

a)
Planet	Durchmesser : Erddurchmesser
Merkur	0,382
Venus	
Erde	
…	

b)
Planet	Masse : Erdmasse
Merkur	0,055
Venus	
Erde	
…	

13 Einer der größten Seen der Erde ist der Victoriasee in Ostafrika. Er hat einen Rauminhalt von 2760 km³ und eine Oberfläche von 68 800 km². Die Dichte von Wasser beträgt bei einer Temperatur von 20 °C rund 0,9982 g pro cm³.
a) Vergleiche die Oberfläche des Victoriasees mit Nordrhein-Westfalen.
b) Berechne, wie viel das Wasser aus dem Victoriasee insgesamt wiegt.

14 Der Zwergplanet Ceres hat ein Volumen von 438 000 000 km³. Wievielmal so groß ist das Volumen der Erde (1 087 000 000 000 km³)?

15 Eigene Aufgaben finden
Der Saturn ist von auffälligen Ringen umgeben. Der innerste Ring hat einen Durchmesser von 134 000 km. Der äußerste Ring hat einen Durchmesser von 960 000 km. Die Ringe umkreisen den Saturn wie der Mond die Erde. Ein Umlauf um den Saturn dauert zwischen sechs Stunden (innen) und vierzehn Stunden (außen).

HINWEIS
Seit 2006 zählt der Pluto nicht mehr offiziell zu den Planeten. Er ist seitdem nur noch ein Zwergplanet.

Der Zwergplanet Ceres

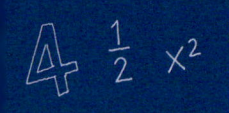

7 Potenzen ▶ WISSEN

Der Erfinder des Schachspiels hatte bei einem indischen Fürsten einen Wunsch frei. Er wünschte sich für das erste Feld des Schachbretts ein Weizenkorn, für das zweite Feld zwei Weizenkörner, für das dritte Feld vier Weizenkörner usw. Auf jedem weiteren der insgesamt 64 Felder sollte die doppelte Anzahl Körner liegen wie auf dem vorangegangenen Feld.

64. Feld	$\underbrace{2 \cdot 2 \cdot 2 \cdot 2 \cdot \ldots \cdot 2 \cdot 2 \cdot 2 \cdot 2}_{63\text{-mal}} \approx 9{,}2$ Trillionen	2^{63} Körner
...		
10. Feld	$2 \cdot 2 \cdot 2 \cdot 2 \cdot 2 \cdot 2 \cdot 2 \cdot 2 \cdot 2 = 512$	2^9 Körner
...		
6. Feld	$2 \cdot 2 \cdot 2 \cdot 2 \cdot 2 = 32$	2^5 Körner
5. Feld	$2 \cdot 2 \cdot 2 \cdot 2 = 16$	2^4 Körner
4. Feld	$2 \cdot 2 \cdot 2 = 8$	2^3 Körner
3. Feld	$2 \cdot 2 = 4$	2^2 Körner
2. Feld	2	
1. Feld	1	

> Potenzen bestehen aus einer Basis und einem Exponenten. Der Exponent (Hochzahl) einer Potenz gibt an, wie oft die Basis x (Grundzahl) mit sich selbst multipliziert werden soll (Anzahl der Faktoren).
>
> Weiter wird festgelegt: $a^1 = a$.
>
> 2^5 — Exponent (Hochzahl), Basis (Grundzahl)

Eine Potenz mit dem Exponenten 2 nennt man das Quadrat der Basis: $8^2 = 8 \cdot 8 = 64$.

▶ ÜBEN

1 Zum Schachspiel
a) Lagen auf dem 20. Feld des Schachspiels mehr oder weniger als 500 000 Körner?
b) Lagen auf den Feldern 1 bis 8 zusammen weniger Körner als auf dem 9. Feld?
c) Bildet eigene Aufgaben zu der Geschichte.

2 Über einen Wanderer auf dem Weg ins Städtchen St. Ives in Cornwall (England) gibt es folgenden Rätselreim:

As I went up to St. Ives
I met a man with seven wives.
Each wife had seven sacks.
Each sack had seven cats.
Each cat had seven kits.
Kits, cats, sacks and wives –
how many were going to St. Ives?

HINWEIS
kit = junge Katze, Kätzchen

3 Berechne die Quadrate im Kopf.
a) 4^2 b) 7^2 c) 9^2 d) 10^2 e) 12^2 f) 25^2
g) $0{,}1^2$ h) $0{,}5^2$ i) $1{,}4^2$ j) $1{,}8^2$ k) $2{,}5^2$ l) $3{,}6^2$

4 Schreibe als Produkte und berechne.
a) 2^3 b) 3^3 c) 5^3 d) 8^3 e) 10^3 f) 15^3
g) $(\frac{1}{2})^2$ h) $(\frac{1}{3})^2$ i) $(\frac{1}{4})^2$ j) $(\frac{2}{3})^2$ k) $(\frac{3}{4})^2$ l) $(\frac{5}{2})^2$

5 Berechne die dritten Potenzen.
a) $0{,}2^3$ b) $0{,}02^3$ c) $0{,}6^3$ d) $0{,}06^3$ e) $0{,}12^3$ f) $1{,}2^3$
g) $(\frac{1}{2})^3$ h) $(\frac{1}{5})^3$ i) $(\frac{3}{4})^3$ j) $(\frac{7}{5})^3$ k) $(\frac{8}{3})^3$ l) $(\frac{1}{8})^3$

6 Setze im Heft das richtige Zeichen: <, = oder >.
a) $3^2 \blacksquare 2^3$ b) $4^3 \blacksquare 3^4$ c) $5^2 \blacksquare 2^5$
d) $6^3 \blacksquare 3^6$ e) $7^2 \blacksquare 2^7$ f) $10^3 \blacksquare 3^{10}$

7 Als **Quadratzahlen** bezeichnet man die Quadrate der Zahlen 1, 2, 3, 4, … Ihre Kenntnis hilft u. a. bei der Selbstkontrolle.

1	4	9	16	25	36	49	64	81
100	121	144	169	196	225	256	289	324	361
400	441	484	…					

Schau dir die Quadratzahlen genau an. Welche Endziffern kommen vor? Begründe.

8 Welche der blauen Zahlen ist das Ergebnis? Begründe.
a) $0{,}7^2 = ?$ 4,9; 0,49; 0,049; 0,0049
b) $3{,}5^2 = ?$ 0,1; 8,4; 12,25; 40,8; 122,5
c) $1{,}8^2 = ?$ 0,324; 3,24; 32,4; 324
d) $14{,}9^2 = ?$ 56,21; 118,01; 199,01; 222,01

9 Schreibe als Produkte und berechne dann.
a) 2^4 b) 5^3 c) 3^5 d) $-(4)^3$
e) 6^4 f) $(-5)^4$ g) 1^7 h) $-(10)^4$

10 Berechne.
a) 3^6 b) $(-2)^5$ c) 6^3 d) 10^5
e) $(-5)^3$ f) $1{,}5^3$ g) $(\frac{3}{4})^3$ h) $(-3)^4$

11 Setze im Heft das richtige Zeichen <, = oder >.
a) $2^5 \blacksquare 16$ b) $4^3 \blacksquare 64$
c) $3^4 \blacksquare 85$ d) $7^3 \blacksquare 343$
e) $5^4 \blacksquare 600$ f) $8^3 \blacksquare 512$
g) $6^5 \blacksquare 7800$ h) $12^4 \blacksquare 20872$

12 Berechne. Runde auf drei Stellen nach dem Komma.
a) $2{,}4^3$ b) $1{,}9^5$ c) $0{,}24^3$
d) $0{,}19^3$ e) $3{,}6^4$ f) $0{,}36^4$

Die Lösungen sind unter den Zahlen 13,824; 24 794,911; 24,761; 0,014; 100 000; 0,007; 0,017; 167,962.

13 Schreibe 4096 auf verschiedene Weise als Potenz. Finde eine weitere natürliche Zahl, die sich auf möglichst verschiedene Weise als Potenz schreiben lässt.

14 Eine Neuigkeit breitet sich aus.
In einer Stadt mit einer Million Einwohnern teilt ein Einwohner eine Neuigkeit in der Zeit zwischen 7 und 8 Uhr vier weiteren Einwohnern mit. Alle, die die Neuigkeit erzählt bekamen, teilten sie in der nächsten Stunde vier anderen Einwohnern mit.
a) Wann etwa kennen 10 000 Einwohner die Neuigkeit?
b) Wann hat sich die Neuigkeit in der ganzen Stadt verbreitet?

METHODE ▶ Potenzen auf dem Taschenrechner

Quadrate
Quadrattaste $\boxed{x^2}$

BEISPIEL: $8{,}6^2 = ?$

Tastenfolge: Anzeige:
8 $\boxed{.}$ 6 $\boxed{x^2}$ 73.96
oder
8 $\boxed{.}$ 6 $\boxed{2nd}$ $\boxed{x^2}$ $\boxed{=}$ 73.96

Andere Potenzen
Potenztaste $\boxed{y^x}$

BEISPIEL: $3{,}7^4 = ?$

Tastenfolge: Anzeige:
3 $\boxed{.}$ 7 $\boxed{y^x}$ 4 $\boxed{=}$ 187.4161
oder
3 $\boxed{.}$ 7 $\boxed{2nd}$ $\boxed{y^x}$ 4 $\boxed{=}$ 187.4161

Bei manchen Taschenrechnern muss die Potenztaste als Zweitfunktion aufgerufen werden: $\boxed{2nd}$.

▶ MATHEMEISTERSCHAFT

1 Bilde mit den Ziffern 1; 6; 3; 8; 2; 7 und 5 die fünf größtmöglichen natürlichen Zahlen.
(2 Punkte)

2 Welche Zahlen sind auf der Zahlengeraden markiert? Ordne sie.
(4 Punkte)

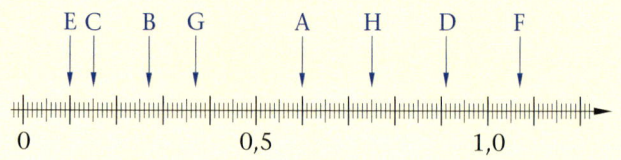

3 Zeichne jeweils eine geeignete Zahlengerade und markiere darauf die Zahlen.
a) 150; 400; 320; 80 *(4 Punkte)* b) $-\frac{3}{4}; \frac{3}{5}; \frac{3}{2}; \frac{3}{10}$ *(4 Punkte)*

4 Runde die Zahlen auf Tausender, Hunderter und Zehntel. *(2 Punkte)*
a) 25 497,32 b) 7438,639

5 Überschlage und berechne. *(4 Punkte)*
a) 8605,7 + 607,24 + 3,09 b) 97 308,4 − 7419,7 − 199,5
c) 8075,9 · 7,4 d) 2627,7 : 5,7

6 Setze die Zahlenfolgen um je drei Zahlen regelmäßig fort. *(3 Punkte)*
a) 9200; 9080; 8960; ... b) 15; 45; 135; ... c) 8570; 9120; 8500; 9190; 8430; ...

7 Zeichne auf Karopapier drei Rechtecke. Markiere $\frac{2}{5}$ ($\frac{3}{4}$; $\frac{7}{10}$) eines Rechtecks farbig.
(3 Punkte)

8 Berechne. *(5 Punkte)*
a) $\frac{2}{3} + \frac{3}{4}$ b) $\frac{5}{8} - \frac{2}{5}$ c) $\frac{3}{2} \cdot 5$ d) $\frac{2}{3} \cdot \frac{1}{2}$ e) $\frac{6}{8} : 3$

9 Ordne die folgenden Längen. *(4 Punkte)*
$2 \cdot 10^5$ m; $8 \cdot 10^{-4}$ m; $8 \cdot 10^{-6}$ m; 28 000 m; $2,99 \cdot 10^{-5}$ m; $1,7 \cdot 10^9$ m

10 Die Erde ist vom Mond etwa $3,84 \cdot 10^5$ Kilometer entfernt.
a) Licht legt in einer Sekunde $3 \cdot 10^8$ Meter zurück.
Wie lange braucht es vom Mond bis zur Erde?
(2 Punkte)
b) Eine moderne Weltraumrakete fliegt mit einer Geschwindigkeit von etwa 20 000 Kilometern pro Stunde.
Wie lange braucht sie von der Erde bis zum Mond?
(2 Punkte)

11 Entlang eines Straßenabschnitts von 350 Metern Länge stehen in gleichmäßigen Abständen 15 Laternen. Ermittle die Abstände.
(3 Punkte)

12 Hans macht eine Radtour. Nach zwei Dritteln des Weges hat er eine Panne. Den restlichen Weg muss er sein Rad schieben. Dafür braucht er doppelt so viel Zeit wie für die mit dem Rad gefahrene Teilstrecke.
Wievielmal schneller ist er mit dem Rad als zu Fuß? *(4 Punkte)*

Potenzen und Tabellenkalkulation ▶ WEITERDENKEN

Ein Tabellenkalkulationsprogramm kann dir eine Menge Rechen- und Schreibarbeit abnehmen. Setze es ein, wenn für die Lösung der Aufgabe viele Berechnungen der gleichen Art notwendig sind.

1 Berechnungen zum Schachbrett
a) Was meinst du: Konnte der Fürst den Wunsch des Erfinders erfüllen (siehe Seite 42)? Schätze zuerst.
b) Lege zu der Aufgabe eine Tabelle in einer Tabellenkalkulation an. Lasse das Programm rechnen:
   1. Wie viele Reiskörner liegen auf dem 64. Feld des Brettes?
   2. Wie viele Reiskörner liegen auf dem gesamten Schachbrett?
   3. Wie groß ist das Volumen aller Reiskörner bis zum n-ten Feld?
      INFO: Rund 50 Reiskörner bilden $1\,cm^3$.
   4. Wie groß ist die Masse aller Reiskörner bis zum n-ten Feld?
      INFO: Ein Reiskorn wiegt ca. 0,03 Gramm.

Feld	Anzahl der Körner auf diesem Feld	Anzahl aller Körner bis zu diesem Feld	Volumen aller Reiskörner bis zu diesem Feld (in cm^3)	Masse aller Reiskörner bis zu diesem Feld (in g)
1. Feld	1	1	0,02	0,03
2. Feld	2	3	0,06	0,09
3. Feld	4	7	0,14	0,21
4. Feld	8	15	0,30	0,45
5. Feld	16	31	0,62	0,93
6. Feld	32	63	1,26	1,89
7. Feld	64	127	2,54	3,81
8. Feld	128	255	5,10	7,65
9. Feld	256	511	10,22	15,33
10. Feld	512	1023	20,46	30,69
11. Feld	1024	2047	40,94	61,41
12. Feld	2048	4095	81,90	122,85

(50 Reiskörner bilden $1\,cm^3$. 0,03 Gramm wiegt ein Reiskorn.)

FORMELN
C11=C10*2
C12=C11*2
⋮
E10=D10/B6
F10=D10*B7

Einige der benötigten Formeln kannst du rechts ablesen. Beachte außerdem:
- Eine Formel fängt immer mit einem „="-Zeichen an.
- Verwende die Kopierfunktion, um unnötige Schreibarbeit zu sparen. Markiere dafür zuerst eine Zelle. Ziehe dann mit der Maus die Markierung an der Zelle (rechts unten) über alle Zellen, in die die Formel kopiert werden soll.
- Wenn in der Formel bei einem Zellnamen ein „$"-Zeichen steht, wird diese Bezeichnung der Zelle beim Kopieren nicht verändert („absoluter Zellenbezug").
- Wenn in der Formel bei einem Zellnamen kein „$"-Zeichen steht, wird diese Bezeichnung der Zelle beim Kopieren sinngemäß verändert („relativer Zellenbezug").

2 Finde und löse weitere Aufgaben zum Schachbrett. Du kannst die folgenden Daten verwenden.
a) Die Landwirtschaftsorganisation der Vereinten Nationen (FAO) ermittelte für das Wirtschaftsjahr 2008/2009 eine Weltreisernte von 683 Mio. Tonnen.
b) Auf einem Hektar Anbaufläche werden pro Jahr durchschnittlich 5,5 Tonnen Reis geerntet.
c) Ein Reiskorn ist ca. 0,5 cm lang. Der Erdumfang beträgt ca. 40 000 km.

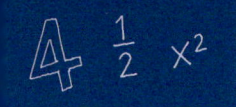

Mit Größen umgehen

Ein Künstlerpaar und seine Projekte

Christo und Jeanne-Claude zählen zu den bekanntesten Künstlern der Gegenwart. Verhüllungen und Großprojekte in Landschaften machten sie berühmt.

Christo Javacheff wurde am 13. Juni 1935 in Gabrowo (Bulgarien) geboren, am selben Tag wie seine spätere Ehefrau Jeanne-Claude de Guillebon, die in Casablanca (Marokko) zur Welt kam. Seine ersten Zeichenstunden erhielt Christo, als er sechs Jahre alt war. Später studierte er Kunst in Sofia und Wien.

Christo und Jeanne-Claude bei einer Ausstellungseröffnung in Biel (Schweiz) am 7. April 2004

Im Januar 1958 schuf er sein erstes verhülltes Objekt: ein Farbdose, von Leinwand umgeben und mit Harz, Leim, Sand und Autolack behandelt.
Jeanne-Claude lebte seit 1945 mit ihrer Familie in Paris. 1958 lernte sie dort Christo kennen, 1960 wurde der gemeinsame Sohn Cyril geboren und 1962 heirateten beide. Im selben Jahr realisierten sie ihr erstes Großprojekt: eine Mauer aus Ölfässern, die die Rue Visconti, eine Straße in Paris, für einige Stunden versperrte. Ab 1964 lebte das Künstlerpaar in New York. Jeanne-Claude starb im Jahr 2009.

Das Landschaftsprojekt „Running Fence" („Laufender Zaun") 1976

Zu den bekannten „großen"
Projekten gehören:
- „Verhüllte Küste" in Little Bay, Australien (1969)
- „Talvorhang" in der Rifle-Schlucht in Colorado, USA (1972)
- „Verhüllte römische Stadtmauer" in Rom, Italien (1974)
- „Laufender Zaun" in Kalifornien, USA (1976)
- „Verhüllte Parkwege" in Kansas City, Missouri, USA (1978)
- „Umsäumte Inseln" in Biscayne Bay, Florida, USA (1983)
- „Der verhüllte Pont Neuf" in Paris, Frankreich (1985)
- „Die Schirme" in Japan und den USA (1991)
- „Verhüllter Reichstag" in Berlin, Deutschland (1995)

Zu den bekannten „kleinen" Projekten von Christo und Jeanne-Claude zählen:
- „Verhüllte Flaschen" (1958/59)
- „Paket auf einem Tisch" (1961)
- „Verhüllte Verkehrszeichen" (1963)
- „Verhüllte Schreibmaschine" (1963)
- „Verhüllte Stühle" (1995), zu sehen im Museum Würth, Schwäbisch Hall

„Wrapped Bottle" („Verhüllte Flasche"), 1958

Die Mörikeschule feiert ihr 100-jähriges Jubiläum. Zu den Festtagen werden Schülerinnen und Schüler von früher und heute, Eltern, Lehrerinnen und Lehrer sowie die Einwohner von Schöntal herzlich eingeladen. Ein buntes Programm erwartet die Gäste, darunter ist auch eine extravagante Ausstellung.

Denn einige Schülerinnen und Schüler der Klasse 10I haben sich im Rahmen eines Projektes mit dem Thema „Christo, Jeanne-Claude und ihre Werke" auseinandergesetzt. Dies hat in der Schule ein „Christofieber" ausgelöst. Zum Schuljubiläum soll deshalb eine Ausstellung mit eigenen Objekten stattfinden.

Die Klasse hat sich fünf Gruppen geteilt. Jede Gruppe überlegt sich ein eigenes Kunstprojekt „à la Christo" und arbeitet dazu ein Konzept aus …

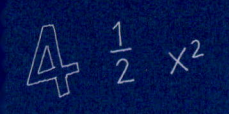

1 Mit Größen rechnen ▶ WISSEN

⬅ Beim Umrechnen in die größere Einheit: Durch die Umrechnungszahl dividieren

Längenmaße: 1 km $\xrightarrow{1000}$ 1 m $\xrightarrow{10}$ 1 dm $\xrightarrow{10}$ 1 cm $\xrightarrow{10}$ 1 mm

Flächenmaße: 1 km² $\xrightarrow{100}$ 1 ha $\xrightarrow{100}$ 1 a $\xrightarrow{100}$ 1 m² $\xrightarrow{100}$ 1 dm² $\xrightarrow{100}$ 1 cm² $\xrightarrow{100}$ 1 mm²

Raummaße: 1 km³ $\xrightarrow{1000000000}$ 1 m³ $\xrightarrow{1000}$ 1 dm³ $\xrightarrow{1000}$ 1 cm³ $\xrightarrow{1000}$ 1 mm³

Hohlmaße: 1 l $\xrightarrow{1000}$ 1 ml

Massenmaße (in der Alltagssprache oft Gewichtsmaße genannt): 1 t $\xrightarrow{1000}$ 1 kg $\xrightarrow{1000}$ 1 g $\xrightarrow{1000}$ 1 mg

Geld 1 € $\xrightarrow{100}$ 1 ct

Zeitmaße: 1 d $\xrightarrow{24}$ 1 h $\xrightarrow{60}$ 1 min $\xrightarrow{60}$ 1 s

➡ Beim Umrechnen in die kleinere Einheit: Mit der Umrechnungszahl multiplizieren

BEISPIEL
2,5 km
= (2,5 · 1000) m
= 2500 m

▶ ÜBEN

AUFGABE DER WOCHE
Wie kommt man von deinem Heimatort nach Philadelphia? Erstelle einen Reiseplan.

1 Finde in deiner Umwelt Dinge, die möglichst genau zwei Meter (fünf Zentimeter) lang sind.

2 Markiert eine drei Quadratmeter große Fläche.

3 Wie viel Papier brauchst du mindestens, um dein Mathematikbuch einzuwickeln?

4 Finde Gegenstände in deiner Umgebung, die möglichst genau ein halbes Kilogramm wiegen.

5 Stell dir vor, du möchtest ein Paket verschicken. Es gibt verschiedene Kartongrößen. Was könntest du in den einzelnen Kartons versenden? Finde je drei passende Versandbeispiele.
Wie schwer wäre das Paket dann etwa?

6 Ein Standardbrief darf höchstens 20 g wiegen. Wie viele Blätter Schreibpapier (DIN A4) darf er maximal enthalten?

7 Wie groß ist ein Stück normales Schreibpapier, das genau ein Gramm wiegt?

Typ	Maße	Preis	Versandbeispiele
XS	22,5 × 14,5 × 3,5 cm	1,49 €	
S	25 × 17,5 × 10 cm	1,69 €	
F	37,5 × 13 × 13 cm	2,49 €	speziell für Flaschen
M	37,5 × 30 × 13,5 cm	1,99 €	
L	45 × 35 × 20 cm	2,29 €	

8 Vervollständige im Heft.

	mm	cm	dm	m	km
a)			30		
b)		220			
c)				1,01	
d)	1700				
e)					8

9 Rechne in die in Klammern angegebenen Einheiten um.
a) 214 kg (g; t)   b) 4 t (kg; g)
c) 436 000 g (kg; t)
d) 0,24 t (kg; g)   e) 2864 kg (t)
f) 46 g (kg)   g) 0,05 kg (g)

10 Rechne in die nächstgrößere Einheit um.
a) 7 400 000 m²   b) 550 000 m²
c) 1375 mm²   d) 20 800 cm²
e) 27 000 mm²   f) 9999 dm²

11 Rechne in die nächstkleinere Einheit um.
a) 0,055 km³   b) 25 cm³
c) 0,6 dm³   d) 365 m³
e) 0,007 m³   f) 200 dm³
g) 3 km³   h) 0,0051 cm³

12 Rechne in die in Klammern angegebene Einheit um.
a) 37 000 s (min; h)
b) 2060 min (h; Tage)
c) 65 h (min; s)
d) 589 h (Tage; Wochen)

13 Rechne in die nächstgrößere Einheit um.
a) 27 600 s   b) 38 h
c) 5290 min   d) 220 min
e) 710 s   f) 89 h

14 Vervollständige im Heft.

Abfahrt	Fahrzeit	Ankunft
12.37 Uhr		15.59 Uhr
17.53 Uhr	2 h 29 min	
	4 h 47 min	13.43 Uhr
7.32 Uhr		12.04 Uhr
6.45 Uhr	3 h 51 min	

15 Fülle die Tabellen im Heft aus.

+	35 cm	12 dm	18 m	4 km
15 cm				
105 m				
2 km				

−	900 m	170 dm	650 cm	0,002 km
52 km	51,1 km			
913 m				
6 km				

16 Addiere.
a) 134 g + 45 kg   b) 872 kg + 1290 g
c) 1,8 t + 9800 kg   d) 564 g + 2 kg
e) 6 t + 0,31 t   f) 454 kg + 1,5 t

17 Subtrahiere.
a) 4590 g − 1,5 kg   b) 250 g − 40 mg
c) 2,4 kg − 720 g   d) 80 t − 40 000 kg
e) 100 kg − 700 g   f) 777 000 g − 650 kg

18 Running Fence

Der 39,5 km lange „Laufende Zaun" wurde am 10. September 1976 vollendet. Die Vorbereitungen für das Projekt hatten 1973 begonnen. In diesem Jahr hatte Christo nach 17 Jahre andauerndem Warten die US-amerikanische Staatsbürgerschaft erhalten.
1974 steckte Christo den Verlauf ab. Aber erst am 29. April 1976 begannen die weiteren Arbeiten. Es wurden 200 000 m² weiße Nylonstoffbahnen, 145 km Stahlseile, 2060 Pfosten und 14 000 Bodenverankerungen verbaut. Das Projekt war so angelegt, dass alle Teile wieder komplett entfernt werden konnten. Der „Laufende Zaun" hinterließ daher auf den Hügeln Kaliforniens keine bleibenden Spuren.
Mit dem Abbau wurde 14 Tage nach der Vollendung begonnen. Das Material des Zaunes wurde kalifornischen Ranchern überlassen.

Lies den Text genau und beantworte die Fragen.
a) Was bedeutet „Running Fence"? Beschreibe dieses Objekt mit eigenen Worten.
b) Welche Höhe hatte der Zaun?
c) Welchen Abstand hatten die Pfosten?
d) Finde eigene Aufgaben.

19 Wählt ein anderes Projekt von Christo aus und stellt es in einem Kurzvortrag vor (Idee, Ort, Zeit, Material, Verlauf, Beteiligte).

HINWEIS
Auf Seite 46 siehst du ein Bild des Projektes „Running Fence".

4 Mit Größen umgehen

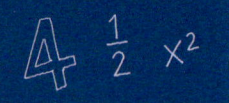

„The Umbrellas"
(„Die Schirme") in
den USA

Aus: „Christo und
Jeanne Claude"
von Jacob
Baal-Teshuva
© 2007 TASCHEN
GmbH, Köln

Das bislang ehrgeizigste und kostspieligste Projekt in der künstlerischen Laufbahn von Christo und Jeanne Claude waren „The Umbrellas" in Japan und den USA. Es war das erste Mal, dass ein Projekt an zwei Orten gleichzeitig realisiert wurde. Die Kosten des Projekts beliefen sich auf 26 Mio. US-$, und die logistischen Anforderungen waren atemberaubend. In Japan wurden 1340 blaue Schirme aufgestellt, in den USA 1760 gelbe Schirme. Jeder Schirm war einschließlich des Sockels 6 m hoch, hatte einen Durchmesser von 8,66 m und wog etwa 200 kg. Insgesamt wurden 7600 ℓ Farbe und 186 000 m² Stoff benötigt. Dazu kamen Bauteile aus Aluminium: fast 25 000 Schirmspangen und etwa ebenso viele Streben; die Schirmständer hätten aneinandergereiht eine Gesamtlänge von nahezu 18 km ergeben.

20 Lies den Text oben genau durch und beantworte dann die Fragen.
a) In welchen Ländern wurden die Schirme aufgestellt? Wie viele waren es insgesamt?
b) Wie viele Schirmspangen wurden pro Schirm benötigt?
c) Wie viele Tonnen wogen alle Schirme zusammen?
d) Wie viel Quadratmeter Stoff wurden ungefähr pro Schirm benötigt?
e) Schätze mithilfe der Bilder: In welchem Abstand standen die Schirme?
f) Wie viele Liter Farbe wurden für einen Schirm benötigt?
g) Welche Länge hat ein Schirmständer? Gib dein Ergebnis in Zentimetern an.
h) Würde man die Gesamtkosten auf die Schirme umlegen, wie teuer wäre ein Schirm?

21 Finde eigene Aufgaben.

„The Umbrellas" in Japan

2 Projektaufgaben planen ▶ WISSEN

Die Klasse 10I möchte einen Tagesausflug in einen Freizeitpark machen. Die Klassenkasse ist aber fast leer. Um sie wieder aufzufüllen, planen die Schülerinnen und Schüler, mit einem Stand am nächsten Flohmarkt teilzunehmen. In verschiedenen Gruppen versuchen sie, diese Aktion vorzubereiten und zu organisieren.

Es gibt viele Situationen, in denen eine gute Planung hilft, Probleme zu lösen und Projekte gemeinsam umzusetzen. Denkt beim Planen an folgende Punkte:

Vorbereitung
- Veranstaltet ein gemeinsames Planungstreffen.
- Wenn nicht alle Beteiligten an der Planung teilnehmen sollen (z. B. bei einer Schulveranstaltung): Bildet eine Planungsgruppe. Deren Mitglieder sind für die Planung verantwortlich. Sie verteilen später die Aufgaben.

Planung
- Besprecht am Beginn eure Aufgaben, Ideen und Ziele.
- Schreibt in einem Protokoll auf, welche Punkte geklärt werden müssen. Ihr könnt dafür Techniken wie Mindmap oder Cluster nutzen.
- Überlegt Möglichkeiten der Umsetzung. Ihr könnt euch dazu Hilfe von Experten holen. Haltet eure Ergebnisse fest (Protokoll).
- Klärt gemeinsam, wer die Teilaufgaben übernimmt und bis wann sie erledigt werden sollen (Protokoll).
- Trefft euch, wenn nötig, mehrmals, bis das Projekt abgeschlossen ist.

Nachbereitung
Bei größeren Projekten solltet ihr eine Auswertung machen: Ist die Planung aufgegangen? Was war gut? Was könnt ihr beim nächsten Mal besser machen?

AUFGABE
Welche Themen würdest du beim Cluster bzw. bei der Mindmap unten noch ergänzen?

BEISPIEL: Die *Gruppe A* plant das Projekt „Flohmarkt" mit einem **Cluster**:

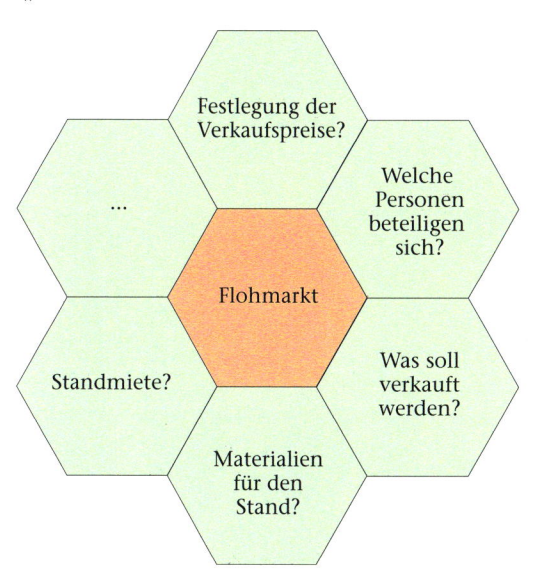

- Festlegung der Verkaufspreise?
- Welche Personen beteiligen sich?
- Flohmarkt
- Standmiete?
- Was soll verkauft werden?
- Materialien für den Stand?
- ...

BEISPIEL: Die *Gruppe B* plant das Projekt mithilfe einer **Mindmap**:

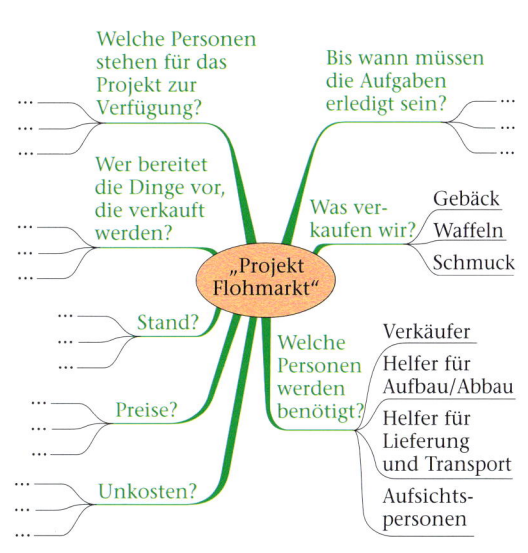

„Projekt Flohmarkt"
- Welche Personen stehen für das Projekt zur Verfügung?
- Bis wann müssen die Aufgaben erledigt sein?
- Wer bereitet die Dinge vor, die verkauft werden?
- Was verkaufen wir? / Gebäck / Waffeln / Schmuck
- Stand?
- Welche Personen werden benötigt? / Verkäufer / Helfer für Aufbau/Abbau / Helfer für Lieferung und Transport / Aufsichtspersonen
- Preise?
- Unkosten?

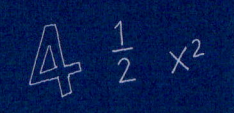

3 Ein Tag im Freizeitpark ▶ ÜBEN

Luftbild des Movieparks

Der Moviepark liegt in der Nähe von Bottrop. Zu den Attraktionen zählen zahlreiche Fahrgeschäfte (wie Achterbahnen), eine Stuntshow, ein Filmmuseum und Themenbereiche zu bekannten Kinofilmen.

Hier findest du einige Angaben, die Schülerinnen und Schüler der Klasse 10 I für einen Tagesausflug in den Moviepark Bottrop gesammelt haben.

Bedenke: Oft ändern sich die Preise und Fahrzeiten von Jahr zu Jahr …

Preise pro Person bei Gruppen (Anmeldung erforderlich)	
Kindergärten und Grundschulen ab 10 Schülern/Kindern, je …	10,00 €
weiterführende Schulen ab 10–49 Schüler, je …	17,00 €
weiterführende Schulen ab 50 Schülern, je …	15,00 €
Begleiter (pro zehn zahlende Schüler ein freier Begleiter)	frei
zusätzliche Begleiter, je …	17,00 €

Tageskarten	
Erwachsene und Jugendliche ab 12 Jahre	34,00 €
Kinder ab 4 bis einschließlich 11 Jahre	28,00 €
Kinder bis einschließlich 3 Jahre	frei
Senioren ab 55 Jahre	28,00 €
Senioren ab 55 Jahre, an jedem Sonntag	10,00 €

Familienangebote	
Familienkarte (zwei Erwachsene und drei Kinder ab 4 bis einschließlich 11 Jahre)	129,00 €
je weiteres Kind in diesem Alter	15,00 €

Jugendliche im Moviepark

In der Nähe des Movieparks liegt der Bahnhof Feldhausen. Die Entfernung vom Bahnhof zum Park beträgt 300 Meter.
Viele Besucher reisen aber auch mit dem Bus an.

Schöner-Tag-Ticket Nordrhein-Westfalen
Gültig in Nahverkehrszügen und S-Bahnen in Nordrhein-Westfalen für bis zu fünf gemeinsam reisende Personen. Preis: 36,00 €
Gültig Montag bis Freitag ab 9 Uhr und Samstag, Sonntag sowie an Feiertagen ab 0 Uhr.

Zahlen und Fakten zum Moviepark
- 45 Hektar Gesamtfläche
- rund 70 fest angestellte Mitarbeiter
- rund 800 Saisonkräfte
- durchschnittlich 1,5 Mio. Besucher pro Jahr
- 15 Shops
- 24 Restaurants

Im **Kombiticket** sind der Eintrittspreis für den Moviepark und Hin- und Rückfahrt in allen Nahverkehrsmitteln (ausgenommen ICE, IC, EC) in der 2. Klasse im gesamten Tarifraum des Verkehrsverbundes Rhein-Ruhr enthalten.

Kombitickets einzeln	
Erwachsene und Jugendliche ab 12 Jahre	35,00 €
Kinder zwischen 4 und 11 Jahren	29,00 €
Senioren und Menschen mit Behinderung	31,00 €

Kombitickets Gruppe, Preise pro Person	
Grundschulen*, je ...	12,00 €
Weiterführende Schulen*, je ...	21,00 €
alle anderen Gruppen (ab 20 Personen), je ...	29,00 €

*Ab 10 Schülern; je 10 Schüler ist ein Begleiter frei.

Bus. Viele Busunternehmen bieten Fahrten zum Moviepark an. Die Fahrpreise sind beim Unternehmen zu erfragen.

In Nordrhein-Westfalen gibt es zahlreiche weitere Freizeitparks, zum Beispiel das Phantasialand bei Köln, den Centropark Oberhausen, das Wunderland Kalkar und den Pottspark Minden. Sie haben spezielle Angebote für Gruppen und Schulklassen.

1 Plant einen Tagesausflug in einen Freizeitpark für eure Klasse und eine Parallelklasse zusammen. Folgende Aspekte solltet ihr bei der Planung berücksichtigen:
a) *Auswahl*: Entscheidet euch für einen Freizeitpark als Ziel.
b) *Eintritt*: Was kostet der Eintritt pro Schüler? Welche Ermäßigungen gibt es für Einzelpersonen und/oder Gruppen?
c) *Anreise*: Welche Verkehrsmittel gibt es? Welches dieser Verkehrsmittel ist am günstigsten, welches ist am schnellsten? Für welches Verkehrsmittel entscheidet ihr euch? Plant die genauen Abfahrts- und Ankunftszeiten.
d) Ist der Ausflug sowohl bei gutem als auch bei schlechtem Wetter durchführbar? Plant, wenn nötig, passende Varianten ein.
e) Kalkuliert die *Verpflegung* und ein angemessenes Taschengeld für alle Teilnehmer.
f) Ist mit weiteren Kosten zu rechnen (zum Beispiel: gesonderte Eintrittspreise für bestimmte Attraktionen oder Aktivitäten)?
g) Berechnet die anfallenden *Gesamtkosten*.

2 Welche Attraktionen gibt es in dem von euch ausgewählten Freizeitpark? Schätzt: Wie viele Besucher kommen täglich dorthin?

3 Überlegt euch weitere Aufgaben und löst sie.

Auf einer Achterbahn im Moviepark

Mit Größen umgehen

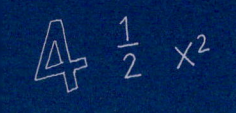

➕ Mein Konzertevent ▶ WEITERDENKEN

Sandra und Lucia wollen zu einem Konzert. Es findet in der Schöntal-Arena statt. Über die Preise und den Saalplan haben sie sich vorab in einer Vorverkaufsstelle informiert.

Die Halle hat bis zu 15 500 Plätze und kann je nach Art der Veranstaltung umgebaut werden. Einige Plätze werden nicht bei allen Veranstaltungen verkauft. Dazu zählen die Plätze hinter der Bühne (bei Konzerten) und der Innenraum (bei bestimmten Sportveranstaltungen). Dort, wo die Sportler aktiv sind, befinden sich bei Konzerten die Stehplätze.

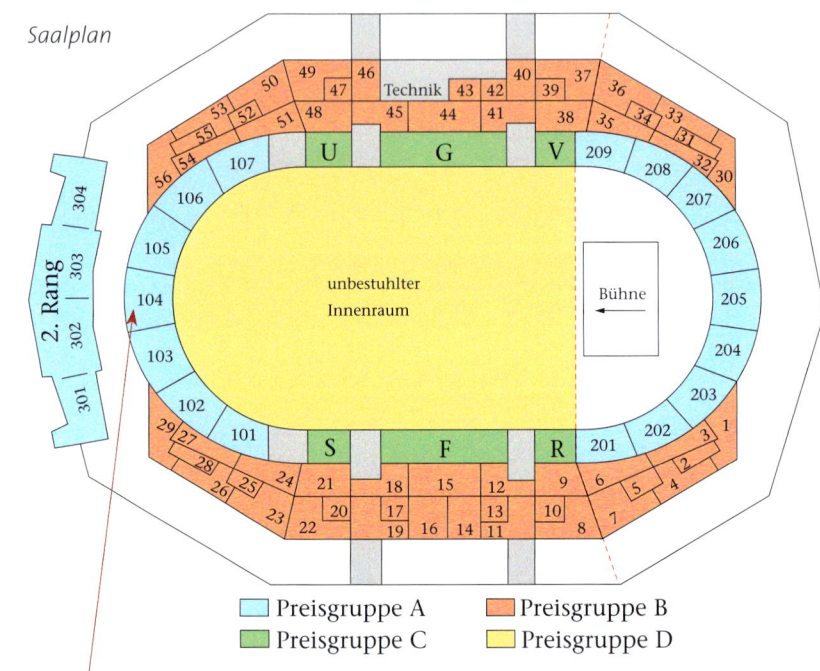

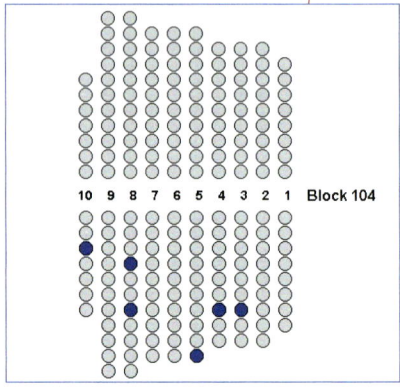

Beyoncé

Saalplan

- Preisgruppe A
- Preisgruppe B
- Preisgruppe C
- Preisgruppe D

Block 104

Justin Timberlake

Plätze	Verfügbarkeit	Preis	zzgl. Vorverkaufsgebühr	zzgl. Ticketsystemgebühr
Platzgruppe A	✔	64,70 €	11,40 €	1,50 €
Platzgruppe B	✘	52,35 €	9,25 €	1,50 €
Platzgruppe C	✓	54,15 €	9,55 €	1,50 €
Platzgruppe D	✓	40,90 €	7,20 €	1,50 €

✔ Karten verfügbar; ✓ noch wenige Karten verfügbar; ✘ ausverkauft

▶ MATHEMEISTERSCHAFT

1 Rechne in die in Klammern angegebenen Einheiten um. *(8 Punkte)*
a) 2800 m (km)   b) 0,8 t (kg)   c) 5720 cm (dm; m)   d) 640 mm³ (cm³)
e) 320 min (h)   f) 4600 mm (m)   g) 0,03 m³ (dm³)   h) 7,5 m³ (dm³; ℓ)

2 Vervollständige die folgende Tabelle in deinem Heft. *(12 Punkte)*

+	24 cm			
36 cm			524 mm	
20 dm		242 cm		
0,85 m				3,38 m

3 Verhüllter Reichstag

1971 Christo und Jeanne-Claude entwickeln, nach dem sie von einer Postkarte dazu angeregt wurden, die Idee, das Reichstagsgebäude in Berlin zu verhüllen.
1972 Erste Skizzen zum „Verhüllten Reichstag" entstehen.
1976 Christo und Jeanne-Claude besuchen zum ersten Mal Berlin und den Reichstag. Sie geben eine Pressekonferenz und stellen dabei zum ersten Mal das Projekt vor.
1977 Bei einer Abstimmung im Bundestagspräsidium wird das Projekt abgelehnt.
1994 Der Bundestag entscheidet sich nach gut einstündiger Diskussion für das Projekt. 292 Abgeordnete stimmen dafür, 223 dagegen; es gibt neun Stimmenthaltungen. Finanziert wird das Projekt ausschließlich durch den Verkauf von Zeichnungen und Modellen der Christos.
1995 Das Verhüllen des Gebäudes beginnt am 17. Juni und dauert acht Tage, 200 Arbeiter sind damit beschäftigt (darunter 90 Spezialkletterer). Sie verbauen mehr als 100 000 Quadratmeter feuerfestes Gewebe mit einer Aluminiumschicht und 15 600 Meter blaues Polypropylenseil. Für die vier Ecktürme wird jeweils eine besondere Stahlkonstruktion errichtet. Der Abbau beginnt am 7. Juli. Die Besucherzahl während der Aktion wird auf fünf Millionen geschätzt.

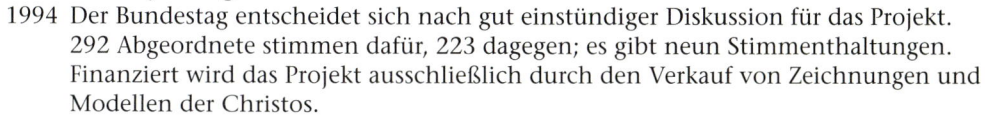

a) Lies dir den Text oben genau durch und beantworte dann die folgenden Fragen. *(10 Punkte)*
  • Wann stimmte der deutsche Bundestag dem Projekt „Verhüllter Reichstag" zu?
  • Wie viel Prozent der Abgeordneten stimmten damals für das Projekt?
  • Finde eine vergleichbare Fläche von 100 000 m².
  • Rechne die benötigte Seillänge in Kilometer um. Finde eine vergleichbare Strecke in deiner Umgebung.
  • Stell dir vor, Christo müsste den Reichstag alleine verhüllen. Wie lange würde er dafür mindestens brauchen? Wäre dies überhaupt möglich?
b) Überlege dir eine weitere Frage zum Projekt und beantworte sie. *(4 Punkte)*

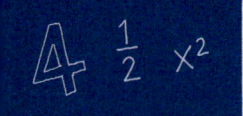

Lineare Gleichungen und Formeln

Der Arbeitstag einer Bürokauffrau

Auf Seite 25 hast du Frau Neuer kennengelernt. Wir haben ihr an einem Arbeitstag über die Schulter geschaut.

Der Arbeitstag von Frau Neuer beginnt in der Regel um 7.30 Uhr. Für ihren Arbeitsweg (eine Strecke: neun Kilometer) hat sie drei Möglichkeiten:
1. Sie kann mit dem Kleinwagen der Familie fahren. Ein Kilometer kostet dann 0,32 Euro (alle Kosten einschließlich Anschaffung, Benzin, Steuern).
2. Sie kann fünf Minuten zur Bushaltestelle laufen. Der Bus fährt alle 30 Minuten und hält direkt am Gewerbepark, wo ihre Arbeitsstelle liegt. Ein Einzelfahrschein für den Bus kostet 1,80 €. Eine Monatskarte für das gesamte Tarifgebiet kostet 49 €.
3. Frau Neuer kann ihr Fahrrad nutzen.

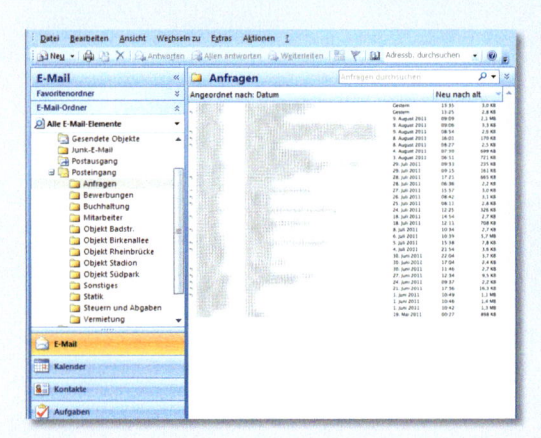

Wenn Frau Neuer im Büro angekommen ist, schaltet sie zuerst den Computer ein und sichtet die eingegangenen E-Mails.

Einige der E-Mails kann sie selbst beantworten, andere leitet sie an die zuständigen Mitarbeiter weiter. Diese Arbeiten wiederholt Frau Neuer tagsüber regelmäßig, damit die Post schnell bearbeitet werden kann. Pro Tag gehen auf diese Weise 150 bis 200 E-Mails „durch ihre Hände".

Danach, gegen 8.30 Uhr, hat Frau Neuer ihre tägliche Besprechung mit der Geschäftsführung. Es geht darum, welche Arbeiten sie neben ihren regelmäßigen Aufgaben erledigen soll.

Um 10 Uhr war der Postbote da. Meist bringt er zahlreiche Briefe.

Frau Neuer verteilt die angekommene Briefpost. Was erledigt ist, sortiert sie in die Ablage.

Nach der Mittagspause bereitet Frau Neuer einen Termin der Geschäftsführung vor. Ein Auszubildender schließt dort einen Ausbildungsvertrag ab. Frau Neuer schreibt die nötigen Unterlagen und legt sie bereit.

Theresa Schmidt, eine Mitarbeiterin des Unternehmens, fährt regelmäßig auf Montage nach Hamburg. Für jeden Tag, den sie dort übernachten muss, erhält sie einen Verpflegungszuschuss des Unternehmens in Höhe von 12,90 €.

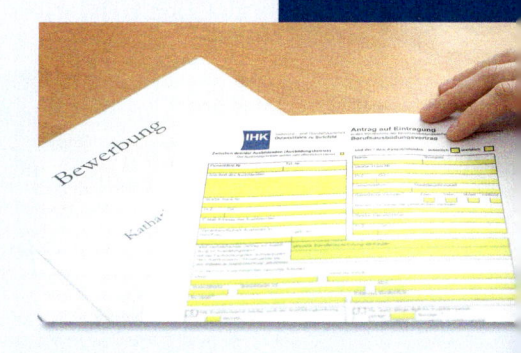

Anzahl Tage	Zuschuss in €
1	12,90
5	64,50
10	129,00
15	193,50
20	258,00
t	$12,90 \cdot t$

Frau Neuer rechnet die Verpflegungszuschüsse ab. Sie legt sich dafür eine kleine Tabelle an. Frau Neuer berücksichtigt dabei, dass ein Monat in der Regel 18 bis 23 Arbeitstage hat.

Auch wenn Projekte abgeschlossen sind, müssen die Unterlagen dazu noch aufbewahrt werden. Dafür gibt es gesetzliche Fristen. Frau Neuer kümmert sich am Nachmittag um das elektronische Archiv. Dateien von Bauplänen, Protokollen, Angeboten und Rechnungen werden dazu auf einem Server gespeichert.
Andere Dokumente werden in Aktenordnern im Archivraum aufbewahrt. Frau Neuer kontrolliert, wann die Aufbewahrungsfristen abgelaufen sind. Dann werden die Inhalte der Ordner aber nicht einfach weggeworfen. Aus Gründen des Datenschutzes werden sie geschreddert. Wenn große Mengen Altdokumente anfallen, wird ein Dienstleister mit der Entsorgung beauftragt.

Gegen 16.30 Uhr endet der Arbeitstag von Frau Neuer. Bevor sie das Büro verlässt, erfasst sie ihre Arbeitszeit mit einer Tabellenkalkulation.

	A	B	C	D	E	F	G	H	I	J	K	L
1	Kalenderwoche 32											
2												
3	Datum		3.8.	4.8.	5.8.	6.8.	7.8.					
4	Arbeitsbeginn		7:30	7:25	8:15	7:30	7:35					
5	1. Pause	Beginn	9:15	9:15	9:30	9:20	9:15					
6		Ende	9:30	9:30	9:45	9:35	9:30					
7	2. Pause	Beginn	12:15	12:15	12:15	12:15	12:15					
8		Ende	13:00	13:00	13:00	13:00	13:00					
9	Arbeitsende		16:25	16:35	16:20	16:50	15:00					
10	Arbeitszeit		7:55	8:10	7:05	8:20	6:25					
11												

Lineare Gleichungen und Formeln

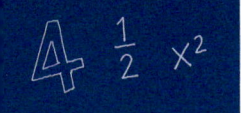

Preise und Tarife ▶ ERFORSCHEN

1 Welches Verkehrsmittel sollte Frau Neuer für ihren Arbeitsweg wählen: Auto, Bus oder Fahrrad (siehe Seite 56 oben)? Begründe deine Entscheidung.

2 Die Kosten für ihren Arbeitsweg kann Frau Neuer bei der Steuererklärung angeben. Pro Kilometer kann sie 0,30 Euro geltend machen, bis zu einer Obergrenze von 4500 Euro. Dabei ist es egal, welches Verkehrsmittel sie benutzt.
Wie viel Euro kann Frau Neuer pro Jahr etwa geltend machen?

3 Frau Neuer hat mit der Post die Stromrechnung des Unternehmens erhalten.

INFO
„kWh" ist die Abkürzung für „Kilowattstunde". In dieser Einheit wird der Stromverbrauch gemessen. Ein durchschnittlicher Vierpersonenhaushalt benötigt etwa 4000 kWh Strom pro Jahr.

Abrechnung Gewerbetarif	Verbrauchszeitraum	Verbrauch in kWh	Nettopreis in Euro	MwSt. in Euro (19 %)	Bruttopreis in Euro
Stromverbrauch	15.05.2010 – 31.12.2010	7108	1350,52	256,60	1607,12
Stromverbrauch	01.01.2011 – 16.05.2011	4265	853,00	162,07	1015,07
Grundgebühr für 12 Monate (incl. 19 % Mehrwertsteuer)					58,80
Zwischensumme Abrechnung Verbrauchsjahr					2680,99
Durch Abschläge bereits bezahlt bis 16.05.2011					– 2400,00
Nachzahlung aus Abrechnung					280,99
zuzüglich 1. Abschlagszahlung für das neue Verbrauchsjahr			180,00	34,20	214,20
Zahlbetrag zum 16.06.2011					**495,19**

a) Wie hoch waren die Stromkosten für die Zeit vom 15.05.2010 bis zum 16.05.2011 insgesamt mit Mehrwertsteuer (ohne Mehrwertsteuer)?
   Beachte die Begriffe: Nettopreis = Preis ohne 19 % Mehrwertsteuer,
                          Bruttopreis = Preis incl. 19 % Mehrwertsteuer
   und die Formel: Bruttopreis = 1,19 · Nettopreis.
b) Wie hoch waren die durchschnittlichen Stromkosten pro Monat in dieser Zeit?
c) Warum ist der Stromverbrauch getrennt für zwei Phasen (15.05.2010 bis 31.12.2010 und 01.01.2011 bis 16.05.2011) ausgewiesen?
d) Gib den Jahresbedarf des Unternehmens an Strom in kWh an.
e) Schätze die Stromkosten für die Zeit vom 16.05.2011 bis 17.05.2012, falls sich der Stromverbrauch nicht ändert.

4 Frau Neuer soll prüfen, ob es einen günstigeren Stromanbieter gibt. Dies will sie mithilfe der folgenden Tabelle tun (Preise jeweils inklusive Mehrwertsteuer). Sie berücksichtigt neben dem bisherigen Verbrauch auch Varianten bei sinkendem und steigendem Stromverbrauch.

Stromverbrauch pro Jahr (12 Monate)	9000 kWh	10000 kWh	11373 kWh	12000 kWh	13000 kWh
bisheriger Anbieter: 4,90 € pro Monat Grundgebühr; 23,8 Cent pro kWh			2765,57 €		
Anbieter „Stadtwerk": 6,30 € pro Monat Grundgebühr; 18,5 Cent pro kWh					
Anbieter „XEnergy": keine Grundgebühr; 19,3 Cent pro kWh					

Zu welchem Ergebnis kommt Frau Neuer?
Wie groß kann die Kosteneinsparung sein?

5 Theresa Schmidt war im Monat April fünf Tage und im Monat Mai neun Tage auf Montage. Für diese Tage erhält sie von ihrem Arbeitgeber einen Verpflegungszuschuss (siehe Seite 57). Finde verschiedene Wege, die Höhe des Zuschusses zu berechnen.

6 Aktenvernichtung
Das Unternehmen „Kurz & Klein" bietet die Abholung, das Schreddern und die Entsorgung von Aktenordnern an. Frau Neuer hat folgende Preisliste:

Leistung	Preis mit MwSt.
Lieferung und Abholung der Behälter pauschal	29,00 €
Aktenvernichtung	
– 240 Liter Container (90 kg bzw. ca. 30 Aktenordner)	26,75 €
– 415 Liter Container (150 kg bzw. ca. 50 Aktenordner)	40,13 €
– 1,1 m³ Container (440 kg bzw. ca. 150 Aktenordner)	81,86 €
Befüllung der Container (pro Stunde und Arbeitskraft)	14,98 €
Standmiete Container	
– bis 7 Tage	frei
– pro weitere Woche	1,50 €

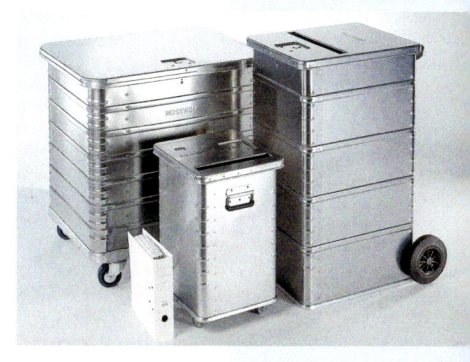

a) Berechne die Kosten für die Entsorgung von 650 Kilogramm Papierakten. Die Container werden von Frau Neuers Unternehmen selbst befüllt und können nach vier Tagen wieder abgeholt werden.
b) Bei Selbstanlieferung in Säcken werden für das Schreddern nur 0,20 € pro Kilogramm Akten berechnet. Ist das eine sinnvolle Alternative? Was muss dabei beachtet werden?
c) Wie viele Container zu je 415 Liter könnten für 300 € entsorgt werden? Alle Container werden selbst befüllt und innerhalb einer Woche wieder abgeholt.

7 Porto
Zu den Aufgaben von Frau Neuer zählt es auch, täglich die Briefe und Pakete versandfertig zu machen. In der Regel fallen sieben Arten von Sendungen an (siehe rechts). Ermittle mithilfe der Preislisten unten das zu zahlende Porto für die Briefe ① bis ④ und die Pakete A bis C.

Brief ①: < 20 g; 161 × 113 mm; Dicke < 2 mm
Brief ②: < 20 g; 220 × 110 mm; Dicke < 2 mm
Brief ③: 40 g; 220 × 110 mm; Dicke < 3 mm
Brief ④: 150 g; 350 × 245 mm; Dicke < 5 mm

Paket A: 1,5 kg; 250 mm × 175 mm; Dicke 100 mm
Paket B: 5 kg; 375 mm × 390 mm; Dicke 260 mm
Paket C: 15 kg; 450 mm × 350 mm; Dicke 200 mm

Preisliste Briefe:

bis 235 mm × 125 mm, Dicke bis 5 mm, bis 20 g:	0,55 €
bis 235 mm × 125 mm, Dicke bis 5 mm, 21 bis 50 g:	0,90 €
bis 353 mm × 250 mm, Dicke bis 20 mm, bis 500 g:	1,45 €

Preisliste Pakete:

Paketgröße*	längste Seite l + kürzeste Seite k	Versandkosten
XS	$l + k$ maximal 35 cm	4,10 €
S	$l + k$ maximal 50 cm	5,90 €
M	$l + k$ maximal 65 cm	6,90 €
L	$l + k$ maximal 80 cm	9,90 €

*maximal 40 kg, unabhängig von der Größe

8 Arbeitszeiten
Erstelle mit einer Tabellenkalkulation eine Tabelle zu Arbeitszeiten wie auf Seite 57 unten. Formatiere dabei die Felder mit den Uhrzeiten wie im Bild rechts. Gib passende Formeln an, mit denen die täglichen Arbeitszeiten berechnet werden können.

4 Lineare Gleichungen und Formeln

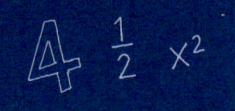

1 Terme berechnen und umformen ▶ WISSEN

Theresa Schmidt war im vergangenen Monat auf Montage:
1. Arbeitswoche: 1 Tag
2. Arbeitswoche: 2 Tage
3. Arbeitswoche: 5 Tage
4. Arbeitswoche: 1 Tag

Pro Tag bekommt sie vom Arbeitgeber einen Verpflegungszuschuss von 12,90 €.
Theresa rechnet:

$1 \cdot 12{,}90\,€ + 2 \cdot 12{,}90\,€ + 5 \cdot 12{,}90\,€ + 1 \cdot 12{,}90\,€$
$= (1 + 2 + 5 + 1) \cdot 12{,}90\,€$
$= 9 \cdot 12{,}90\,€$
$= 116{,}10\,€$

Solche Rechnungen lassen sich auch mit Variablen in Termen durchführen.

Terme sind sinnvolle Rechenausdrücke aus Zahlen, Größen, Rechenzeichen und Variablen. Ersetzt man in einem Term eine Variable durch eine Zahl oder eine Größe, dann lässt sich der **Wert des Terms** berechnen.

BEISPIELE
a) Term $12{,}90 \cdot x$
   Für $x = 3$ ergibt sich der Termwert $12{,}90 \cdot 3 = 38{,}70$.
b) Term $5a + 3b + 20$
   Für $a = 2$ und $b = 0$ ergibt sich der Termwert 30.

Potenzen und Wurzeln in Termen
Terme können auch zweite und dritte Potenzen, Quadratwurzeln und Kubikwurzeln enthalten. Das Berechnen der zweiten Potenz nennt man **Quadrieren**.

c) $x + 4^2 = x + 4 \cdot 4$
   $ = x + 16$
d) $r \cdot r \cdot r = r^3$
e) $\sqrt[3]{r^3} = \sqrt[3]{r \cdot r \cdot r} = r$
f) $\sqrt{9} \cdot b = 3 \cdot b$, denn $3 \cdot 3 = 9$.

INFO
Durch die beschriebenen Termumformungen ändert sich der Wert eines Terms nicht. Der Term vor dem Umformen und der Term nach dem Umformen sind gleichwertig.

Terme umformen:
1. Du kannst Terme **ordnen**, indem du gleichartige Teile nebeneinander schreibst. Dann kannst du gleichartige Teile **zusammenfassen**.

g) $8a + b - 3a - 6 + 2b + 26$
   $= 8a - 3a + b + 2b + 26 - 6$
   $= 5a + 3b + 20$

2. Steht ein „+" **vor einer Klammer**, so kannst du die Klammer weglassen. Steht ein „–" **vor der Klammer**: In der Klammer wird aus „+" ein „–" und umgekehrt aus „–" ein „+".

h) $8a + (-10a + 0{,}4)$
   $= 8a - 10a + 0{,}4$
i) $4x - (-9 + 3{,}5x)$
   $= 4x + 9 - 3{,}5x$

3. **Klammer auflösen**: Jede Zahl in der Klammer wird mit dem Faktor vor der Klammer multipliziert („Ausmultiplizieren").

j) $8 \cdot (4x - 2) = 8 \cdot 4x - 8 \cdot 2$
   $ = 32x - 16$

4. Die Umkehrung zu 3. heißt „Ausklammern von gleichen Faktoren" oder **„Ausklammern"**.

k) $16x - 32y = 16 \cdot (x - 2y)$

▶ ÜBEN

1 Berechne die Terme für $x = 8$ (für $x = 0{,}35$).
a) $6x + 12$ b) $100 - 5x$ c) $6 \cdot (65 - x)$

2 Berechne die Quadrate im Kopf.
a) 4^2 b) 7^2 c) 9^2 d) 10^2 e) 12^2 f) 25^2
g) $0{,}1^2$ h) $0{,}5^2$ i) $1{,}4^2$ j) $1{,}8^2$ k) $2{,}5^2$ l) $3{,}6^2$

3 Schreibe als Produkte und berechne.
a) 2^3 b) 3^3 c) 5^3 d) 8^3 e) 10^3 f) 15^3

4 Berechne die Quadratwurzeln im Kopf.
a) $\sqrt{4}$ b) $\sqrt{9}$ c) $\sqrt{25}$ d) $\sqrt{64}$ e) $\sqrt{49}$
f) $\sqrt{81}$ g) $\sqrt{400}$ h) $\sqrt{169}$ i) $\sqrt{196}$ j) $\sqrt{900}$

5 Berechne. Runde auf zwei Nachkommastellen.
a) $\sqrt{0{,}256}$; $\sqrt{2{,}56}$; $\sqrt{25{,}6}$; $\sqrt{256}$; $\sqrt{2560}$
b) $\sqrt{3{,}24}$; $\sqrt{0{,}0324}$; $\sqrt{32{,}4}$; $\sqrt{0{,}324}$; $\sqrt{324}$; $\sqrt{3240}$

6 Berechne die Kubikwurzeln mit dem Taschenrechner. Runde auf zwei Nachkommastellen.
a) $\sqrt[3]{8}$ b) $\sqrt[3]{125}$ c) $\sqrt[3]{100}$ d) $\sqrt[3]{410}$
e) $\sqrt[3]{1}$ f) $\sqrt[3]{18}$ g) $\sqrt[3]{4{,}9}$ h) $\sqrt[3]{22}$
HINWEIS: Um $\sqrt[3]{68}$ zu berechnen, nutze die Tastenfolge 68 $\boxed{\sqrt[x]{y}}$ 3 $\boxed{=}$ bzw. 3 $\boxed{2nd}$ $\boxed{\sqrt[x]{y}}$ 68 $\boxed{=}$.

7 Zeichne Quadrate mit den gegebenen Flächen:
a) $A = 16\,cm^2$ b) $A = 80\,cm^2$ c) $A = 42\,cm^2$

8 Berechne die Längen der Grundkanten.
a) Das Volumen eines Würfels beträgt $216\,cm^3$.
b) Das Volumen eines Quaders beträgt $384\,cm^3$. Für die Seitenlängen gilt: $b = 2 \cdot a$; $c = 3 \cdot a$.

9 Termspiel für zwei: Würfelt abwechselnd mit einem normalen Würfel. Setzt das Ergebnis jeweils in einen der vier Terme rechts ein. Versucht, dass der Termwert möglichst groß wird, denn das ist eure Punktzahl. Es gewinnt, wer die meisten Punkte hat. Vereinbart vorher, wie viele Runden ihr spielt.

Terme
$18 - 3x$
$20 - x - 4$
$4x - 1$
$2 \cdot (x + 4)$

10 Ordne die Terme und fasse zusammen. Beachte das Beispiel g) im Merkkasten auf Seite 60.
a) $3x + 9y + 5 + 8x - 4y + 10$
b) $15a + 12b + 15a - 4b - 35 + 15a$
c) $5d + 6c - 0{,}5c + 11c + 40d$
d) $3{,}7x - 1{,}5y + 0{,}8x - 0{,}28 + 3{,}2y + 0{,}5x$
e) $44 + 9x + 9y - 63x - 18x + 44 + 0{,}25z$

11 Löse die Klammern auf (siehe Beispiele h) und i)) und vereinfache durch Zusammenfassen.
a) $9x + (2 + 7x)$
b) $8a - (3a + 5)$
c) $72 + 2y - (-5y + 10)$
d) $3 + 8b - (8b + 9) + 12$
e) $0{,}4 + (9x - 7) - 0{,}5x$
f) $6 - (0{,}3a + 8b) - 3a$
g) $4x - (-x - y) - x - y$
h) $(12a - 3b) + (12a + 3b)$

12 Sandra hat einen Term schrittweise immer komplizierter aufgeschrieben.

$6a - 4b$
$= 1a + 5a + b - 5b$
$= 1a + b + 5a - 5b$
$= 0{,}2a + 0{,}8a + b + 5a - 2{,}2b - 2{,}8b$

a) Wie hat sie es gemacht?
b) Schreibe selbst die folgenden Terme immer komplizierter:
• $2a + 7b$,
• $4x + 11y + 0{,}5z$.

13 Multipliziere aus wie im Beispiel j).
a) $4 \cdot (a + 2)$ b) $0{,}5 \cdot (6 - 2x)$
c) $(2b - 1) \cdot 8$ d) $12 \cdot (4x - 0{,}3)$
e) $-3 \cdot (9 + x)$ f) $6{,}2 \cdot (9 - x)$
g) $10 \cdot (0{,}7a - 25 + 0{,}6b)$
h) $0{,}4 \cdot (x + 2y - 15)$

14 Wende das Ausklammern auf die Terme an (siehe Beispiel k)).
a) $18x - 3$ b) $4a + 20$
c) $64 - 8y$ d) $7a - 35 + 14b$
e) $0{,}9x - 2{,}7$ f) $8x - 48z + 96$
g) $16a - 1{,}6$ h) $24a - 25a$

15 Vereinfache die Terme.
a) $7a - 3b + 2 \cdot (3a - b) + 10$
b) $3 \cdot (0{,}9a + 12) - 4 \cdot (9 + 0{,}1a)$
c) $40 - y + 2 \cdot (2x + 5{,}5y) + 16x$
d) $-3s + t \cdot (3 + s) - 15t + 100$
e) $a \cdot (b + c) + b \cdot (a - c)$

AUFGABE DER WOCHE
Wie viele Linsen passen in einen Behälter mit einem Fassungsvermögen von einem Liter?

Lineare Gleichungen und Formeln

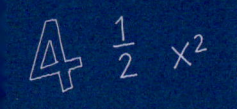

2 Gleichungen lösen ▶ WISSEN

Frau Neuer fragt: „Wie viel dürfte ein Kilometer Autofahrt maximal kosten, damit Autofahren zur Arbeit genauso so viel kostet wie die Monatskarte für Bahn und Bus (49 Euro)?" Sie rechnet mit 20 Arbeitstagen pro Monat und einer Fahrstrecke von 18 Kilometern pro Tag.

Damit stellt sie eine Gleichung auf:
$49\,€ = 20 \cdot 18\,\text{km} \cdot x\,\frac{€}{\text{km}}$.

Sie lässt die Einheiten weg und löst die Gleichung:

$\quad 49 = 20 \cdot 18 \cdot x \quad\;$ | Zusammenfassen
$\quad 49 = 360 \cdot x \quad\;$ | Seitentausch
$360 \cdot x = 49 \quad\;$ | : 360
$\quad\quad x = \frac{49}{360}$
$\quad\quad x \approx 0{,}136$

Ergebnis: Wenn ein Kilometer Autofahrt insgesamt rund 0,136 Euro = 13,6 Cent kostet, dann ist Autofahren zur Arbeit genau so teuer wie die Monatskarte.

HINWEIS
Kontrolliere deine Lösungen immer durch eine Probe.

> Einfache Gleichungen kannst du oft durch systematisches Probieren oder inhaltliche Überlegungen lösen. Um andere Gleichungen zu lösen, kannst du sie äquivalent (gleichwertig) **umformen**:
> - die beiden Seiten vertauschen,
> - Klammern auflösen, ordnen und gleichartige Teile zusammenfassen,
> - auf beiden Seiten das Gleiche addieren oder subtrahieren,
> - beide Seiten mit der gleichen Zahl (außer 0) multiplizieren,
> - beide Seiten durch die gleiche Zahl (außer 0) dividieren.

BEISPIELE

Gleichung	Lösung	Probe
Julia löst die Gleichung $5x - 11 = 2x + 1$.	$5x - 11 = 2x + 1$ | $-2x$ $3x - 11 = 1$ | $+11$ $3x = 12$ | $:3$ $x = 4$	$5 \cdot 4 - 11 \stackrel{?}{=} 2 \cdot 4 + 1$ $20 - 11 \stackrel{?}{=} 8 + 1$ $9 = 9$ (wahr)
Sascha löst die Gleichung $4 \cdot (x - 0{,}5) = 80 - x$.	$4 \cdot (x - 0{,}5) = 80 - x$ | Ausmultiplizieren $4x - 2 = 80 - x$ | $+x$ $5x - 2 = 80$ | $+2$ $5x = 82$ | $:5$ $x = 16{,}4$	$4 \cdot (16{,}4 - 0{,}5) \stackrel{?}{=} 80 - 16{,}4$ $4 \cdot 15{,}9 \stackrel{?}{=} 63{,}6$ $63{,}6 = 63{,}6$ (wahr)

▶ ÜBEN

1 Wie viele Perlen sind im Säckchen?

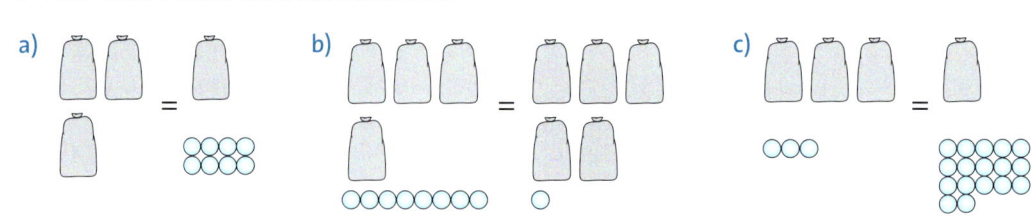

a)   b)   c)

2 Löse die Gleichungen im Kopf.
a) $4x = 20$
 $4y = 200$
 $4z = -20$
b) $5x = 50$
 $5y - 10 = 40$
 $\frac{1}{2}z = 50$
c) $80 - a = 48$
 $8 - b = 4{,}8$
 $c - 80 = 48$
d) $r : 6 = 50$
 $\frac{s}{6} = 0{,}5$
 $1 = \frac{t}{6}$

3 Löse die Gleichungen durch Umformungen.
a) $5x - 9 = 3 + 4x$
b) $4 + 3x = 2x + 12$
c) $1{,}4y - 10 = 15 - 0{,}6y$
d) $75x - 41 = 79 - 55x$

4 Löse die Gleichungen durch Umformungen.
a) $5 + 12x - 9 = 10x - 14 + 5x$
b) $5x - 9 + 8x = 12x - 8{,}2$
c) $273x - 196 = 30 + 270x + 38$
d) $10a - 4{,}5 - 3a = -54{,}5 - 3a$

5 Löse zuerst die Klammern auf. Löse dann die Gleichungen.
a) $126 + (20x - 56) = 82$
b) $2 \cdot (7{,}5 + 2{,}5x) = 60$
c) $50 - 2x = 7x - (4x + 2)$

AUFGABE DER WOCHE
Zeichne eine eigene Windrose.

6 Wie heißt die Zahl?
a) Daniel denkt sich eine Zahl. Zum Dreifachen dieser Zahl addiert er 18. Sein Ergebnis ist 39.
b) Sara denkt sich eine Zahl und subtrahiert 80. Diese Differenz verfünffacht sie. Ihr Ergebnis ist 80,2.

7 Schreibe zu den folgenden Gleichungen jeweils ein Zahlenrätsel.
a) $3x + 60 = x + 100$
b) $\frac{y}{2} + 10 = 17$
c) $2 \cdot (z + 8) = -24$

8 Antonio hat eine Gleichung zu einer vorgegebenen Lösung gefunden.
a) Wie hat er es gemacht?
b) Kannst du Antonios Gleichung noch komplizierter machen, ohne dass sich die Lösung dabei ändert?
c) Finde eine komplizierte Gleichung zur Lösung $x = 10$. Kontrolliert eure Gleichungen gegenseitig.
d) Finde eine komplizierte Gleichung mit dem Ergebnis $x = 0$ (mit dem Ergebnis $x = 1$).

$x = 4$ | $\cdot 3$
$3x = 12$ | $+ 24$
$3x + 24 = 36$ | $+ 0{,}8x$
$3x + 24 + 0{,}8x = 12 + 0{,}8x$ | Klammern setzen
$3(x + 8) + 0{,}8x = 12 + 0{,}8x$

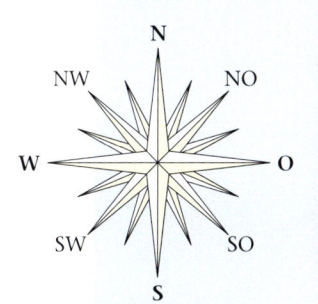

9 Vier der sechs folgenden Gleichungen haben die gleiche Lösung. Welche Gleichungen „fallen aus dem Rahmen"?
a) $3 + 0{,}5a = 4$
b) $3 \cdot (2a + 1) - 3{,}5a = 0{,}9 + 2a + 3{,}1$
c) $6 \cdot (a - 6) = a - 95$
d) $4 - a = 3 - 0{,}5a$
e) $6a + 3 - 3{,}5a = 4 + 2a$
f) $6a - 1 - a = 0$

10 Was stellst du fest, wenn du versuchst, die folgenden Gleichungen zu lösen?
a) $5x - 6 = 2x + 3 + 3x - 9$
b) $3x = 3 \cdot (x - 1)$
c) $1{,}5 + 2y - 0{,}8 = 3{,}2y + 0{,}7 - 1{,}2y$

11 Herr Stegen und seine Tochter sind heute zusammen 54 Jahre alt. Vor fünf Jahren war Herr Stegen 3-mal so alt wie seine Tochter. Wie alt sind die beiden heute?

Alter	Tochter	Herr Stegen
heute	x	$54 - x$
vor fünf Jahren	$x - 5$	$54 - x - 5$

Gleichung:
$3 \cdot (x - 5) = \ldots$

TIPP: Stelle dazu eine Gleichung auf und löse sie. Nutze zur Lösung die Tabelle.

12 Frau Luthe und ihr Enkel sind heute zusammen 65 Jahre alt. In acht Jahren wird Frau Luthe 8-mal so alt sein wie ihr Enkel. Wie alt sind die beiden heute?

Lineare Gleichungen und Formeln

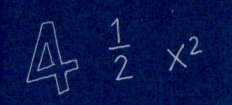

3 Mit Formeln rechnen ▶ WISSEN

Formeln in der Mathematik kennst du aus Berechnungen an Dreiecken, Vierecken, Kreisen und Körpern, aber auch aus der Prozent- und Zinsrechnung.

$$u = 2 \cdot \pi \cdot r \qquad A = \pi \cdot \frac{d^2}{4} \qquad V = \pi \cdot r^2 \cdot h \qquad A = \frac{g \cdot h}{2} \qquad p = \frac{W \cdot 100}{G}$$

Auch im Alltag und im Berufsleben werden viele Formeln verwendet.

> Manchmal soll eine Größe berechnet werden, die auf der rechten Seite der Formel steht. Dann muss die **Formel umgestellt werden**, sodass die gesuchte Größe allein auf der linken Seite steht. Man sagt dazu auch: „Die Formel wird nach der gesuchten Größe aufgelöst."
>
> Formeln sind besondere Gleichungen. Für das Umstellen können Äquivalenzumformungen wie beim Lösen von Gleichungen verwendet werden (s. Seite 62). Außerdem kann die Quadratwurzel oder die dritte Wurzel gezogen werden.
> Auf beiden Seiten muss immer die gleiche Umformung vorgenommen werden.

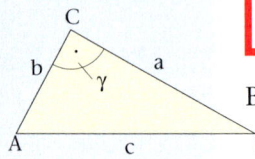

BEISPIEL: Von einem rechtwinkligen Dreieck mit $\gamma = 90°$ sind $c = 18\,\text{cm}$ und $b = 10\,\text{cm}$ gegeben. Gesucht ist die Länge der Dreiecksseite a.

Lösungsidee: c ist die Hypotenuse in einem rechtwinkligen Dreieck, da c dem rechten Winkel gegenüber liegt. Deshalb kann der Satz des Pythagoras angewendet werden.

1. *Umstellen der Formel* nach a:

$$\begin{aligned} c^2 &= a^2 + b^2 & &|\ \text{Seitentausch} \\ a^2 + b^2 &= c^2 & &|\ -b^2 \\ a^2 &= c^2 - b^2 & &|\ \text{Wurzelziehen} \\ a &= \sqrt{c^2 - b^2} \end{aligned}$$

2. *Einsetzen der Größen*:

$$\begin{aligned} a &= \sqrt{(18\,\text{cm})^2 - (10\,\text{cm})^2} \\ a &= \sqrt{324\,\text{cm}^2 - 100\,\text{cm}^2} \\ a &= \sqrt{224\,\text{cm}^2} \\ a &= 14{,}966\ldots\,\text{cm} \approx 15\,\text{cm} \end{aligned}$$

3. *Kontrolle der Lösung*:

$$\begin{aligned} (18\,\text{cm})^2 &\stackrel{?}{=} (15\,\text{cm})^2 + (10\,\text{cm})^2 \\ 324\,\text{cm}^2 &\stackrel{?}{=} 225\,\text{cm}^2 + 100\,\text{cm}^2 \\ 324\,\text{cm}^2 &\stackrel{?}{=} 325\,\text{cm}^2 \end{aligned}$$

Das Ergebnis $a \approx 15\,\text{cm}$ stimmt. Die Abweichung von $1\,\text{cm}^2$ wird durch das Runden in 2. hervorgerufen.

4. *Ergebnis formulieren*: Die gesuchte Seite a ist rund 15 cm lang.

▶ ÜBEN

1 Formeln
a) Erkläre, was mit den Formeln oben berechnet werden kann.
b) Schreibe weitere Formeln auf, die du kennst. Erkläre, was damit berechnet werden kann.

2 Stelle die Formel für den Satz des Pythagoras nach b um. Berechne dann jeweils die Länge der Dreiecksseite b (jeweils Dreieck ABC mit $\gamma = 90°$, s. Bild in der Randspalte).
a) $c = 5{,}5\,\text{cm}$; $a = 4\,\text{cm}$
b) $c = 205\,\text{m}$; $a = 129\,\text{m}$
c) $c = 5{,}40\,\text{m}$; $a = 487\,\text{cm}$

3 Berechnungen an Kreisen

a) Stelle die Formeln $u = 2 \cdot \pi \cdot r$ und $A = \pi \cdot r^2$ jeweils nach r um.
b) Berechne die fehlenden Größen in der Tabelle. Verwende dafür die Formeln aus a).

Radius r						
Umfang u	628 cm			10 m	65,3 mm	
Flächeninhalt A		78,5 cm²	1 m²			$3 \cdot 10^4$ km²

c) Ein Viertelkreis ist 75 cm² groß. Wie groß ist sein Radius?

4 Berechne die rot markierten Größen.

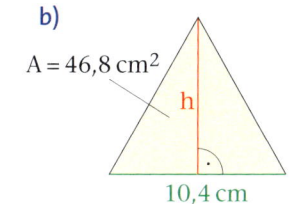

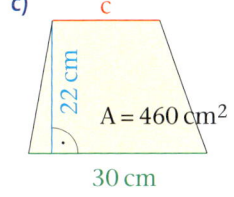

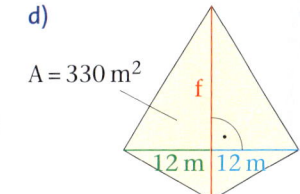

a) Dreieck mit Seite 8 cm, Grundseite 4 cm, gesucht: h
b) Dreieck mit $A = 46{,}8$ cm², Grundseite 10,4 cm, gesucht: h
c) Trapez mit Seite 22 cm, Grundseite 30 cm, $A = 460$ cm², gesucht: c
d) Raute mit $A = 330$ m², Diagonale 12 m + 12 m, gesucht: f

5 Berechne die gesuchten Größen von Körpern.

a) *gegeben*: Quader mit $a = 14$ cm; $b = 22$ cm; $V = 2772$ cm³;   *gesucht*: Seite c
b) *gegeben*: Würfel mit $V = 238$ m³;   *gesucht*: Kante a
c) *gegeben*: Zylinder mit $r = 5$ cm; $V = 1500$ cm³;   *gesucht*: Höhe h
d) *gegeben*: Zylinder mit $h = 300$ mm; $V = 3768$ mm³;   *gesucht*: Radius r

6 Stelle die Formeln nach den angegebenen Größen um.

a) Prozentformel $W = \dfrac{G \cdot p}{100}$ (nach p, G)
b) Zinsformel $Z = \dfrac{K \cdot p \cdot t}{100 \cdot 360}$ (nach K, p, t)

7

Für ihren Strom bezahlt Familie Yilmaz eine monatliche Grundgebühr und einen verbrauchsabhängigen Preis, der von der genutzten Strommenge abhängig ist. Ihre jährlichen Stromkosten lassen sich mit der Formel
Stromkosten (in Euro) = $12 \cdot 7{,}45$ € + $0{,}22$ €/kWh $\cdot$ *Verbrauch (in kWh)* berechnen.

a) Erläutere die Preisformel. Was bedeuten die einzelnen Größen darin?
b) Berechne die jährlichen Kosten für 4000 kWh Strom (für 5000 kWh; für 6500 kWh).
c) Schreibe die Formel mithilfe von Variablen kürzer.
d) Stelle die Formel nach dem *Verbrauch (in kWh)* um.
   Berechne dann: Wie viel Strom pro Jahr bekommt Familie Yilmaz für 750 Euro?

8

Ein Anbieter von Heizgas verlangt 10,08 € pro Monat als Grundgebühr und einen Preis von 0,0336 Euro pro Kilowattstunde (kWh), jeweils zuzüglich 19 % Mehrwertsteuer. (Für die Abrechnung wird der Verbrauch in Kubikmeter mit dem jeweiligen Heizwert des Gases multipliziert, um den Verbrauch in Kilowattstunden zu ermitteln.)

a) Stelle eine Formel zur Berechnung des Gesamtpreises mit Mehrwertsteuer auf.
b) Berechne damit den Gesamtpreis für einen Jahresverbrauch von 9981 kWh (10 415 kWh; 15 928 kWh) Heizgas.
c) Wie viel Euro Umsatzsteuer sind in diesem Gesamtpreis jeweils enthalten?
d) Berechne, wie viel Heizgas pro Jahr man für 500 € (für 790 €; für 925 €) bekommt.
e) Ein anderer Anbieter verlangt 4 € Grundgebühr und 0,046 Euro pro Kilowattstunde, jeweils mit Mehrwertsteuer. Welcher Anbieter ist günstiger, wenn eine Kleinfamilie zwischen 14 000 und 20 000 kWh Heizgas pro Jahr verbraucht? Erstelle zum Vergleich eine Preistabelle für 14 000, 15 000, … , 20 000 kWh Verbrauch.

Lineare Gleichungen und Formeln

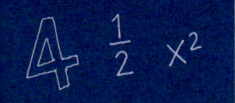

9 Herr Yilmaz hat zwei Handytarife zur Auswahl:
- Tarif A: 4,90 € pro Monat Grundgebühr; je Einheit 9 ct (eine Einheit ist eine Gesprächsminute, eine SMS oder ein Kilobyte Datentransfer innerhalb Deutschlands);
- Tarif B: 29,90 € pro Monat Flatrate (alle Gesprächsminuten, SMS und Datentransfers innerhalb Deutschlands inklusive).

a) Stelle eine Preisformel für die monatlichen Kosten bei Tarif A auf.
b) Berechne die monatlichen Kosten bei 48 Gesprächsminuten und 25 SMS innerhalb Deutschlands. (Dies entspricht 48 + 25 = 73 Einheiten.)
c) Ab wie vielen Einheiten ist die Flatrate für Herrn Yilmaz günstiger?

10 Für DIN-Formate bei Papier gilt die allgemeine Formel $\frac{l}{b} = \sqrt{2}$. In der Praxis werden die Größen aber auf ganze Millimeter gerundet:

DIN-Format	A0	A1	A2	A3	A4	A5	A6	A7
Länge *l* (in mm)	1189	841	594	420	297	210	148	105
Breite *b* (in mm)	841	594	420	297	210	148	105	74

a) Bei welchem DIN-Format weicht der Term $\frac{l}{b}$ am stärksten von $\sqrt{2}$ ab?
b) Berechne die Maße der Formate DIN A8 bis A10.
c) Welchen Teil eines Quadratmeters macht ein Blatt DIN A0, A1, A2, ..., A8 jeweils aus? Schreibe diese Anteile näherungsweise als einfache Brüche.
d) Finde mögliche Gründe, warum bei Papierformaten auf ganze Millimeter gerundet wird.

11 Stelle die Formeln nach den angegebenen Variablen um.
a) $v = a \cdot t$ ($a; t$)   b) $s = \frac{a}{2} t^2$ ($a; t$)   c) $s = s_0 + \frac{a}{2} t^2$ ($s_0; a; t$)   d) $v = \sqrt{2 \cdot g \cdot h}$ ($g; h$)

12 Treppenformeln

Herr Krömer baut Treppen. Zuerst werden die Stufen und das Geländer in der Werkstatt angefertigt. Dann wird die Treppe vor Ort eingebaut. Herr Krömer berichtet, was er beim Treppenbau beachten muss:

„Die wichtigsten Größen einer Treppe sind die Stufenhöhe *s* und die Auftrittsbreite *a*. Damit gilt:
1. Eine Treppe muss sicher sein: $a + s = 46$ cm.
2. Eine Treppe sollte bequem zu begehen sein: $a - s = 12$ cm.
3. Eine Treppe sollte eine optimale Steigung haben: $a + 2s = 63$ cm."

a) Michelle misst an einer Treppe die Auftrittsbreite 28 cm und die Stufenhöhe 16 cm. *Michelle* behauptet: „Diese Treppe ist bequem zu begehen." Überprüfe.
b) *Steven* überlegt: „Wären diese Treppenstufen um 2 cm höher, dann wäre diese Treppe sicher." Stimmt das?
c) Ismail ist Lehrling bei Herrn Krömer. Ismail schlägt für eine Treppe $a = 30$ cm und $s = 16$ cm vor. Sollte eine Treppe mit diesen Maßen gebaut werden?
d) Messt in eurem Schulgebäude, auf dem Schulhof oder zu Hause Treppen nach. Berechnet, ob diese sicher und bequem zu begehen sind. Haben diese Treppen eine optimale Steigung? Legt für eure Ergebnisse eine Tabelle an.
e) Findest du Maße *a* und *s* für eine optimale Treppe?

▶ MATHEMEISTERSCHAFT

1 Vereinfache die folgenden Terme. *(6 Punkte)*
a) $3x + 4{,}5 + 9x + 7 - x$ b) $0{,}2x + 1{,}5 + 0{,}3x + 0{,}2$ c) $1{,}5a + 3b - 0{,}45a - 15$
d) $a - (a + 6)$ e) $25 \cdot (5x - 0{,}2)$ f) $0{,}8 \cdot (4a + 3b)$

2 Berechne und runde jeweils auf zwei Stellen nach dem Komma. *(4 Punkte)*
a) $38{,}6^2$ b) $4{,}8^3$ c) $\sqrt{65}$ d) $\sqrt[3]{810}$

3 Löse die Gleichungen und mache jeweils die Probe. *(3 Punkte)*
a) $4x = 108$ b) $3y - 12 + 2y = 2y + 12$ c) $0{,}6a + 5 + 3a = 6 - 0{,}4a$

4 Löse die folgenden Gleichungen. *(6 Punkte)*
a) $63 + 2x = 3 \cdot (x + 10) - 2$ b) $12b - 6 = b + 6 \cdot (5 + b)$ c) $4y + 0{,}2 = 3 - (6y - 3{,}2)$

5 Berechne die rot markierten Größen im Bild rechts. *(4 Punkte)*

a) Quadrat: $a = 7$ cm, Diagonale d

b) Rechteck: $a = 8{,}4$ cm, $b = 6{,}2$ cm, Diagonale d

6 Stelle für die Länge der Diagonalen d im Quadrat (im Rechteck) je eine allgemeine Formel auf. *(2 Punkte)*

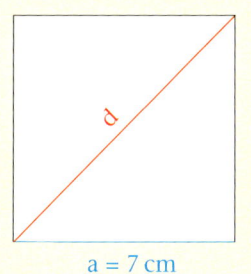

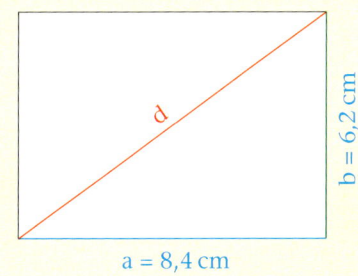

7 Stelle jeweils eine Gleichung auf und berechne dann.
a) Ich denke mir eine Zahl x und subtrahiere 5 von dieser Zahl. Nun multipliziere ich das Ergebnis mit 4. Mein Ergebnis lautet 24. *(2 Punkte)*
b) Frau Jantschke ist heute doppelt so alt wie ihre Tochter Lea. Vor 18 Jahren waren Frau Jantschke und ihre Tochter zusammen 27 Jahre alt.
Wie alt sind die beiden heute? *(4 Punkte)*

8 Geschwindigkeiten werden meist in der Einheit km/h oder in der Einheit m/s angegeben. Für die Umrechnung gilt die Formel *Geschwindigkeit in km/h = 3,6 · Geschwindigkeit in m/s*. Vervollständige mithilfe dieser Formel die folgende Tabelle. *(3 Punkte)*

Geschwindigkeit (in km/h)	30	50		100	
Geschwindigkeit (in m/s)			20		100

9 In Strömungskanälen mit kreisförmigem Querschnitt werden zum Beispiel Flugzeugmodelle getestet.
Nimmt die Querschnittsfläche A zu, dann nimmt die Strömungsgeschwindigkeit v ab.
Es gilt die Formel $\frac{A_1}{A_2} = \frac{v_2}{v_1}$.

a) Stelle diese Formel nach A_1 (nach v_1) um. *(2 Punkte)*
b) Berechne v_2 für die Größen $A_1 = 2\,\text{m}^2$; $A_2 = 3\,\text{m}^2$; $v_1 = 25\,\text{m/s}$. *(2 Punkte)*

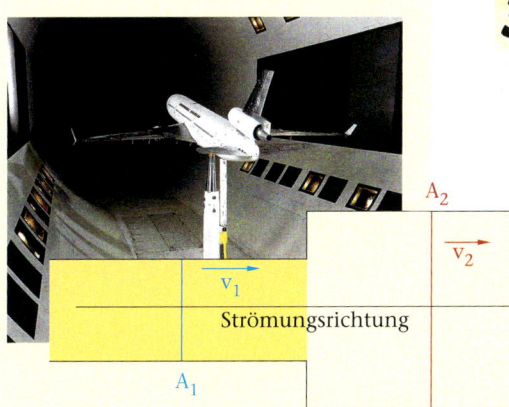

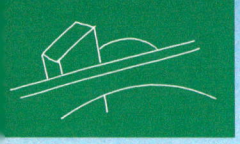

Ebene Figuren in deiner Umwelt

Die Schokoladenfabrik von Menier

Die Geschichte
In Noisiel-sur-Marne in Frankreich steht eine der ältesten Schokoladenfabriken der Welt. Mitte des 19. Jahrhunderts war Schokolade noch ein Luxusgut. 1850 produzierten 50 Mitarbeiter nur rund 4200 Kilogramm pro Jahr. 30 Jahre später waren es bereits mehr als 9 Millionen Kilogramm und mehr als 2000 Mitarbeiter. Die Schokolade wurde nun in Industrieanlagen hergestellt. Die Energie dafür wurde in dem Turbinengebäude erzeugt, das du auf dem Foto siehst.

Das Gebäude
Das Turbinengebäude steht inmitten des Flusses Marne. Auf vier gemauerten Pfeilern ruhen stählerne Kastenbalken, die aus vielen kleinen Platten und Winkeln gefertigt wurden und von Nieten zusammengehalten werden. Sonst sieht man von den Mauern des Gebäudes nicht viel. Sie sind hinter einer Schmuckfassade versteckt.

Die Schmuckfassade
Das Gebäude ist von einer Außenhaut umgeben. Sie besteht aus einem schmiedeeisernen Gerüst in Rautenform. Dieses Gerüst ist von außen sichtbar.
Die Räume zwischen den Stäben des Gerüstes sind mit Schmuckziegeln ausgefüllt. Du kannst zahlreiche geometrische Formen erkennen!

Oben: Das Turbinengebäude der Schokoladenfabrik Menier (erbaut 1871–72; Architekt: Jules Saulnier)
Rechts: Detail aus der Fassade

Ebene Figuren in deiner Umwelt

Ebene Figuren ▶ ERFORSCHEN

1 Betrachte das Turbinengebäude der Schokoladenfabrik auf Seite 68.
Was für Figuren erkennst du daran?

2 Schmuckfassade
Stell dir vor, du kannst das Ziegelwerk zwischen den Stäben des folgenden Gerüstes gestalten. Mache einen Entwurf. Verwende dir bekannte geometrische Figuren.

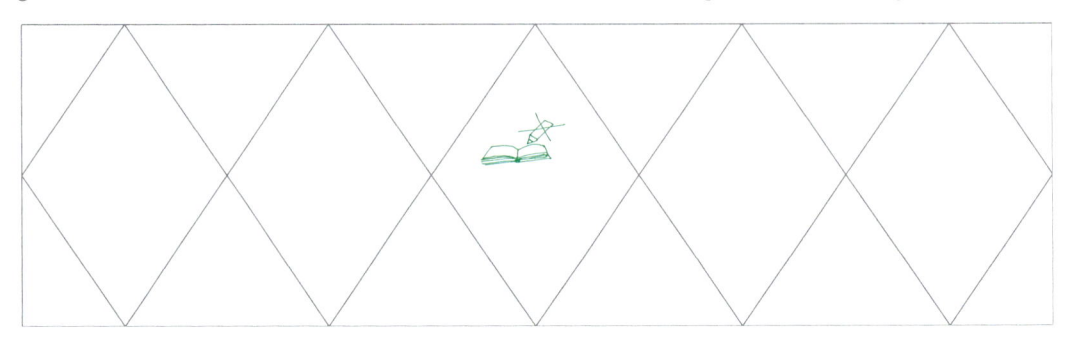

INFO
Eine Vorlage findest du unter dem Mediencode
070-1.

3 Figurenquiz
Denke dir eine geometrische Grundfigur. Beschreibe sie deiner Nachbarin oder deinem Nachbarn, ohne den Namen der Figur oder die Worte „gleich lang", „rechtwinklig" und „Eckpunkt" zu verwenden. Man hat nur einen Versuch, den Namen der Figur zu erraten! Tauscht danach die Rollen.
Zum Weiterdenken: Bei welchen Figuren fällt dir das Beschreiben eher leicht, bei welchen Figuren eher schwer?

4 Dreiecksspiel
Vorbereitung: Zeichnet etwa 20 Punkte beliebig verteilt auf ein DIN-A4-Blatt.
Regeln: Jeder benötigt nun einen Stift mit einer eigenen Farbe. Wer an der Reihe ist, verbindet zwei Punkte durch eine gerade Linie. (Dabei darf keine vorhandene Linie geschnitten werden.) Dann ist reihum der nächste Spieler dran.
Wertung: Kann man ein Dreieck schließen, darf man sofort seinen Namen in das Dreieck schreiben und bekommt einen Punkt. (Das geschlossene Dreieck kann in ein oder zwei Seiten mit einem bereits gewerteten Dreieck übereinstimmen.)
Es gewinnt, wer am Ende die meisten Dreiecke hat.

5 Spiegelungen
a) Auf dem Bild des Turbinengebäudes (Seite 68) kannst du auch Spiegelungen an Achsen erkennen.
Wähle ein Beispiel aus und beschreibe es. Wo liegt dabei die Spiegelachse?
b) Wie kann man symmetrische Figuren erzeugen? Beschreibe drei Möglichkeiten.

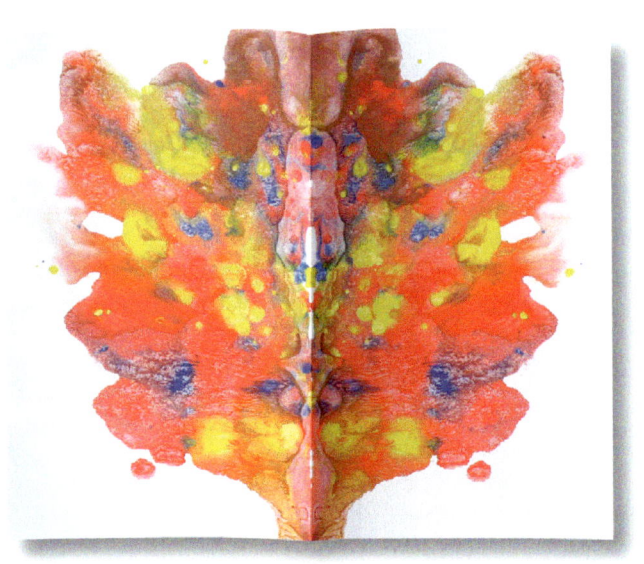

6 Zeichne je ein Dreieck …
a) auf Karopapier, b) auf unliniertem Papier.
c) Beschreibe die Dreiecke deiner Nachbarin oder deinem Nachbarn möglichst genau. Sie oder er soll mithilfe der Beschreibungen dazu genau deckungsgleiche Dreiecke zeichnen.

7 Versuche, Dreiecke mit den folgenden Maßen zu zeichnen. Was stellst du fest?
a) $c = 5\,\text{cm}$; $b = 4\,\text{cm}$; $\beta = 68°$ b) $c = 5\,\text{cm}$; $b = 4\,\text{cm}$; $\beta = 53°$ c) $c = 5\,\text{cm}$; $b = 4\,\text{cm}$; $\beta = 45°$

8 Von einem Parallelogramm $ABCD$ ist bekannt: $a = 6\,\text{cm}$; $d = 3{,}5\,\text{cm}$; $\gamma = 70°$.
Lässt sich mit diesen Angaben das Parallelogramm eindeutig konstruieren? Begründe.

9 Ein Quadrat hat eine Seitenlänge von 4 cm.
a) Finde zwei verschiedene Rechtecke mit dem gleichen Flächeninhalt wie das Quadrat.
b) Zeichne die drei Figuren und ermittle ihre Umfänge. Was stellst du fest?
c) Die drei Figuren werden aus Draht gebogen. Bei welcher Figur braucht man je Quadratzentimeter Fläche den wenigsten Draht?

10 Fertige aus Pappstreifen ein Rechteck. Verbinde dabei die Ecken beweglich durch Briefklammern.
a) Welche Figuren entstehen, wenn du das Rechteck an den beiden oberen Ecken zur Seite kippst?
b) Wie verändert sich der Flächeninhalt der Figuren durch das Kippen? Beschreibe.
c) Nenne die Größen, von denen die Flächeninhalte der gekippten Vierecke abhängen.

11 Dreieck im Quadrat
a) Zeichne ein Quadrat mit der Seitenlänge 6 cm. Zeichne darin ein Dreieck ein, das einen möglichst großen Flächeninhalt hat.
b) Prüfe, ob es bei Aufgabe a) mehr als eine Lösung gibt. Begründe.

12 Im Fliesenmarkt

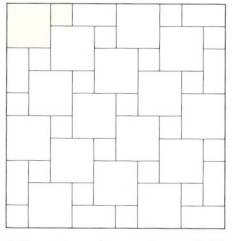

Muster 1	Anzahl*	**Muster 2**	Anzahl*	**Muster 3**	Anzahl*	**Muster 4**	Anzahl*
30 × 30 cm	1	30 × 30 cm	1	15 × 30 cm	4	33 × 33 cm	1
15 × 15 cm	1	15 × 30 cm	4	15 × 15 cm	1	7,5 × 7,5 cm	1
		15 × 15 cm	4				

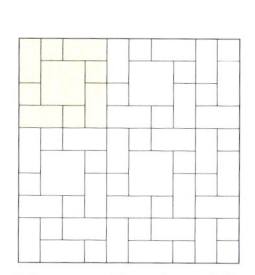

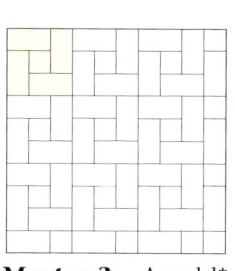

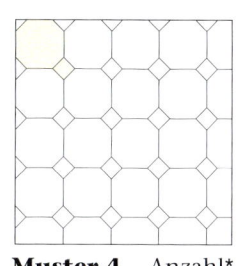

(* Anzahl im gelb markierten Teil der Musterfläche)

a) Welche Außenmaße haben die abgebildeten Musterflächen? In welchem Maßstab sind sie hier abgebildet?
b) Wähle ein Muster aus und zeichne es maßstäblich. Gestalte es farbig.
c) Ist beim Verlegen einer Musterfläche mit deinem ausgewählten Muster Verschnitt nötig? (Das bedeutet: Fliesen müssen dafür zerschnitten werden, und Teile bleiben übrig.)
Wenn ja: Welche Teile sind betroffen? Markiere sie in deiner Zeichnung.
d) Welche Muster sind wohl eher einfach zu verlegen, welche eher schwierig?

Ebene Figuren in deiner Umwelt

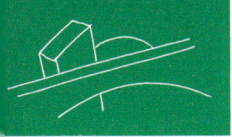

1 Rechtecke und Quadrate ▶ WISSEN

Quadrat

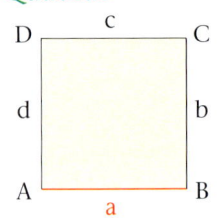

Flächeninhalt = Seite · Seite
$A = a \cdot a$

Umfang = Summe der vier Seitenlängen
$u = a + a + a + a = 4 \cdot a$

Rechteck

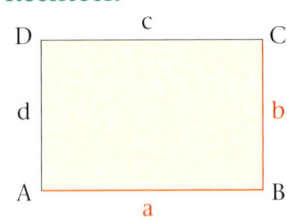

Flächeninhalt = Länge · Breite
$A = a \cdot b$

Umfang = Summe der vier Seitenlängen
$u = a + b + a + b$
$u = 2 \cdot a + 2 \cdot b = 2 \cdot (a + b)$

▶ ÜBEN

1 Berechne die Flächeninhalte und die Umfänge der Vierecke.

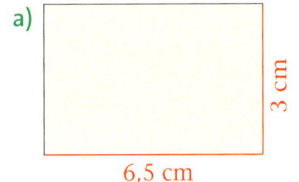

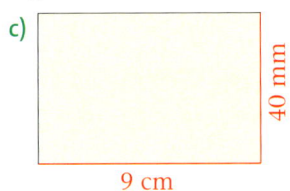

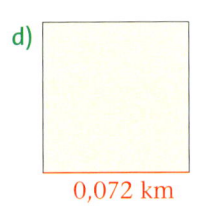

a) 6,5 cm × 3 cm
b) 2,4 cm
c) 9 cm × 40 mm
d) 0,072 km

2 Berechne die gesuchten Größen.
a) Quadrat: $A = 6{,}25\,\text{cm}^2$ (gesucht: a und u)
b) Rechteck: $A = 6{,}25\,\text{cm}^2$; $a = 5\,\text{cm}$ (gesucht: b und u)
c) Quadrat: $u = 14\,\text{cm}$ (gesucht: a und A)
d) Rechteck: $u = 14\,\text{cm}$; $b = 2\,\text{cm}$ (gesucht: a und A)

3 Bauer Neubert möchte nach Kanada auswandern. Er hat ein Angebot für eine Farm (links). Herr Neubert versucht, das Grundstück aufzuzeichnen. Wie könnte seine Zeichnung aussehen?

4 Konstruiere am PC ohne Koordinatensystem ein Quadrat und ein Rechteck. Miss jeweils den Flächeninhalt.

5 Ein Rechteck ist doppelt so lang wie breit. Sein Umfang beträgt 24 cm. Wie viel cm² misst der Flächeninhalt?

6 Zeichne ein 32 cm² großes Rechteck. Gibt es mehrere Lösungen?

7 Ein Rechteck misst 48 cm².
a) Erstelle eine Wertetabelle mit möglichen Zahlenwerten der Länge a und der Breite b in cm. Es sollen jeweils natürliche Zahlen sein.
b) Zeichne die Zuordnung Länge → Breite in ein Koordinatensystem.
c) Berechne auch die Umfänge der Rechtecke. Was fällt dir auf?

8 Aus einem Rechteck mit den Seitenlängen $a = 6\,\text{cm}$ und $b = 5\,\text{cm}$ soll ein größtmögliches Quadrat ausgeschnitten werden.
a) Finde durch Zeichnen und Messen heraus: Welche Seitenlänge und welchen Flächeninhalt hat das Quadrat?
b) Wie viel Prozent der Rechteckfläche sind Abfall?

FARM
20 ha Nutzfläche (400 m × 500 m), davon
- *5 ha Acker,*
- *5 ha Weide,*
5000 m² Garten,
15 000 m² Wiese,
200 a Moor und
600 a Wald.

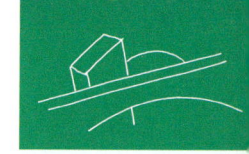

9 Katarina ist im 2. Ausbildungsjahr zur Tischlerin. Katarina hat sich für diesen Ausbildungsberuf entschieden, weil sie die Vielseitigkeit des Handwerks fasziniert. Als Tischlerin ist sie für die Gestaltung, den Entwurf, die Konstruktion und die Herstellung von unterschiedlichen Einrichtungen aus Holz zuständig.
Katarina soll aus einem Brett sechs Leisten zuschneiden. Das Brett ist 260 cm lang, 15 cm breit und überall gleich dick. Die Leisten sollen 750 mm lang, 65 mm breit und so dick wie das Brett sein.
a) Skizziere eine Möglichkeit, wie Katarina die Leisten anordnen kann.
b) Wie groß ist der Verschnitt in Prozent bei deiner Anordnung?

10 Adrian erlernt den Beruf Maurer. In seiner Ausbildung baut er zum Beispiel Wände aus künstlichen und natürlichen Steinen. Die Maße der Mauern entnimmt er maßstäblichen Zeichnungen. Die sichtbare Wandfläche verputzt Adrian mit Mörtel. Anhand der folgenden Angaben soll Adrian die Länge der Mauern ermitteln und angeben, wie groß die sichtbare Fläche ist (in m²).
a) Mauer mit der Höhe 2,45 m; Länge der Mauer in der Zeichnung 38,7 mm; Zeichnung im Maßstab 1 : 100
b) Mauer mit der Höhe 5,25 m; Länge der Mauer in der Zeichnung 75 mm; Zeichnung im Maßstab 1 : 200
c) In was für Räumen könnten Mauern dieser Größe stehen?

11 Ein Baugrundstück in der Gemeinde Schöntal ist rechteckig, 35,50 m lang und 28,25 m breit. Es darf zu maximal 40 % der Grundstücksfläche bebaut werden.
a) Adrian soll berechnen wie viel Quadratmeter höchstens bebaut werden dürfen.
b) Zeichne das Grundstück maßstabsgetreu (Maßstab 1 : 500).
c) Zeichne den Grundriss eines Hauses ein, welches der Vorgabe zur maximalen Bebauung entspricht. Trage darin auch die Maße des Hauses ein.

12 Nikola ist Auszubildende zur Landschaftsgärtnerin. Für die Landesgartenschau soll sie ein rechteckiges Beet begrünen (6,50 m × 7,70 m). Auf 25 % der Beetfläche sollen Tulpen gepflanzt werden. Um die Tulpen herum pflanzt Nikola auf 10 % der Beetfläche Narzissen und auf 15 % Lilien. Auf dem Rest sollen Lavendel und Rosen wachsen. Die Einfassung außen soll mit Buchsbaumpflanzen erfolgen (20 cm breit).
a) Erstelle eine Skizze.
b) Wie groß (in m²) ist die Fläche für die einzelnen Pflanzenarten und den Buchsbaumstreifen?
c) Die Buchsbaumpflanzen werden in einem Abstand von rund 15 cm gepflanzt. Wie viele Buchsbaumpflanzen etwa muss Nikola besorgen?

13 Auf der letzten Versammlung hat der Platzwart von Grün-Weiß Langenberg den Antrag gestellt, den Sportplatz zukünftig von einem Rasenroboter XM99 mähen zu lassen. Der Sportplatz ist 75 m breit und 130 m lang.
Wie hat der Vorstand des Vereins wohl entschieden?

Rasenroboter XM99
Neupreis 1899,– €
Mäht Ihren Rasen ganz allein.

- Gewicht 17,6 kg
- 32 cm Schnittbreite
- 2–7 cm Schnitthöhe
- rund 90 Minuten Mähzeit pro Akku-Ladung
- mäht 6 m² pro Minute
- Rasenschnitt wird untergearbeitet (gemulcht)

Ebene Figuren in deiner Umwelt

2 Dreiecke ▶ WISSEN

Flächeninhalt = $\frac{\text{Grundseite} \cdot \text{zugehörige Höhe}}{2}$
$A = \frac{g \cdot h}{2}$

Umfang = Summe der Seitenlängen a, b und c
$u = a + b + c$

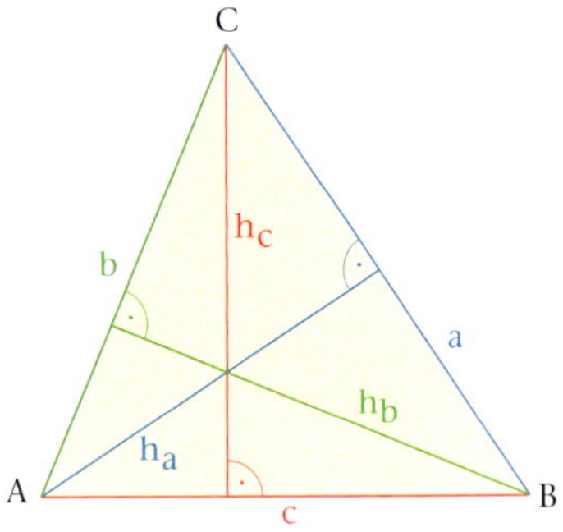

Kongruenzsätze
Zwei Dreiecke, die …
- in den Längen von drei Seiten (sss),
- in den Längen von zwei Seiten und der Größe des eingeschlossenen Winkels (sws),
- in der Länge von einer Seite und den Größen der beiden anliegenden Winkel (wsw),
- in den Längen von zwei Seiten und der Größe des Winkels, der der größeren Seite gegenüberliegt (SsW)

übereinstimmen, sind kongruent zueinander. Wenn von einem Dreieck drei solche Größen bekannt sind, dann ist es eindeutig zu konstruieren.

BEISPIEL: Ein Dreieck zeichnen mit $c = 4{,}4$ cm; $\alpha = 50°$; $\beta = 47°$.

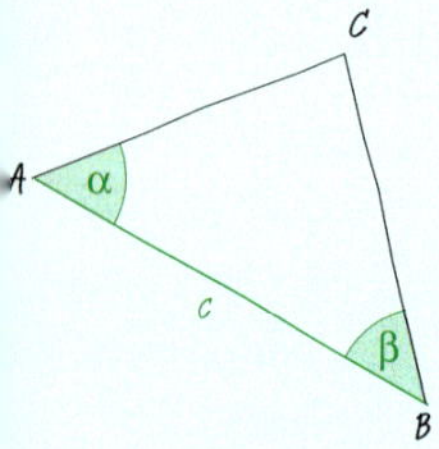

1. Fertige eine Skizze mit den bekannten Größen an.

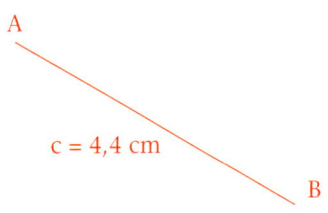

2. Zeichne die Seite $c = 4{,}4$ cm mit den Eckpunkten A und B.

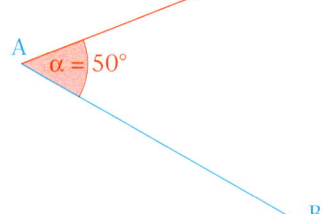

3. Trage im Punkt A den Winkel $\alpha = 50°$ an.

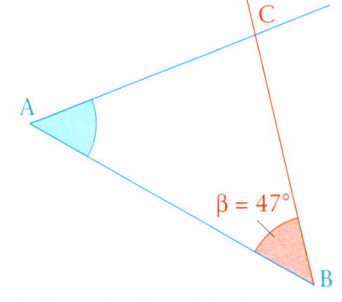

4. Trage im Punkt B den Winkel $\beta = 47°$ an. Zeichne die Schenkel von α und β so lang, dass sie sich schneiden. So erhältst du den Punkt C.

▶ ÜBEN

1 Berechne …
a) die Flächeninhalte,
b) die Umfänge.

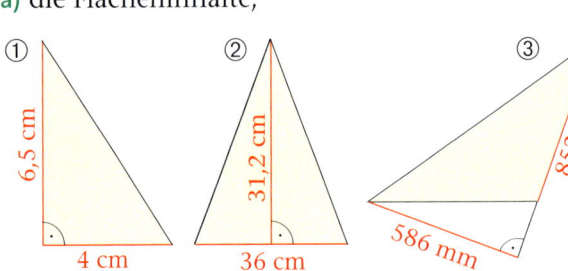

a)
① 6,5 cm; 4 cm
② 31,2 cm; 36 cm
③ 852 mm; 586 mm

b)
① 5 cm; 5 cm; 5 cm
② 4,6 cm; 4,6 cm; 3,6 cm

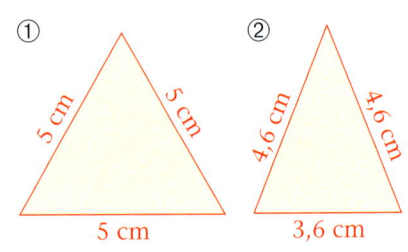

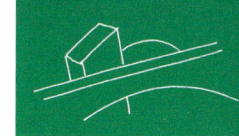

2 Zeichne die Dreiecke in ein Koordinatensystem. Ermittle dann ihre Flächeninhalte. (Miss benötigte Größen.)
a) $A(1|2)$; $B(6|1)$; $C(6|5)$
b) $A(2|1)$; $B(8|4)$; $C(2|6)$
c) $A(7|1)$; $B(5|6)$; $C(1|4)$

3 Berechne die Dreiecksflächen.
a) $a = 8\,cm$; $h_a = 10\,cm$
b) $b = 24\,cm$; $h_b = 0{,}18\,m$
c) $b = 0{,}07\,m$; $h_b = 7\,cm$
d) Welche der Dreiecke passen auf ein DIN-A5-Blatt?

4 In einem Dreieck ist $b = 6\,cm$ und $h_b = 4\,cm$. Wie verändert sich sein Flächeninhalt, wenn
a) … die Seite b verdoppelt (halbiert) wird,
b) … die Höhe h_b verdreifacht (verzehnfacht) wird?

5 In einem Dreieck ist $a = 16\,cm$ und $A = 1\,dm^2$. Ermittle die Länge der Höhe h_a.

6 In ein Rechteck mit $a = 6\,cm$ und $b = 3\,cm$ werden die Strecken $\overline{AC}$ und $\overline{BD}$ eingezeichnet.
a) Wie kannst du die Länge der Strecke $\overline{AC}$ ermitteln? Beschreibe dein Vorgehen.
b) Finde Dreiecke, die deckungsgleich zueinander sind.

7 Berechne die fehlenden Größen.

	Seite	Höhe	Flächeninhalt
a)	$a = 10\,cm$	$h_a = ?$	$A = 20\,cm^2$
b)	$b = ?$	$h_b = 25\,mm$	$A = 10\,cm^2$
c)	$c = 13\,mm$	$h_c = ?$	$A = 338\,mm^2$

8 Konstruiere die rechtwinkligen Dreiecke ABC. Berechne jeweils Umfang und Flächeninhalt.
a) $a = 5\,cm$; $b = 4\,cm$; $\gamma = 90°$
b) $b = 8{,}2\,cm$; $c = 6{,}9\,cm$; $\alpha = 90°$

9 Entwickle eine Bildfolge wie im Beispiel auf Seite 74. Konstruiert werden soll ein Dreieck mit $a = 5\,cm$; $\beta = 70°$ und $c = 8\,cm$.

10 Konstruiere die folgenden Dreiecke.
a) $a = 5{,}8\,cm$; $b = 5{,}8\,cm$; $c = 7{,}6\,cm$
b) $c = 4{,}6\,cm$; $\beta = 50°$; $a = 5{,}5\,cm$
c) $b = 6{,}8\,cm$; $\alpha = 70°$; $\gamma = 55°$

11 Konstruiere den Dachgiebel maßstäblich.

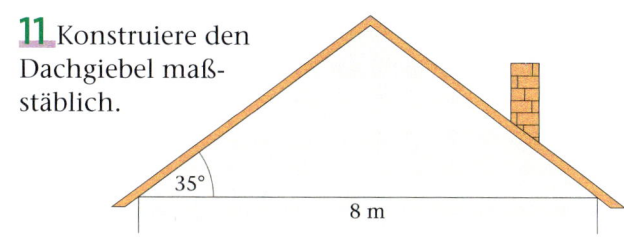

a) Wie hoch ist der Dachgiebel?
b) Konstruiere in den Dachgiebel zwei dreieckige Fenster. Berechne ihre Glasfläche. Beachte, dass am Rand zwischen Mauerwerk und Glas jeweils 10 cm für den Holzrahmen des Fensters freibleiben müssen.
c) Das Fensterglas kostest 45 € pro m².

HINWEISE
• Sind die Seitenlängen bzw. Höhen in verschiedenen Einheiten gegeben, musst du zuerst umrechnen.
• Ist zum Beispiel die Höhe h gesucht und sind der Flächeninhalt A und die Grundseite g gegeben, dann kannst du die Formel umstellen.

BIST DU FIT?

1. Welche der folgenden Logos sind achsensymmetrisch? Skizziere jeweils im Heft und markiere die Symmetrieachsen.

Ebene Figuren in deiner Umwelt

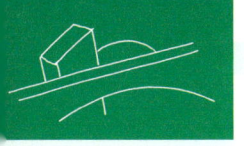

3 Parallelogramme ▶ WISSEN

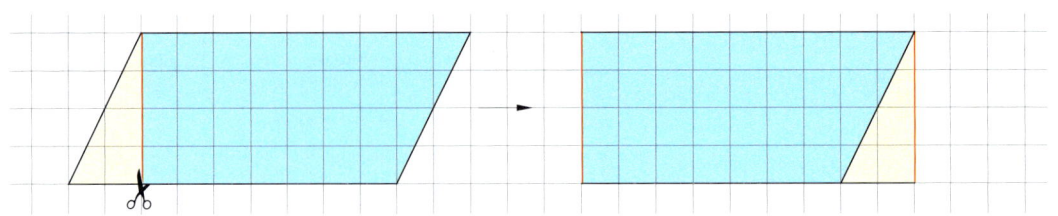

Parallelogramme lassen sich einfach in flächengleiche Rechtecke umwandeln. Damit lässt sich die Formel für ihren Flächeninhalt begründen.

Flächeninhalt = Grundseite · zugehörige Höhe
$A = g \cdot h$

Umfang = Summe der Seitenlängen a, b, c und d
Da gegenüberliegende Seiten gleich lang sind, gilt die gleiche Umfangsformel wie für Rechtecke.
$u = 2 \cdot a + 2 \cdot b$

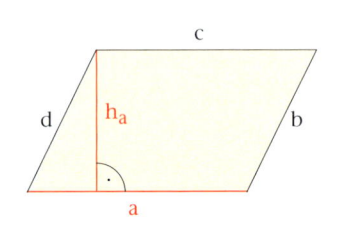

▶ ÜBEN

1 Berechne die Flächeninhalte und die Umfänge der Parallelogramme.

a) 3,2 cm; 3 cm; 4,5 cm
b) 1,35 m; 1,2 m; 1,75 m
c) 50 cm; 60,0 cm; 550 mm
d) 19 cm; 25 cm; 25 cm

AUFGABE DER WOCHE
Wie oft kommt in diesem Buch der Buchstabe „e" vor?

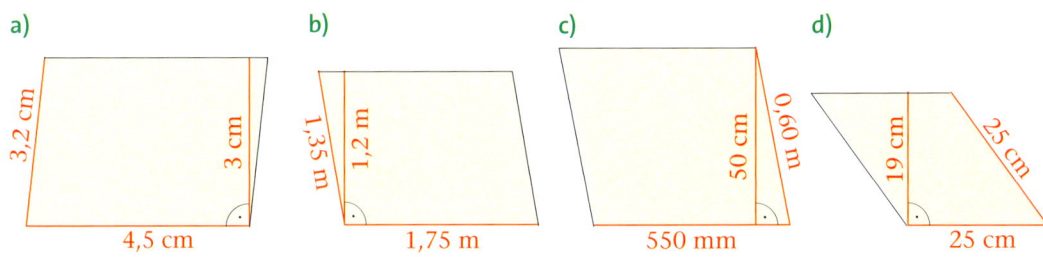

2 Zeichne ein Rechteck und ein Parallelogramm mit je 60 cm² Flächeninhalt. Vergleiche die Umfänge der beiden Figuren.

3 Konstruiere die Parallelogramme. Ermittle dann ihre Flächeninhalte und Umfänge.
a) $a = 4,8$ cm; $b = 3,8$ cm; $\beta = 70°$
b) $a = 6,5$ cm; $\alpha = 50°$; $h_a = 4$ cm

4 Berechne die Flächeninhalte der Parallelogramme.
a) $a = 5$ cm; $h_a = 3,5$ cm
b) $b = 52$ mm; $h_b = 4,5$ cm
c) $a = 0,75$ m; $h_a = 28$ cm
d) Welche der Parallelogramme passen auf ein DIN-A4-Blatt?

5 Ermittle die Flächeninhalte und Umfänge der maßstäblich dargestellten Parallelogramme.
a)   b)
1 cm im Bild entspricht 40 m im Original.

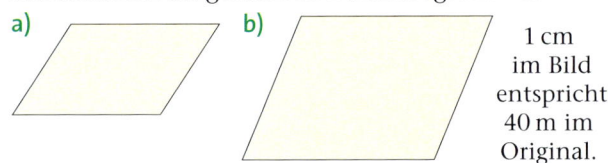

6 Berechne die fehlenden Größen.

	Seite	Höhe	Flächeninhalt
a)	$a = 8$ cm	$h_a = ?$	$A = 32$ cm²
b)	$b = 8$ mm	$h_b = ?$	$A = 1$ cm²
c)	$c = ?$	$h_c = 450$ m	$A = 20$ ha

7 Ermittle die Umfänge der Vierecke $ABCD$.
a) $A(1|2)$; $B(7|2)$; $C(10|6)$; $D(4|6)$
b) $A(2,5|1)$; $B(6|3)$; $C(6|8,5)$; $D(2,5|6,5)$

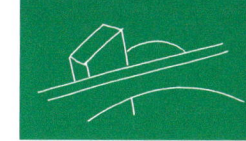

8 Ein Parallelogramm hat die Maße $a = 6,7\,\text{m}$; $b = 24\,\text{dm}$ und $h_a = 125\,\text{cm}$. Wähle einen geeigneten Maßstab und zeichne damit das Parallelogramm in dein Heft.

9 Nikola soll in ihrem zweiten Lehrjahr als Landschaftsgärtnerin eine Garagenauffahrt pflastern.
a) Zuerst muss die Garageneinfahrt rundum mit Kantensteinen eingefasst werden. Ein Meter Kantensteine kostet 6,90 €.
b) Pflastersteine kosten 32,95 € pro m². Für welche Fläche (in m²) müssen Pflastersteine bestellt werden?
c) Berechne die Materialkosten für die Baumaßnahme (Kantensteine, Pflastersteine).

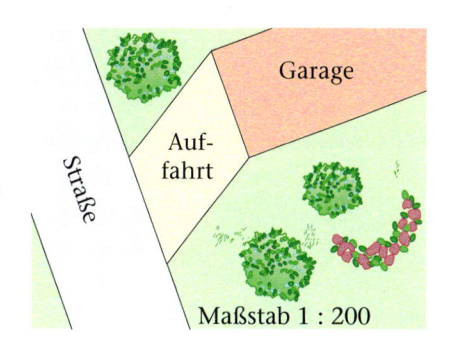

Maßstab 1 : 200

10 Gib die Eigenschaften einer Raute an (Winkel, Seiten und Diagonalen).

11 Übertrage die Zeichnung auf Punktpapier.
a) Ergänze so, dass zwei zueinander ähnliche Figuren entstehen.
b) Mit welchem Faktor wurde das grüne Parallelogramm verkleinert (das andere Parallelogramm vergrößert)? Begründe.
c) Berechne die Flächeninhalte der beiden Parallelogramme. Vergleiche.
d) Zeichne das grüne Parallelogramm vergrößert mit dem Faktor $k = 3$ ($k = 1,5$) und verkleinert mit dem Faktor $k = 0,75$.

HINWEIS
Punktpapier findest du unter dem Mediencode 077-1.

12 Im Koordinatensystem
a) Zeichne die Punkte $A(3|4)$, $B(6|1)$, $C(12|3)$ und $D(9|8)$. Verbinde sie der Reihe nach zu einem Viereck. Was für ein Viereck entsteht? Begründe.
b) Konstruiere die Mittelpunkte der Seiten und verbinde sie reihum. Was für eine Figur entsteht dabei? Begründe.
c) Bearbeite diese Aufgabe auch mit einer Geometriesoftware. Nutze den Zugmodus, um zu überprüfen, ob immer eine Figur wie in b) entsteht.

---

1. Finde Dreiecke, die zum grünen Dreieck ähnlich sind (die zu anderen Dreiecken im Bild ähnlich sind). Gib jeweils den Faktor k der Vergrößerung oder Verkleinerung an.

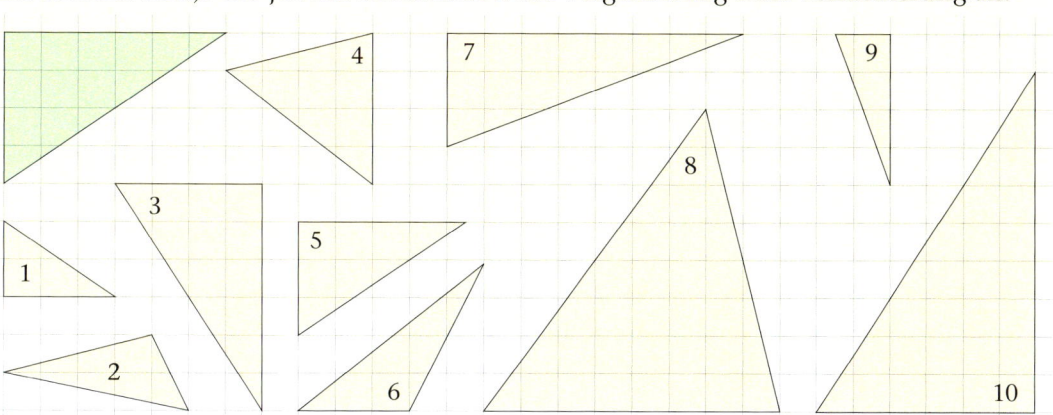

BIST DU FIT?

Ebene Figuren in deiner Umwelt

4 Trapeze ▶ WISSEN

Flächeninhalt = $\frac{\text{Summe der beiden parallelen Seiten}}{2}$ · Höhe
$A = \frac{(a+c)}{2} \cdot h$

Umfang = Summe der Seitenlängen a, b, c und d
$u = a + b + c + d$

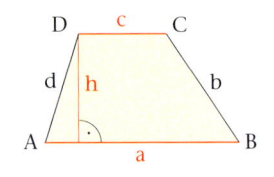

Beachte die Hinweise zu unterschiedlichen Einheiten und zum Umstellen von Formeln auf Seite 75 (Randspalte).

▶ ÜBEN

1 Berechne die Flächeninhalte der Trapeze.
a) 25 cm; 30 cm; 40 cm
b) 8 m; 12 m; 6 m
c) 0,98 m; 64 cm; 0,48 m
d) 3,6 dm; 24 cm; 0,45 m

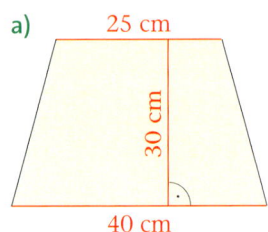

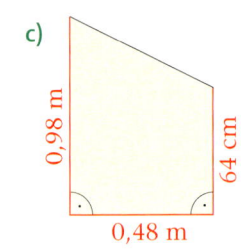

2 Wo findest du Trapeze auf dem Foto (in deiner Umwelt)? Starte eine Internetrecherche. Finde heraus, ob die gefundenen Dinge tatsächlich eine Trapezform haben.

3 Wie kannst du ein Trapez in ein flächengleiches Rechteck verwandeln? Beschreibe.
TIPP: Zeichne ein Trapez, zerschneide es dann passend und setzte es wieder neu zusammen.

4 Berechne die Flächeninhalte der Trapeze.
a) $a = 5$ cm; $c = 4$ cm; $h = 3$ cm
b) $a = 4,5$ cm; $c = 3,5$ cm; $h = 2,5$ cm
c) $a = 5,7$ cm; $c = 48$ mm; $h = 40$ mm

5 Zeichne Trapeze zu den Maßen aus Aufgabe 4 und ermittle die Umfänge.

6 Konstruiere die Trapeze und ermittle ihre Flächeninhalte.
a) $a = 4$ cm; $\alpha = 60°$; $\beta = 70°$; $h = 3$ cm
b) $a = 5$ cm; $\beta = 50°$; $h = 4$ cm; $c = 5,5$ cm

7 Der Flächeninhalt eines Trapezes beträgt 18 cm², seine Höhe ist 4 cm lang. Gib verschiedene Möglichkeiten für die Seitenlängen a und c an.

8 Berechne die fehlenden Größen.
a) $A = 36$ cm²; $a = 4$ cm; $c = 8$ cm (gesucht: h)
b) $A = 30$ cm²; $c = 5$ cm; $h = 4$ cm (gesucht: a)
c) Zeichne ein Trapez mit den Maßen aus Aufgabe a). Vergleiche es mit dem Trapez deiner Nachbarin oder deines Nachbarn.

9 Berechne den Flächeninhalt der roten Teilfläche im Teppichmuster rechts.
Wie groß ist die gesamte Fläche des Teppichs?

10 Zeichne das Teppichmuster mit den folgenden Angaben in dein Heft:
- Das graue Quadrat hat in der Zeichnung eine Seitenlänge von 2 cm.
- Das gesamte Teppichmuster hat in der Zeichnung einen Flächeninhalt von 49 cm².

Wie groß ist in deiner Zeichnung jede der vier Trapezflächen?

Maßstab 1 : 50

11 Konstruiere zwei nicht deckungsgleiche Trapeze mit den Maßen $a = 9$ cm; $c = 5{,}5$ cm und $h = 4{,}5$ cm. Berechne jeweils Flächeninhalt und Umfang der Trapeze und vergleiche.

12 Vergrößern und Verkleinern
a) Das Trapez ① wurde verkleinert, um das Trapez ② zu erhalten. Ermittle den Faktor k.
b) Das Trapez ② wurde vergrößert, um das Trapez ① zu erhalten. Ermittle den Faktor k.
c) Ermittle jeweils Flächeninhalt und Umfang der Trapeze und vergleiche.
Miss die dafür nötigen Größen im Bild.

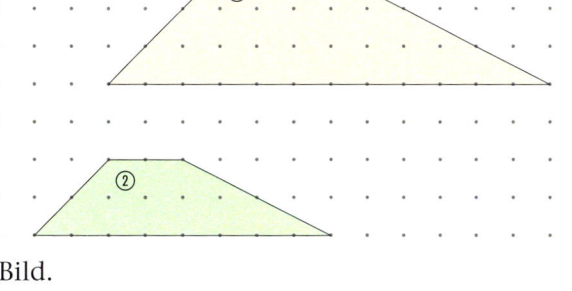

13 Im gleichschenkligen Trapez
a) Zeichne ein beliebiges gleichschenkliges Trapez. Zeichne die Diagonalen ein.
b) Welche der in Teilaufgabe a) entstandenen Dreiecke sind kongruent zueinander (ähnlich zueinander)? Beschreibe deine Beobachtungen.

BIST DU FIT?

1. Prüfe, welche der grünen Zahlen Lösung der Gleichung ist.
a) $2x + 15 = 35 - 0{,}5x$ (0; 4; 8)
b) $5(x + 30) - 3 = 169{,}5$ (-1; 4,5; $\frac{9}{2}$; 20)
c) $4x + 5 = -2x - 13$ (-3; -2; 3)
d) $5(a + 3{,}64) = 4a + 8{,}2$ (-10; -1; 0)
e) $-3y - 6 - 3y = -\frac{23}{3} - y$ (1; $\frac{1}{3}$; $\frac{2}{3}$)
f) $9(b - \frac{2}{3}) = -4{,}5 + 8b - 1{,}5$ (-8; $-\frac{1}{2}$; 0)

2. Löse die folgenden Gleichungen im Kopf.
a) $3x + 30 = 36$
b) $69 = 6y - 3$
c) $10 - 3a = 25$
d) $20y = 10$
e) $0{,}9 = 2b + 0{,}1$
f) $75 - 5x = 0$
g) $75 + 5x = 0$
h) $4x = 3x + x$

3. Ergänze wie im Beispiel zu richtigen Aussagen. Gleiche Symbole stehen für gleiche Termteile. Gib jeweils drei verschiedene Lösungen an.
BEISPIEL zu a): $24x = 10x + 4x + 10x$
a) $24x = ● + ■ + ●$
b) $10x + 10y = ▲ - ■ + ● + ●$
c) $8{,}4a - 0{,}5b = ▲ - ● + ▲ - ■$

4. Finde eine Gleichung mit der Lösung $x = 50$ (mit der Lösung $x = 100$; $x = -24$).

Ebene Figuren in deiner Umwelt

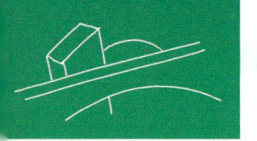

5 Kreise ▶ WISSEN

Bei Berechnungen an Kreisen verwendest du die Kreiszahl π. Immer dann, wenn du den Umfang eines Kreises durch seinen Durchmesser dividierst, erhältst du π ≈ 3,14. Bei Kreisen sind Umfang und Durchmesser also zueinander proportional.

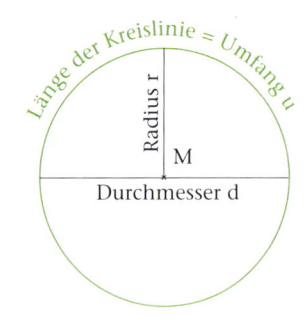

Umfang = 2 · Kreiszahl π · Radius

$u = 2 \cdot \pi \cdot r$

Umfang = Kreiszahl π · Durchmesser

$u = \pi \cdot d$

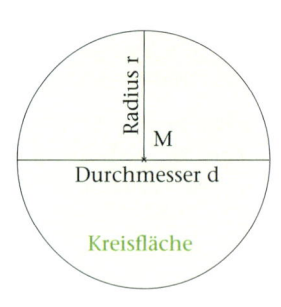

Flächeninhalt = Kreiszahl π · Radius zum Quadrat

$A = \pi \cdot r^2$

Flächeninhalt = Kreiszahl π · halben Durchmesser zum Quadrat

$A = \pi \cdot \left(\frac{d}{2}\right)^2$

▶ ÜBEN

1 Erkläre die Begriffe Radius, Durchmesser, Umfang, Kreisfläche und Mittelpunkt mithilfe der folgenden Bilder.

2 Schätze und überprüfe dann durch Messen.
a) Wie weit rollt dein Fahrrad bei einer Umdrehung des Vorderrades? (TIPP: Eine Markierung mit Kreide am Reifen hilft dir, eine Umdrehung genau zu bestimmen.)
b) Welchen Durchmesser hat das Vorderrad deines Fahrrads?
c) Welchen Umfang, welchen Durchmesser und welchen Radius hat der dickste Baum auf dem Schulgelände?
d) Welchen Umfang hat eine 1-Liter-Flasche für Mineralwasser?

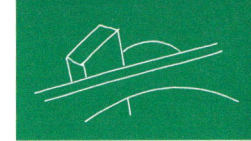

3 Übertrage die Kreise in dein Heft. Trage jeweils den Mittelpunkt M, einen Radius r und einen Durchmesser d ein. Berechne dann jeweils Flächeninhalt und Umfang der Kreise.

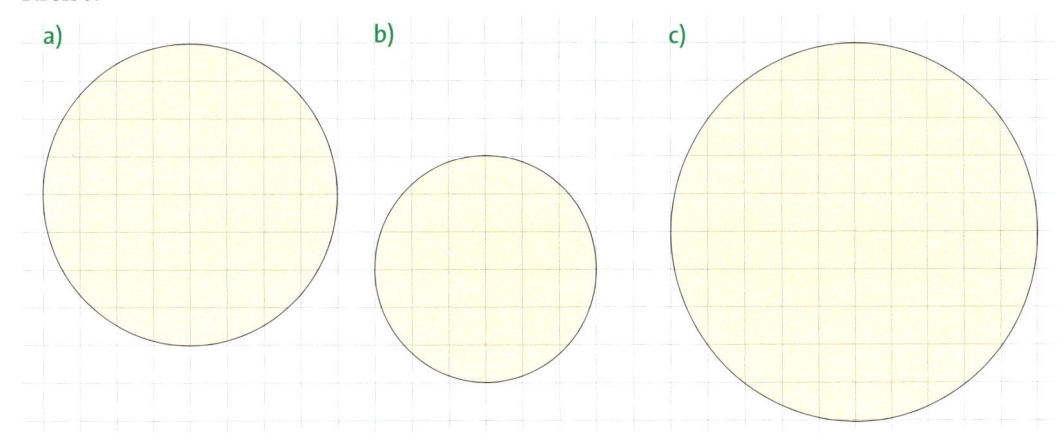

a)   b)   c)

AUFGABE DER WOCHE
π = 3,141 592 653 589 793 238 462 643 383 279 502 884 197 1...
Wie viele Stellen von π kannst du dir merken?

4 Zeichne die Kreise. Ermittle ihre Umfänge und Flächeninhalte.
a) $r = 4\,cm$ b) $r = 55\,mm$ c) $d = 6\,cm$ d) $d = 70\,mm$ e) $r = 0{,}02\,m$

5 Katarina soll für einen Kunden eine runde Tischplatte mit dem Durchmesser $d = 175\,cm$ aus einer quadratischen Platte mit der Kantenlänge $a = 195\,cm$ zuschneiden.
a) Wie groß ist der Verschnitt in Prozent?
b) Der Kunde hat eine Holzplatte ausgesucht zum Preis von 53,50 € pro m² (zzgl. 19 % Mehrwertsteuer). Wie viel kostet das Holz?

6 Beim Sportfest einer Schule findet auf der Laufbahn des Waldstadions ein 1000-m-Lauf statt. Die Innenbahn ist genau 400 m lang.
a) Wo ist der Start, wenn das Ziel in der Mitte vor der Zuschauertribüne ist? Ermittle die Lage der Startlinie sowie die Anzahl der Runden.
b) Wie breit kann das Fußballfeld im Inneren der Laufbahn höchstens sein?

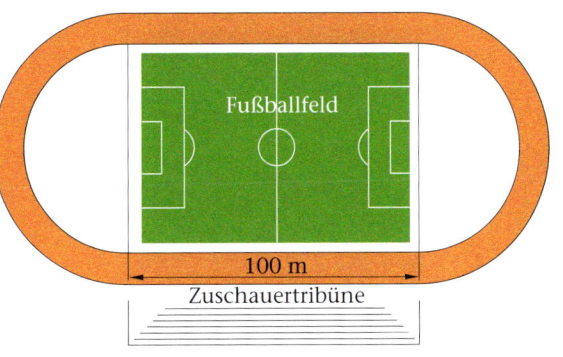

7 Zeichne Kreise mit den folgenden Größen.
a) $u = 43{,}96\,cm$ b) $u = 28{,}26\,cm$ c) $A = 12{,}56\,cm^2$ d) $A = 28{,}26\,cm^2$ e) $A = 100\,cm^2$

8 Max absolviert seit einem Jahr eine Ausbildung zum Goldschmied. Er hat sich für diesen Ausbildungsberuf entschieden, weil ihn die technische Vielfalt und die künstlerischen Möglichkeiten des Berufs begeistern. Er lernt die Verarbeitung von Edelmetallen, hauptsächlich Gold, aber auch Platin und Silber.
a) Max soll aus dünnem Blech einen Kettenanhänger in Form einer Sonne herstellen. Welche Maße hat der Kettenanhänger?
b) Die Vorderseite des Anhängers soll vergoldet werden. Wie groß etwa ist ihr Flächeninhalt? Beachte den Maßstab.

Maßstab 4 : 1

6 Zusammengesetzte Figuren ▶ WISSEN

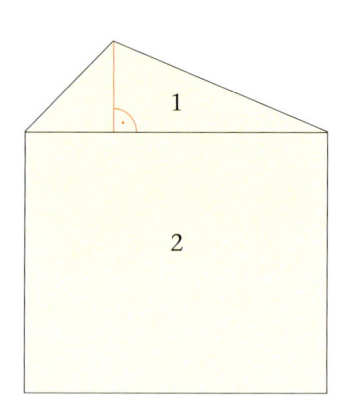

Brücke bei Coimbra (Portugal)

In deiner Umwelt findest du häufig Figuren, die eine andere Form haben als die geometrischen Grundfiguren (Kreis, Rechteck, Dreieck usw.). Für diese Figuren gibt es oft keine Formeln, um zum Beispiel ihre Flächeninhalte zu ermitteln. Du kannst sie aber in Grundfiguren zerlegen, deren Flächeninhalte du bereits berechnen kannst.

BEISPIEL: Lisa hat die Figur oben rechts (ein Fünfeck) in zwei ihr bekannte Figuren zerlegt. Diese kann sie leicht berechnen, nachdem sie die benötigten Größen in der Zeichnung gemessen hat.

Figur 1: Dreieck

Grundseite $g = 41\,\text{mm}$
Höhe zur Grundseite
$h = 12\,\text{mm}$

$A_{\text{Dreieck}} = \frac{g \cdot h}{2}$

$A_{\text{Dreieck}} = \frac{41\,\text{mm} \cdot 12\,\text{mm}}{2}$

$A_{\text{Dreieck}} = 246\,\text{mm}^2$

Figur 2: Rechteck

Länge $a = 41\,\text{mm}$
Breite $b = 35\,\text{mm}$

$A_{\text{Rechteck}} = a \cdot b$

$A_{\text{Rechteck}} = 41\,\text{mm} \cdot 35\,\text{mm}$

$A_{\text{Rechteck}} = 1435\,\text{mm}^2$

Gesamte Figur:

$A_{\text{Gesamt}} = A_{\text{Dreieck}} + A_{\text{Rechteck}}$
$A_{\text{Gesamt}} = 246\,\text{mm}^2 + 1435\,\text{mm}^2$
$A_{\text{Gesamt}} = 1681\,\text{mm}^2$
$A_{\text{Gesamt}} \approx 16{,}8\,\text{cm}^2$

▶ ÜBEN

1 *Antonio* sagt: „Es gibt aber noch andere Möglichkeiten, das Fünfeck von Lisa in bekannte Figuren zu zerlegen."
Pause die Figur ab und zeige, dass Antonio recht hat.

2 Zerlege in bekannte Figuren und berechne die Flächeninhalte.

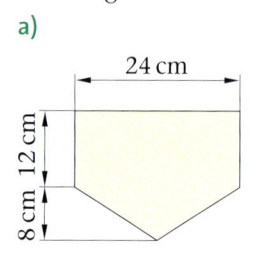

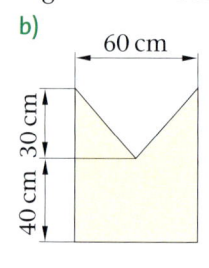

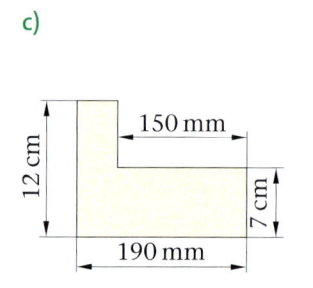

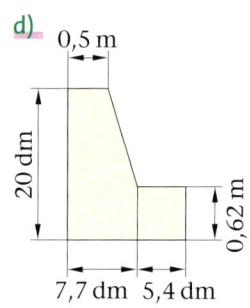

a) b) c) d)

3 Hier siehst du Werkstücke aus Blech. Berechne ihre Flächeninhalte in cm².

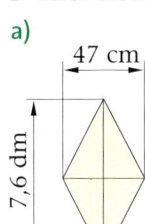

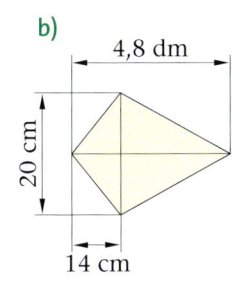

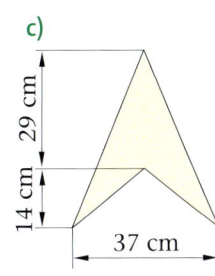

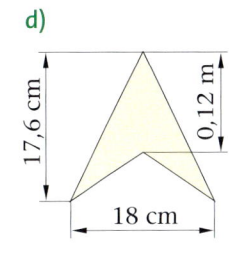

a) 47 cm; 7,6 dm

b) 4,8 dm; 20 cm; 14 cm

c) 29 cm; 14 cm; 37 cm

d) 17,6 cm; 0,12 m; 18 cm

4 Zeichne eine zusammengesetzte Figur mit einem Flächeninhalt von 100 cm².

5 Berechne die Flächeninhalte der gelb markierten Figuren.

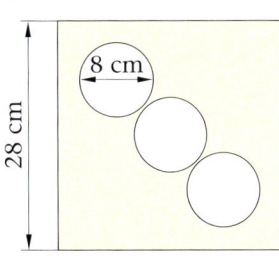

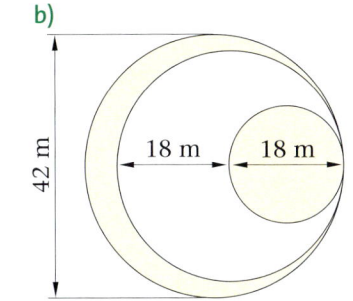

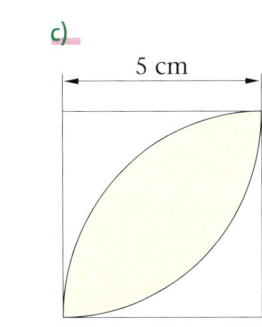

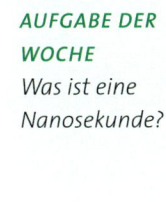

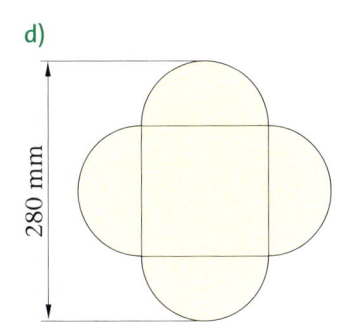

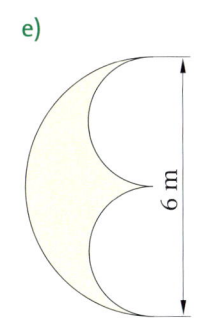

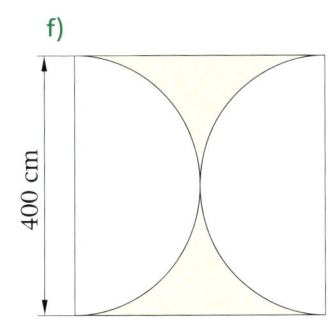

a) 8 cm; 28 cm

b) 42 m; 18 m; 18 m

c) 5 cm

d) 280 mm

e) 6 m

f) 400 cm

AUFGABE DER WOCHE
Was ist eine Nanosekunde?

6 Ein Einfamilienhaus wird neu gebaut. Das Wohnzimmer ist 4,50 m breit; 6,20 m lang und 3,20 m hoch. Der Bauherr hätte gerne ein Schmuckfenster. Dieses Fenster soll aus zwei Figuren zusammengesetzt sein: einem Rechteck und einem aufgesetzten Halbkreis.
a) Fertige eine Skizze eines solchen Schmuckfensters an.
b) Gib passende Maße für ein solches Fenster an.

7 Berechne die Flächeninhalte der Figuren. Miss die dafür benötigten Größen im Bild.

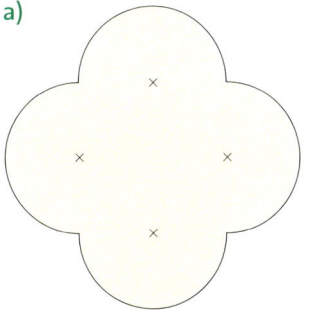

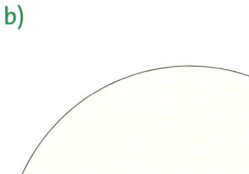

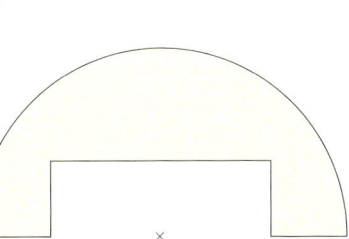

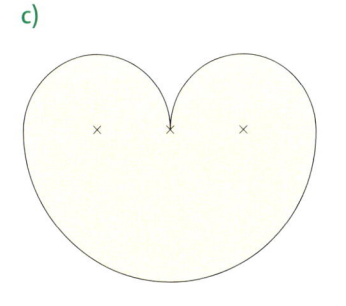

a)

b)

c)

Ebene Figuren in deiner Umwelt

7 Der Satz des Pythagoras ▶ WISSEN

In rechtwinkligen Dreiecken haben die Seiten besondere Namen: Die beiden **Katheten** schließen den rechten Winkel ein.
Die **Hypotenuse** liegt immer dem rechten Winkel gegenüber. Sie ist die längste Dreiecksseite.

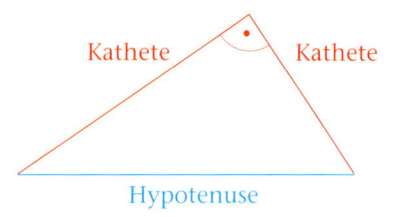

Satz des Pythagoras
In jedem rechtwinkligen Dreieck ABC gilt: Das Hypotenusenquadrat hat den gleichen Flächeninhalt wie die beiden Kathetenquadrate zusammen.

Wählt man die Bezeichnungen des Dreiecks ABC wie im Bild rechts ($\gamma = 90°$), dann lässt sich dieser Satz als Gleichung so formulieren:
$a^2 + b^2 = c^2$.

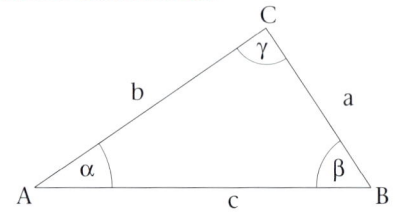

▶ ÜBEN

1 Berechne jeweils die Strecke x.

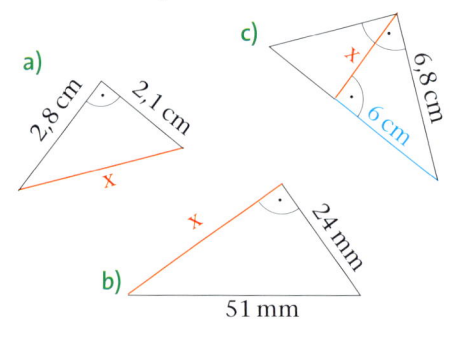

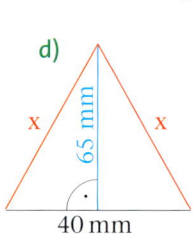

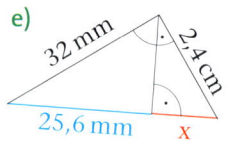

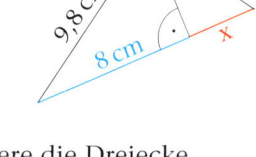

a) 2,8 cm; 2,1 cm; x
b) 24 mm; 51 mm; x
c) 6,8 cm; 6 cm; x
d) 65 mm; 40 mm; x, x
e) 32 mm; 2,4 cm; 25,6 mm; x
f) 6,9 cm; 9,8 cm; 8 cm; x

2 Gegeben sind rechtwinklige Dreiecke ABC ($\gamma = 90°$). Konstruiere die Dreiecke. Berechne dann mit dem Satz des Pythagoras die fehlenden Seitenlängen.
a) $a = 10$ cm; $b = 12$ cm
b) $b = 6$ cm; $c = 12$ cm
c) $a = 2,6$ cm; $c = 38$ mm

3 Berechne mit dem Satz des Pythagoras die fehlenden Seiten der Dreiecke ABC ($\gamma = 90°$).
a) $a = 3,1$ cm; $c = 5,9$ cm
b) $a = 48$ cm; $b = 64$ cm
c) $b = 70$ m; $c = 74$ m

4 Für Dachkonstruktionen werden häufig vorgefertigte „Dachbinder" aus Holzbalken verwendet (siehe Skizze rechts). Für eine Lagerhalle soll $\overline{AC} = 4,66$ m; $\overline{BD} = 3,06$ m; $\overline{CD} = 2,21$ m und $\overline{CG} = 6,44$ m sein.
a) Welche Strecken am Dachbinder kannst du damit berechnen? Welche Strecken am Dachbinder kannst du mit den gegebenen Größen nicht berechnen? Begründe jeweils.
b) Kennst du eine zeichnerische Möglichkeit, um die Streckenlängen zu ermitteln? Erkläre.

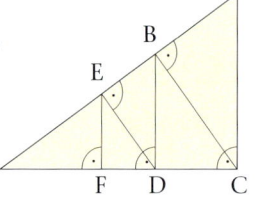

▶ MATHEMEISTERSCHAFT

1 Woran erinnert dieses Gebäude? Welche Formen erkennst du?
(4 Punkte)

2 Zeichne zwei verschiedene Rechtecke mit dem Flächeninhalt 24 cm². Ermittle ihre Umfänge. *(6 Punkte)*

3 Berechne die Flächeninhalte der folgenden Figuren. *(6 Punkte)*
a) Dreieck: $g = 4$ cm; $h = 2$ cm
b) Parallelogramm: $a = 85$ mm; $h_a = 3{,}6$ cm
c) Trapez: $a = 6{,}3$ cm; $c = 1{,}7$ cm; $h = 4$ cm

4 Ermittle die fehlenden Größen der Kreise. *(8 Punkte)*

Radius r	10 cm			
Umfang u		50,24 cm		
Flächeninhalt A			154 m²	1540 m²

5 Berechne die Flächeninhalte der zusammengesetzten Figuren.
(6 Punkte)

a) 47 cm; 32 cm; 56 cm; 12 cm

b) 4,6 dm; 82 cm

6 Von einem Trapez ist bekannt:
$A = 40$ cm²; $a = 8$ cm; $c = 12$ cm.
Ermittle seine Höhe.
(3 Punkte)

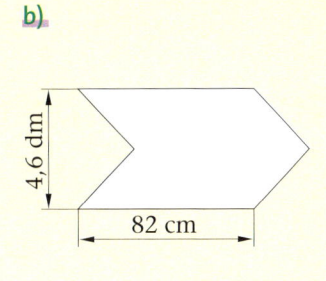

7 Kann man mit den Angaben im Bild den Flächeninhalt der folgenden Figur berechnen? Begründe. *(3 Punkte)*

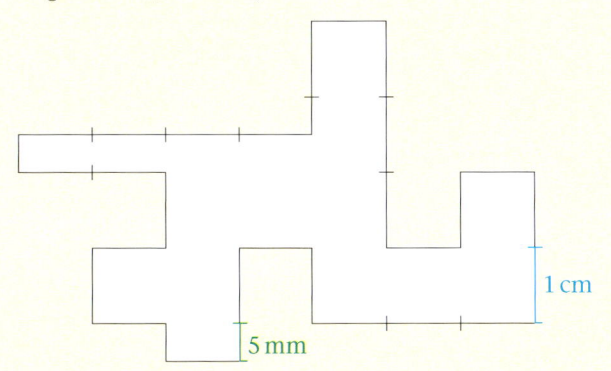

1 cm; 5 mm

8 Berechne den Flächeninhalt des Fünfecks, indem du es in Teilfiguren zerlegst. Miss benötigte Größen im Bild. *(6 Punkte)*

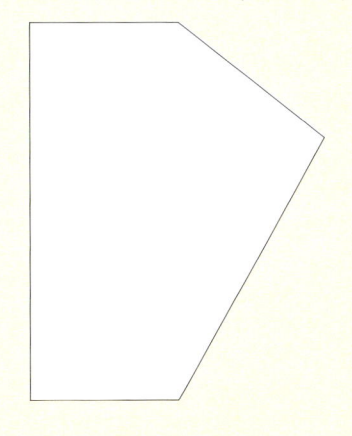

38 ... 42

29 ... 37

21 ... 28

85

Auskommen mit dem Einkommen

Lisa und Nico planen ihre Zukunft

Lisa (21 Jahre) und Nico (20 Jahre) sind seit drei Jahren ein Paar. Sie möchten gerne in eine gemeinsame Wohnung ziehen.

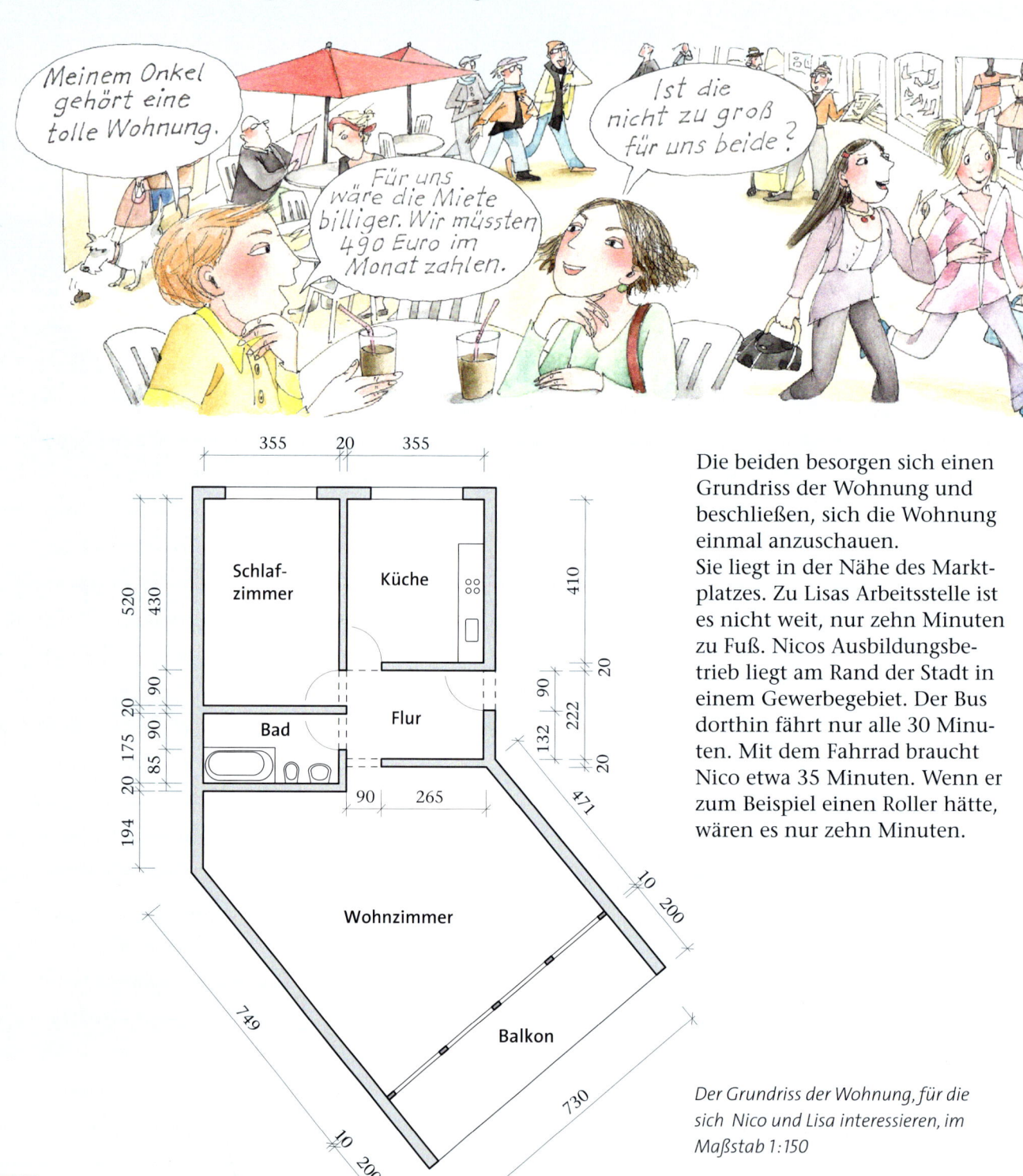

Meinem Onkel gehört eine tolle Wohnung.

Für uns wäre die Miete billiger. Wir müssten 490 Euro im Monat zahlen.

Ist die nicht zu groß für uns beide?

Die beiden besorgen sich einen Grundriss der Wohnung und beschließen, sich die Wohnung einmal anzuschauen.
Sie liegt in der Nähe des Marktplatzes. Zu Lisas Arbeitsstelle ist es nicht weit, nur zehn Minuten zu Fuß. Nicos Ausbildungsbetrieb liegt am Rand der Stadt in einem Gewerbegebiet. Der Bus dorthin fährt nur alle 30 Minuten. Mit dem Fahrrad braucht Nico etwa 35 Minuten. Wenn er zum Beispiel einen Roller hätte, wären es nur zehn Minuten.

Der Grundriss der Wohnung, für die sich Nico und Lisa interessieren, im Maßstab 1:150

Bisher kommen wir mit unserem Geld gut hin.

Lass uns doch mal eine Liste mit unseren Einnahmen machen.

... und eine mit unseren Ausgaben.

Lisa hat eine Ausbildung als Kauffrau im Einzelhandel absolviert. Sie arbeitet in einem Elektronikmarkt und bekommt dafür 1600 Euro brutto im Monat. Nico macht derzeit noch eine Ausbildung als Industriemechaniker. Er ist im 3. Ausbildungsjahr.

Lisa	
Bruttoeinkommen	1 600,00 €
Betriebliche Altersvorsorge	25,00 €
Zu versteuerndes Bruttogehalt	1 575,00 €
Steuerklasse	1
Kinder	0
Kirchensteuerpflicht	Ja
Krankenversicherung (Arbeitnehmeranteil)*	8,2 %
Abgaben	
Rentenversicherung	159,20 €
Arbeitslosenversicherung	24,00 €
Krankenversicherung*	131,20 €
Pflegeversicherung	19,60 €
Summe Sozialabgaben	**334,00 €**
Solidaritätszuschlag	7,03 €
Kirchensteuer	11,51 €
Lohnsteuer	127,91 €
Summe Steuern	**146,45 €**
	1 119,55 €
abzgl. Betriebliche Altersvorsorge	– 25,00 €
Netto	**1 094,55 €**

Nico	
Bruttoeinkommen	720,00 €
Steuerklasse	1
Kinder	0
Kirchensteuerpflicht	Ja
Krankenversicherung (Arbeitnehmeranteil)*	8,2 %
Abgaben	
Rentenversicherung	71,64 €
Arbeitslosenversicherung	10,80 €
Krankenversicherung*	59,04 €
Pflegeversicherung	8,82 €
Summe Sozialabgaben	**150,30 €**
Solidaritätszuschlag	0 €
Kirchensteuer	0 €
Lohnsteuer	0 €
Summe Steuern	**0 €**
Netto	**569,70 €**

* Zusätzlich zu diesem Anteil führt der Arbeitgeber noch einmal 7,3 % an die Krankenkassen ab (Arbeitgeberanteil). Der Krankenversicherungssatz beträgt 15,5 % (Stand 2011).

Ein Umzug und die Einrichtung einer neuen Wohnung sind teuer. Die Familien von Lisa und Nico würden jedoch helfen. Lisas Bruder kann gut renovieren. Nicos Schwester hat gute Ideen für die Einrichtung. Und die Eltern würden auch etwas zum Einzug schenken.

Auskommen mit dem Einkommen

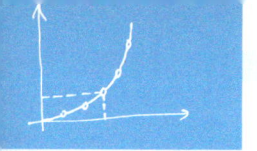

Prozent- und Zinsrechnung ▶ ERFORSCHEN

1 Versichert
a) Auf Seite 87 siehst du die Lohnabrechnungen von Lisa und Nico.
   Wie viel Prozent ihres Bruttoeinkommens müssen die beiden für …
   - die Rentenversicherung,
   - die Arbeitslosenversicherung,
   - die Pflegeversicherung bezahlen?
b) Findet gemeinsam Gründe, warum diese Versicherungen und die Krankenversicherung sinnvoll sind.

2 Abgaben an den Staat
a) Wie viel Prozent ihres Bruttoeinkommens muss Lisa als Lohnsteuer bezahlen?
   Warum muss Nico wohl keine Lohnsteuer bezahlen?
b) Die Kirchensteuer wird als Anteil von der Lohnsteuer berechnet.
   Wie hoch ist der Prozentsatz?
c) Der Solidaritätszuschlag wird ebenfalls als Anteil von der Lohnsteuer berechnet.
   Wie hoch ist hier der Prozentsatz?

3 Wie viel Euro und wie viel Prozent Abzüge vom Bruttoeinkommen hat Lisa?
Wie viel sind es bei Nico?

4 Lisa und Nico erfassen die Ausgaben, die sie nach dem Einzug in eine gemeinsame Wohnung hätten.

TIPP
Ihr könnt hier gut eine Tabellenkalkulation nutzen.

Monatliche Ausgaben	
Miete Wohnung	
Strom	
Lisas Handy	
Nicos Handy	
Festnetztelefon, DSL	
Fahrscheine Bus, Bahn	
GEZ-Gebühr	
Kabel-TV	
Lebensmittel	
Kosmetik	
Zeitschriften, Zeitungen	
Musik, Filme, Spiele	
Freizeit	
Wellensittich Hansi	
Sparen als Reserve für Notfälle	
…	

Jährliche Ausgaben	
Kleidung	
Hausrat-/Haftpflichtversicherung	
Kontogebühren	
Beitrag Sportverein Nico	
Spanisch-Kurs Volkshochschule Lisa	
Urlaubskasse	
Reparaturen u. ä.	
Anschaffungen, z. B. Haushaltsgeräte	
…	

a) Schätzt mithilfe der Tabelle die Ausgaben.
   - Teilt die einzelnen Posten für die Ausgaben in der Gruppe auf.
     Jeder sollte fünf bis sechs Posten übernehmen
   - Schätzt die Ausgaben für diese fünf bis sechs Posten. Befragt dazu Eltern, Verwandte oder Freunde.
   - Ihr könnt auch das Internet nutzen, um Preise und Kosten zu ermitteln.
   - Tragt eure Ergebnisse zusammen.
b) Stellt die Ausgaben in einem Kreisdiagramm dar.
c) Wofür würdet ihr noch Ausgaben einplanen?

5 *Toni* sagt: „Nico und Lisa verdienen zusammen 2320 €. Davon können sie sich die Wohnung für 490 € doch leisten!"
Was meinst du dazu? Verbraucherschützer sagen, dass die Wohnung möglichst nicht mehr als 30 % des Nettoeinkommens kosten sollte.

6 So setzen sich die 490 Euro Miete, die Nico und Lisa pro Monat bezahlen müssten, zusammen:
- 332,50 Euro Grundmiete,
- 157,50 Euro Nebenkostenvorauszahlung.

Die Nebenkosten fallen zum Beispiel bei der Grundsteuer, für Kalt- und Warmwasser sowie Zentralheizung, bei der Müllabfuhr oder der Hausreinigung an.
a) Wie viel Prozent der Miete entfallen auf die Grundmiete, wie viel auf Nebenkosten?
b) Wie viel Prozent „Nachlass" bekommen Lisa und Nico von Nicos Onkel?

Normalerweise würde ich die Wohnung für 650 Euro vermieten.

7 Für die Nebenkosten gibt es eine Abrechnung. Einige Kosten werden nach dem Verbrauch der Mieterinnen und Mieter berechnet (zum Beispiel Kaltwasser). Andere Kosten werden nach der Größe der Wohnung verteilt (zum Beispiel Müllabfuhr).

Nebenkostenabrechnung für das Jahr 2011						Wohnung 04/02
Posten	Gesamtkosten für das Haus	Anteil der Wohnung an der Wohnfläche des Hauses	Verbrauchsmenge	Preis je Einheit	Kosten	Abrechnungsart
Kaltwasser, Entwässerung			58,640 m³	6,24 €/m³	365,91 €	nach Verbrauch der Mietpartei
Müllabfuhr	2721,00 €	3,8 %			103,40 €	anteilige Verrechnung
...						

a) Erkläre, wie die Kosten für Kaltwasser/Entwässerung und für die Müllabfuhr berechnet werden.
b) *Nico* sagt: „Wenn wir sparsam sind, können wir 20 % weniger Wasser verbrauchen."

8 *Nicos Onkel* erklärt: „Die Fläche des Balkons geht nur zu 50 % in die Wohnfläche ein. Außerdem gibt es im Wohnzimmer ein paar Dachschrägen. Deshalb werden nur 85 % der Fläche des Wohnzimmers zur Wohnfläche gerechnet. Die so errechnete Wohnfläche multipliziere ich dann mit dem Quadratmeterpreis."

Auskommen mit dem Einkommen

1 Prozentwerte berechnen ▶ WISSEN

Wie viel Geld sparen Lisa und Nico, wenn sie das Sofa kaufen?

Gegeben sind das Ganze G (499 Euro) und der Prozentsatz $p\%$ (25%).

Gesucht ist die Ersparnis in Euro, also der Prozentwert W. Subtrahierst du diesen Wert vom ursprünglichen Preis 499 €, erhältst du den neuen Preis.

Lisa nutzt den **Dreisatz**:

%	Euro
100 %	499 €
1 %	4,99 €
25 %	124,75 €

:100 ↓ ·25   :100 ↓ ·25

Nico rechnet mit der **Formel**:

$W = \frac{G \cdot p}{100}$

$W = \frac{499\,€ \cdot 25}{100}$

$W = 124{,}75\,€$

Die Verkäuferin rechnet mit dem **Prozentfaktor**:

$25\% = \frac{25}{100} = 0{,}25$

$499\,€ \cdot 0{,}25 = 124{,}75\,€$

Der neue Preis beträgt 499 € − 124,75 € = 374,25 €.

> G steht für den *Grundwert* (also das Ganze).
> W steht für den *Prozentwert* (einen bestimmten Teil vom Ganzen).
> p% steht für den *Prozentsatz* (einen bestimmten Teil vom Ganzen, geschrieben als Anteil in Prozent).
>
> **Formeln**:
>
> Prozentwert W   Prozentsatz p%   Grundwert G
>
> $W = \frac{G \cdot p}{100}$ $p = \frac{W \cdot 100}{G}$ $G = \frac{W \cdot 100}{p}$

▶ ÜBEN

1 Wie viel ist es? Rechne im Kopf.
a) 10 % von 30 (von 50; 180; 470; 275)
b) 30 % von 60 (von 80; 120; 360; 900)
c) 20 % von 40 (von 80; 180; 220; 175)
d) 25 % von 800 (von 200; 600; 700; 2500)

2 Kann es 200 % von 50 € (von 2 kg; von 40 ℓ) geben? Erkläre, zum Beispiel an einer Situation aus deiner Umwelt.

3 Berechne den Prozentwert. Runde sinnvoll.
a) 22 % von 86,5 m³
b) 10,5 % von 68,33 kg
c) 0,4 % von 409,10 $
d) 3,25 % von 5081,25 ℓ

4 Wie viel musst du bezahlen, wenn eine Jeans bisher 58,90 € gekostet hat?
a) 10 % Rabatt!
b) 40 % AUF ALLES

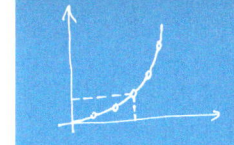

5 Schlage in deiner Formelsammlung nach und suche nach den Begriffen „Prozent", „Grundwert", „Prozentwert" und „Prozentsatz". Welche Informationen findest du dort?

6 Ein Preis von 19,90 € wird um 25 % gesenkt. Wie lautet der neue Preis? Erkläre deine Lösung.

Wird häufig mit demselben Prozentsatz gerechnet, lohnt sich das Arbeiten mit dem **Prozentfaktor**.

Lisa erklärt am Beispiel einer Preissteigerung:
1. Der alte Preis (100 %) sind 24 €.
2. Der Anstieg beträgt 7,5 %.
 Das entspricht $\frac{7,5}{100} = 0,075$.
3. Der Prozentfaktor für den neuen Preis ist: 1,00 + 0,075 = 1,075.
4. Um den neuen Preis zu erhalten, multipliziere ich den alten Preis mit dem Faktor 1,075: 24 € · 1,075 = 25,80 €.

7 Ermittle den Prozentfaktor.
a) Die Preise sinken um 20 %.
b) Die Preise sinken um 12,5 %.
c) Die Preise steigen um 5 %.

8 Alle diese Preise sinken um 7,5 %. Rechne wie Lisa mit einem Prozentfaktor.
a) 15,00 € b) 38,50 € c) 79,12 €
d) 498,90 € e) 649,90 € f) 2014,37 €

9 Fülle die Tabelle im Heft aus.

100 %	200 €	340 mm	85 a	78,9 t
25 %				
19 %				
6,5 %				

10 Die Beiträge für die gesetzliche Krankenversicherung (Arbeitnehmeranteil) sinken von 8,2 % auf 7,7 % des Bruttoeinkommens. Wie wirkt sich dies bei Lisa und Nico aus? Bekommen sie netto mehr oder weniger Lohn ausgezahlt?

11 Lohnsteigerung!
Es fanden Tarifverhandlungen statt. Lisa bekommt ab dem kommenden Jahr 2,3 % mehr Bruttolohn. Im Jahr darauf soll der Lohn um 1,9 % steigen.

12 Nicos Chef schreibt eine Rechnung. Der Kunde muss 4895,35 € zuzüglich 19 % Mehrwertsteuer bezahlen. Wie viel Euro muss der Kunde überweisen?

13 Stimmen die neuen Preise?

Fotos 14 % billiger
~~0,99 €~~
0,88 €

14 Lisa und Nico verbrauchen pro Jahr rund 2430 kWh Strom. Eine kWh Strom kostet 18,90 Cent. Der Grundpreis liegt bei 7,95 € pro Monat. Nun steigt der Preis pro kWh um 3,3 %. Der Grundpreis bleibt unverändert.
a) Wieviel müssen Lisa und Nico monatlich für Strom bezahlen?
b) Sie wollen 10 % Strom sparen.

Kameras nur 40 % des alten Preises
~~199,99 €~~
79,99 €

15 Lena (36 Jahre) verdient 2548 Euro brutto im Monat. Sie ist gesetzlich krankenversichert und zahlt Kirchensteuer. Wie hoch die Abzüge vom Bruttolohn sind, hängt von Lenas Steuerklasse für die Lohnsteuer ab.

Steuer-klasse	Familienstand	Abzug für Lena bei 2548 €*
I	nicht verheiratet, ohne Kind	38,66 %
III	verheiratet, nur ein Verdiener in der Familie oder Ehegatte in Klasse V	26,55 %
IV	verheiratet, beide Verdiener	38,66 %
V	verheiratet, Ehegatte in Klasse III	55,58 %

* jeweils ohne Einbeziehung von Kindern

a) Berechne jeweils den Abzug in Euro und den Nettolohn.
b) Auch die Zahl der Kinder beeinflusst die Abzüge. Mit einem Kind hätte Lena in Steuerklasse III 25,94 % Abzüge.
c) Findet ihr es gerecht, dass die Lohnsteuer vom Familienstand und der Kinderzahl abhängt?

Auskommen mit dem Einkommen

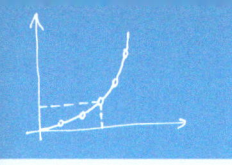

2 Prozentsätze berechnen ▶ WISSEN

Lisa überschlägt: 500 € von 1500 € sind $\frac{500 €}{1500 €} = \frac{1}{3} \approx 33\%$.

Nico rechnet mit dem *Dreisatz* und dem Taschenrechner:

HINWEIS
Nico hätte auch die Formel $p = \frac{W \cdot 100}{G}$ verwenden können.

Euro	%
1670 €	100 %
1 €	0,0599 %
490 €	29,34 %

: 1670 ↓ : 1670
· 490 ↓ · 490

Nicos Ergebnis passt zu Lisas Überschlag.

Wie viel Prozent unseres Einkommens geben wir eigentlich für die Miete aus?

490 € von rund 1670 €, das sind etwas weniger als 33%

▶ ÜBEN

1 Finde andere Lösungswege zur Situation oben und erkläre sie. Welchen Lösungsweg bevorzugst du?

2 Wie viel Prozent sind es? Rechne im Kopf.
a) 10 von 30
b) 40 von 120
c) 20 von 15
d) 5 von 60
e) 26,4 von 24
f) 2,4 von 48
g) 36 von 12
h) 72 von 240

3 Eine Zahl links und eine Zahl rechts ergeben 50% oder 300%.
BEISPIEL: 8 sind 50% von 16.

```
 8      25        50      96
   6  32            18  75
 150            16      24
     45          15      90
   48                 12
```

AUFGABE DER WOCHE
Finde möglichst viele Teiler der Zahl 98 760.

4 Eine vierköpfige Familie hat ein monatliches Nettoeinkommen von 2425 €. Sie bezahlt 628,96 € Miete. Wie viel Prozent des Einkommens sind das?

5 Berechne im Kopf die Anteile in Prozent.
a) 3,50 € von 7 €
b) 7 € von 28 €
c) 15 € von 20 €
d) 1 € von 40 ct
e) 1,2 kg von 6 kg
f) 9,6 kg von 38,4 kg
g) 38,4 kg von 9,6 kg
h) 384 g von 1,28 kg
Die Lösungen sind unter diesen Angaben: 20%; 25%; 30%; 40%; 50%; 75%; 250%; 400%; 1500%.

6 Der Umfang eines Quadrates steigt von 24 cm auf 28 cm. Um wie viel Prozent ändert sich dadurch der Umfang (der Flächeninhalt)?

7 Überschlage und berechne dann in Prozent.
a) 1,25 € von 27,48 €
b) 1840 m von 6529 m
c) 0,54 s von 6,38 s
d) 19,87 m² von 64,56 m²

8 Wie viel Prozent Rabatt gab es hier jeweils?

	alter Preis	neuer Preis	Rabatt in %
a)	29,90 €	27,20 €	
b)	319 €	199 €	
c)	82,95 €	79,95 €	
d)	1580 €	1399 €	

9 Die Wohnung auf Seite 86 hat eine Gesamtfläche von rund 98,5 m² (ohne Balkon und Wände).
a) Das sehr große Wohnzimmer hat eine Gesamtfläche von rund 50 m². Wie viel Prozent der Wohnung sind das?
b) Wie viel Prozent der Gesamtfläche nimmt die Küche (das Schlafzimmer, das Bad, der Flur) ein? Rechne mit 98,5 m² als Grundwert.

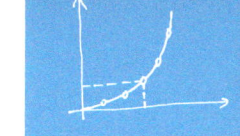

10 Wie groß ist der Preisnachlass in Prozent?
a)   b)   c)

11 Bei einer Gemeinderatswahl (31 021 Stimmberechtigte) entfielen auf die Parteien:
- Partei A 11 056 Stimmen
- Partei B 9458 Stimmen
- Partei C 3721 Stimmen
- Partei D 409 Stimmen
- Partei E 18 Stimmen
- ungültige Stimmen: 34

a) Im Gemeinderat sind 24 Sitze zu vergeben.
b) Wie hoch war die Wahlbeteiligung?

12 Eine kleine Schokopraline wiegt acht Gramm. Sie besteht aus:
- 0,6 g Eiweiß
- 4,2 g Kohlenhydraten (davon sind 4 g Zucker)
- 2,6 g Fett und
- 0,4 g Ballaststoffen.

a) Gib die Anteile der einzelnen Stoffe in Prozent an.
b) Enthält die Praline weitere Bestandteile?
c) Ein Erwachsener sollte mit seiner Nahrung täglich 80 Gramm Fett aufnehmen. Herr Maier isst zum Abendbrot einen Burger XXL (64 Gramm Fett) und drei kleine Schokopralinen. Er trinkt Mineralwasser.

13 Wie viel Prozent der blauen Fläche entspricht die gelbe Fläche in der Figur rechts? Schätze erst und berechne dann. Miss dafür benötigte Größen im Bild.

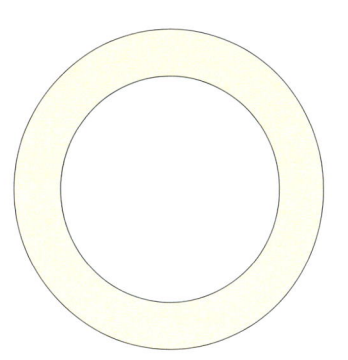

BIST DU FIT?

1. Berechne die Flächeninhalte der abgebildeten Figuren.
a) 3,6 cm; 5,4 cm
b) 6,6 cm; 72 mm
c) 22 m; 10 m; 55 m; 10 m
d) 5 m; 16 m
e) 24 mm; 3,9 cm; 2,6 cm

2. Gegeben ist jeweils ein rechtwinkliges Dreieck ABC ($\gamma = 90°$). Zeichne die Dreiecke. Berechne dann mit dem Satz des Pythagoras die fehlende Seitenlänge.
a) $a = 5$ cm; $b = 6$ cm
b) $a = 4$ cm; $c = 8$ cm
c) $b = 52$ mm; $c = 7,6$ cm

Auskommen mit dem Einkommen

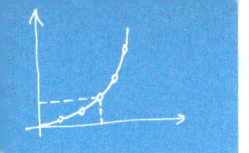

3 Grundwerte berechnen ▶ WISSEN

Lisa rechnet mit dem Dreisatz:

	%	Euro
	20 %	490 €
: 20 ↓	1 %	24,5 €	: 20 ↓
· 100 ↓	100 %	2450 €	· 100 ↓

Nico rechnet so:
5 · 20 % = 100 %
5 · 490 € = 2450 €

Bei welchem Verdienst würde die Miete nur 20 % des Einkommens kosten?

Beim Fünffachen von 490 € !

▶ **ÜBEN**

BEISPIEL
zu Aufgabe 5:
16 cm sind 20 %
von 80 cm.

1 Finde andere Lösungswege zur Situation oben und erkläre sie. Wie rechnest du?

2 *Johanna* sagt: „Wie Nico zu rechnen, das geht nur bei bestimmten Prozentsätzen." Was meinst du dazu?

3 Berechne die Grundwerte.
a) 20 % sind 8,50
b) 40 % sind 85
c) 80 % sind 0,85
d) 5 % sind 4,25
e) 0,1 % sind 6
f) 1,1 % sind 2,2
g) 11 % sind 72,60
h) 111 % sind 739,26
Die Lösungen befinden sich unter den Kontrollzahlen: 0,8; 1,0625; 42,50; 85; 124,9; 200; 212,50; 660; 666; 2498,5; 6000.

4 Wie viel sind 100 %?
a) 3 % sind 21.
b) 9 % sind 45.
c) 27 % sind 162.
d) 2,7 % sind 12,15.
e) 0,5 % sind 3.
f) 0,25 % sind 7,5.
g) 12,5 % sind 0,75.
h) 125 % sind 80.

5 Bilde richtig gelöste Aufgaben.

16 cm	15 %	6502 cm
7,5 cm	8 %	1784,75 cm
32,51 cm	0,2 %	80 cm
142,78 cm	20 %	350 cm
3,6 cm	0,5 %	1800 cm
17,5 cm	5 %	50 cm

6 Berechne die fehlenden Werte.

	Prozentwert	Prozentsatz	Grundwert
a)	45,80 €	0,8 %	
b)	197,39 €		1038,89 €
c)		81 %	5932,27 €
d)	9011,75 €	119 %	
e)	3,99 €	107 %	

7 *Lisa* spart jeden Monat 50 € ihres Nettoeinkommens von 1094,14 €. Sind das mehr als 5 %?

8 Die Karten für ein Fußballspiel sind bereits zu 83 % ausverkauft. Das entspricht 44 820 Stück.

9 Eine dunkle Schokolade soll mindestens 64 % Kakao enthalten. In der Fabrik werden 400 kg Kakao angeliefert.

10 *Nicos* neuer Computer kostet mit Mehrwertsteuer 629 €. Der Mehrwertsteuersatz beträgt 19 %. Wie viel kostet der Computer ohne Mehrwertsteuer?

11 Aus der Werbung: Wie viel kosteten die Waren regulär?

Stereoanlage	Glückwunschkarten	T-Shirts
für **nur 70 %** des empfohlenen Ladenpreises: 219 €.	für **nur 35 %** des ursprünglichen Verkaufspreises: 1,40 €.	**nur noch 68 %** des Originalpreises: 12,92 €.

12 *Herr Hussel* sagt: „Ich verbringe durchschnittlich 20 Prozent meiner Arbeitszeit mit Telefonieren. Das entspricht 1 Stunde und 30 Minuten."

13 Der Kinosaal ist ausgebucht. 147 Mädchen wollen sich heute Abend „Twilight" anschauen. Für die Jungen bleiben 30 Prozent der Sitzplätze übrig.

14 Die Nebenkosten in Höhe von 144 € machen 16 % der Gesamtmiete aus, rechnet Herr Nase seiner neuen Mieterin vor. Die monatliche Miete beläuft sich auf 900 €. Hat Herr Nase richtig gerechnet?

15 Auf Kleidungsstücken wird meist ihre Zusammensetzung angegeben. Welches Bild a), b), … passt zu welchem Etikett ①, ②, …?

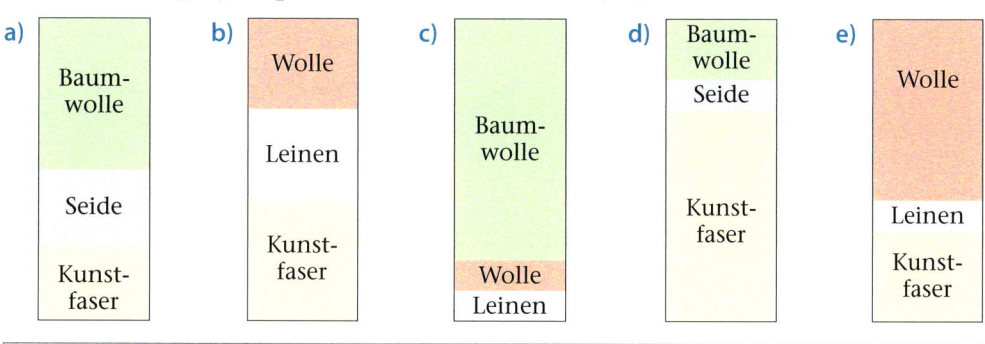

①	②	③	④	⑤
20 % Baumwolle	30 % Wolle	60 % Wolle	50 % Baumwolle	80 % Baumwolle
10 % Seide	30 % Leinen	10 % Leinen	25 % Seide	10 % Wolle
70 % Kunstfaser	40 % Kunstfaser	30 % Kunstfaser	25 % Kunstfaser	10 % Leinen

Zweig einer Baumwollpflanze

16 Eine Jacke enthält 148 Gramm Seide. Das sind 18 % der gesamten Jacke. Außerdem besteht die Jacke zu 44 % aus Baumwolle und zu 38 % aus Leinen.
a) Für die Fabrik werden 500 Kilogramm Seidenstoff bestellt, um daraus Jacken anzufertigen. Wie viel Kilogramm Baumwolle (Leinen) müssen dann bestellt werden? Der Seidenstoff soll vollständig verarbeitet werden.
b) Bei der Verarbeitung fallen erfahrungsgemäß 20 % des Stoffes als Verschnitt an. Diese Stoffstücke werden für Patchworkartikel verwendet oder recycelt.
Wie viele Jacken lassen sich aus den bestellten Stoffen anfertigen, wenn der Verschnitt berücksichtigt wird?
c) Für eine Jacke bekommt die Fabrik 12,50 €. Das sind rund 9,7 % des späteren Verkaufspreises einschließlich Mehrwertsteuer.
Wie viel kostet die Jacke im Laden? Wer verdient noch an der Jacke?
d) Für Textilien gilt in Deutschland ein Mehrwertsteuersatz von 19 %. Wie viel Euro Mehrwertsteuer sind im Ladenpreis enthalten?
e) In Dänemark gilt ein Mehrwertsteuersatz von 25 %. Wie viel würde die Jacke dort kosten, wenn alle anderen Preisbestandteile gleich bleiben?

Auskommen mit dem Einkommen

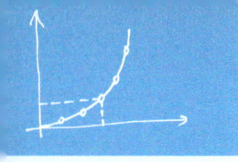

4 Zinsen, Zinssatz, Kapital ▶ WISSEN

Lisa berechnet die Zinsen für ein Jahr mit Prozentfaktor:

$4\% = \frac{4}{100} = 0{,}04$

$0{,}04 \cdot 2000\,€ = 80\,€$

Lisa bekommt also 80 € Zinsen. Der Kontostand würde nach einem Jahr auf 2080 € steigen.

Der Bankberater sagt: „Für einen Monat würden Sie ein Zwölftel der Jahreszinsen bekommen: 80 € : 12 ≈ 6,67 €."

Ich möchte 2000 € als Reserve sparen.

Wie wäre ein Tagesgeldkonto zu 4% Zinsen?

Aufgaben zur Zinsrechnung kannst du mit dem Dreisatz lösen oder mit Formeln. Die **Zinsformel** $Z = \frac{K \cdot p \cdot t}{100 \cdot 360}$ kennst du sicher noch aus dem 9. Schuljahr.

Man kann diese Formel bei Bedarf nach *K*, *p* oder *t* umstellen.

INFO
Zinszeiten im Bankwesen:
- 1 Zinsjahr
  = 360 Zinstage
- 1 Zinsmonat
  = 30 Zinstage

BEISPIEL Umstellen der Zinsformel nach *p*

$Z = \frac{K \cdot p \cdot t}{100 \cdot 360}$ | : K

$\frac{Z}{K} = \frac{p \cdot t}{100 \cdot 360}$ | : t

$\frac{Z}{K \cdot t} = \frac{p}{100 \cdot 360}$ | · 100 · 360

$\frac{Z \cdot 100 \cdot 360}{K \cdot t} = p$ | : Seiten tauschen

$p = \frac{Z \cdot 100 \cdot 360}{K \cdot t}$

Zinsformeln

Zinsen Z	Kapital K	Zinssatz p %	Laufzeit t (in Tagen)
$Z = \frac{K \cdot p \cdot t}{100 \cdot 360}$	$K = \frac{Z \cdot 100 \cdot 360}{p \cdot t}$	$p = \frac{Z \cdot 100 \cdot 360}{K \cdot t}$	$t = \frac{Z \cdot 100 \cdot 360}{K \cdot p}$

Wird nur mit Jahreszinsen gerechnet, lautet die Formel: $Z = \frac{K \cdot p}{100}$.

▶ ÜBEN

1 Löse die Aufgabe oben
a) mit dem Dreisatz,   b) mit der Zinsformel (Zinszeit bei einem Jahr *t* = 360).
c) Welchen Lösungsweg bevorzugst du?

2 Was sind Sollzinsen, was sind Habenzinsen? Welche dieser Zinsen sind höher? Warum ist das so?

3 Lisa lässt ihre Ersparnisse von 2080 € nach dem ersten Jahr weiter auf dem Tagesgeldkonto. Die Zinsen werden dem Konto gutgeschrieben.
Bekommt sie für das zweite Jahr mehr Zinsen als im ersten Jahr? Erkläre.

Zinsen berechnen

4 Berechne die Jahreszinsen im Kopf.
a) Kapital 4000 €; Zinssatz 10 %
b) Kapital 6500 €; Zinssatz 20 %
c) Kapital 1200 €; Zinssatz 5 %
d) Kapital 800 €; Zinssatz 3 %

5 Jahreszinsen gesucht!
a) Kapital 3250 €; Zinssatz 4 %
b) Kapital 830 €; Zinssatz 6,5 %
c) Kapital 11 800 €; Zinssatz 3,2 %

6 Berechne die Zinsen aus den Aufgaben 4 und 5 für die folgenden Laufzeiten.
a) $\frac{1}{2}$ Jahr   b) $\frac{3}{4}$ Jahr
c) 2 Zinsmonate   d) 280 Zinstage

7 Was bringt mehr Zinsen?
a) 2000 €; 5 % Zinsen; 300 Zinstage
b) 4000 €; 3 % Zinsen; 240 Zinstage
c) 1000 €; 8 % Zinsen; 720 Zinstage

8 Nico überlegt, für den Kauf eines Laptops (Preis: 629 €) einen Kredit aufzunehmen:
- 129 € Anzahlung
- 500 Euro Kredit für ein Jahr, Zinssatz 6 %
- Rückzahlung in zwölf gleich großen Monatsraten

a) Wie groß ist eine Rate?
b) Wie teuer wird dieser Kauf?

Das Kapital berechnen

9 Berechne das Kapital im Kopf.
a) Jahreszinsen 30 €; Zinssatz 3 %
b) Jahreszinsen 60 €; Zinssatz 5 %
c) Jahreszinsen 80 €; Zinssatz 4 %

10 Wie groß ist das Kapital?
a) Jahreszinsen 42 €; Zinssatz 3,5 %
b) Jahreszinsen 1344 €; Zinssatz 4,2 %
c) Jahreszinsen 2585 €; Zinssatz 2,75 %
Die Lösungen sind unter den Werten: 40 €; 1200 €; 32 000 €; 35 260 €; 94 000 €; 98 000 €; 308 000 €.

11 Kapital gesucht!

	Zinsen	Zinssatz	Laufzeit
a)	11,00 €	4 %	ein halbes Jahr
b)	24,00 €	3,2 %	ein viertel Jahr
c)	990,00 €	5,5 %	4 Monate
d)	3955,60 €	6,38 %	72 Zinstage

Den Zinssatz berechnen

12 Berechne den Zinssatz im Kopf.
a) Jahreszinsen 20 €; Kapital 400 €
b) Jahreszinsen 150 €; Kapital 6000 €
c) Jahreszinsen 120 €; Kapital 3600 €

13 Wie hoch ist der Zinssatz?

	Jahreszinsen	Kapital
a)	270 €	3600 €
b)	362,25 €	8050 €
c)	596,44 €	19 240 €
d)	12 916,89 €	123 018 €
e)	46,75 €	687,50 €

Kontrollzahlen: 1,2 %; 1,8 %; 3,1 %; 4,5 %; 6,8 %; 7,5 %; 10,5 %.

14 Zinssatz gesucht!
a) Zinsen 5 €; Kapital 400 €; Laufzeit $\frac{1}{2}$ Jahr
b) Zinsen 240 €; Kapital 8000 €; Laufzeit 1,5 Jahre
c) Zinsen 720 €; Kapital 14 400 €; Laufzeit $\frac{3}{4}$ Jahr

15 Hast du ein eigenes Konto? Zu welchen Bedingungen? Vergleicht untereinander.

16 Familie Meier hat ein Nettoeinkommen von 1600 Euro. Miete, Telefon, Versicherungen und Strom kosten im Monat zusammen 580 Euro. Für ein neues Auto lockt die Bank mit einem Kredit: 25 000 €, Rückzahlung in 48 Monatsraten zu je 575,73 €, keine Anzahlung nötig!
Kann sich die Familie das neue Auto leisten?

17 Schreibe eine Rechengeschichte, in der folgende Angaben vorkommen: 750 €, 5 % Jahreszins, Laufzeit 24 Monate, Anzahlung, Rate.

AUFGABE DER WOCHE
Wie viel Strom verbraucht eine vierköpfige Familie am Tag zu Hause? Was kostet er?

Auskommen mit dem Einkommen

5 Zinseszinsen ▶ WISSEN

Lisa und Nico haben zum Jahresbeginn 500 Euro auf ein Sparkonto eingezahlt. Die Zinsen werden jeweils am Jahresende dem Konto gutgeschrieben. Um zu sehen, wie sich das Guthaben entwickeln wird, haben Lisa und Nico eine Tabelle angelegt.

Jahr	Kontostand am Jahresbeginn in €	3 % Zinsen pro Jahr in €	Kontostand am Jahresende (nach Zinsgutschrift) in €
1	500,00	500,00 · 0,03 = 15,00	500,00 · 1,03 = 515,00
2	515,00	515,00 · 0,03 = 15,45	515,00 · 1,03 = 530,45
3	530,45	… = 15,91	… = 546,36
4	546,36	16,39	562,75
5	562,75	16,88	579,63
6	579,63	17,39	597,02
…	…	…	…
20	876,76	26,30	903,06
21	903,06	27,09	930,15
22	930,15	27,90	958,05
23	958,05	28,74	986,79
24	986,79	986,79 · 0,03 = 29,60	986,79 · 1,03 = 1016,39

INFO
*Multiplikationen gleicher Faktoren kannst du kurz als **Potenz** schreiben:*

$\underbrace{5 \cdot 5 \cdot 5}_{\text{3-mal}} = 5^3$

$q^4 = \underbrace{q \cdot q \cdot q \cdot q}_{\text{4-mal}}$

Die Berechnungen aus der Tabelle oben lassen sich verallgemeinern:

$$500{,}00\,\text{€} \cdot \underbrace{\overset{\text{1. Jahr}}{1{,}03} \cdot \overset{\text{2. Jahr}}{1{,}03} \cdot \overset{\text{3. Jahr}}{1{,}03} \cdot \ldots \cdot \overset{\text{23. Jahr}}{1{,}03} \cdot \overset{\text{24. Jahr}}{1{,}03}}_{\text{24-mal}} = 1016{,}39\,\text{€}$$

$500{,}00\,\text{€} \cdot 1{,}03^{24} = 1016{,}39\,\text{€}$

$K_0 \cdot q^n = K_n$

Diese Formel heißt **Zinseszinsformel**. Darin steht K_0 für das Anfangskapital, q für den Wachstumsfaktor, n für die Anzahl der Zinsjahre und K_n für das Endkapital. Der Wachstumsfaktor q wird aus dem Zinssatz $p\%$ so berechnet: $q = 1 + \frac{p}{100}$.

BEISPIEL

a) Berechnung des Startwertes K_0

Gegeben: *Formel:*
$K_n = 52\,207{,}37\,\text{€}$ $K_0 = \frac{K_n}{q^n}$
$n = 30$ Jahre
$q = 1 + \frac{3{,}25}{100} = 1{,}0325$

$K_0 = \frac{K_n}{q^n}$

$K_0 = \frac{52\,207{,}37\,\text{€}}{1{,}0325^{30}}$

$K_0 \approx \frac{52\,207{,}37\,\text{€}}{2{,}61}$

$K_0 \approx 20\,000{,}00\,\text{€}$

b) Berechnung des Wachstumsfaktors q und des Zinssatzes $p\%$

Wenn Werte für benachbarte Jahre gegeben sind, zum Beispiel $K_3 = 250\,\text{€}$ und $K_4 = 260\,\text{€}$, dann kannst du den Wachstumsfaktor q durch Division ermitteln:

$q = \frac{K_4}{K_3}$

$q = \frac{260\,\text{€}}{250\,\text{€}}$

$q = 1{,}04$

Der Zinssatz beträgt daher 4 %.

▶ ÜBEN

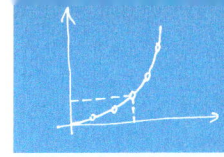

1 Berechne zur Tabelle auf Seite 98 jeweils das Guthaben zu Beginn und am Ende des …
a) 7. Jahres,   b) 10. Jahres,   c) 15. Jahres,   d) 25. Jahres.

2 Lisa sagt: „Wir können uns die Zinsen auch immer am Jahresende auszahlen lassen. Dann bleibt das Guthaben immer 500 €."
Welche Einnahmen haben Lisa und Nico dann aus dem Spargutahben?

3 Ermittle die Wachstumsfaktoren.

Zinssatz $p\%$	2%	4,5%	9%	0,3%	10,5%	1,5%	3,25%
Wachstumsfaktor q							

4 Berechne erst den Wachstumsfaktor q und dann das Endkapital K_n.
a) $K_0 = 200$ €; $p\% = 1,5\%$; $n = 10$ Jahre
b) $K_0 = 3000$ €; $p\% = 2,5\%$; $n = 20$ Jahre
c) $K_0 = 15000$ €; $p\% = 3,8\%$; $n = 5$ Jahre
d) $K_0 = 50000$ €; $p\% = 0,5\%$; $n = 20$ Jahre

5 Berechne den Wachstumsfaktor q. Gib immer auch das Wachstum in Prozent an. Beachte das Beispiel b) auf Seite 98.
a) $K_2 = 60$ €; $K_3 = 62,40$ €
b) $K_5 = 1234$ €; $K_6 = 1700$ €
c) $K_1 = 3860$ €; $K_2 = 4053$ €

6 Pro Jahr verliert unser Geld etwas von seinem Wert (Inflation bzw. „Geldentwertung"). Dadurch verringert sich der Einkaufswert eines Einkommens, wenn es als Ausgleich keine Lohnerhöhungen gibt.
Ergänze die Tabelle zur Entwicklung des Einkaufswertes im Heft. Gehe von einer Inflation von 2% pro Jahr aus.

Einkaufswert	Einkommen (Startwert K_0)			
	1200 €	1500 €	2400 €	3100 €
K_1 (nach 1 Jahr)				
K_5 (nach 5 Jahren)				
K_{10} (nach 10 Jahren)				
K_{20} (nach 20 Jahren)				

7 Nico will pro Jahr 600 € in eine private Rentenversicherung einzahlen. Der Vertrag läuft über 45 Jahre.
a) Wie viel Geld muss Nico insgesamt einzahlen?
b) Die Versicherungsgesellschaft verspricht mindestens 2,25% Zinsen pro Jahr. Ermittle mit einer Tabellenkalkulation, wie hoch das Guthaben nach 45 Jahren sein wird.
c) Bei gutem Geschäftsverlauf kann der Zinssatz auch bei durchschnittlich 4,1% liegen. Wie wirkt sich dies auf das Guthaben nach 45 Jahren aus?

8 Lisa will herausfinden, nach welcher Zeit sich ein Guthaben von 4000 € bei einem Zinssatz von 2,5% verdoppelt hat. Die Zinsen werden dem Guthaben immer wieder gutgeschrieben. Es wird nichts abgehoben. Lisa nutzt dafür die Faustformel:
„Verdopplungszeit des Kapitals (in Jahren) = 72 : p".
a) Berechne die Verdopplungszeit in Jahren mit der Faustformel.
b) Prüfe die Berechnung, indem du das Ergebnis in die Zinseszinsformel einsetzt.

9 Überschlage die Verdopplungszeiten eines Kapitals von 1000 € mithilfe von Lisas Faustformel aus Aufgabe 8.
a) $p\% = 0,5\%$ b) $p\% = 2\%$ c) $p\% = 4\%$ d) $p\% = 4,5\%$
e) Was beobachtest du, wenn du die Verdopplungszeiten vergleichst?

Auskommen mit dem Einkommen

6 Prozent- und Zinsrechnung angewendet ▶ ÜBEN

X-Bank
Sparbrief mit jährlich
steigenden Zinsen:
1. Jahr 2,50 %
2. Jahr 2,75 %
3. Jahr 3,00 %
4. Jahr 3,50 %
5. Jahr 4,25 %

Y-Bank
Zinssatz fünf Jahre fest bei 3,2 Prozent vom ersten Euro an.

Z-Bank
Für die ersten 2000 € Zinssatz 2,5 %,
für den Rest des Guthabens Zinssatz 4 %.

1 Prüfe die oben stehenden Bankangebote für Spareinlagen.
a) Wie entwickeln sich Guthaben von 2400 € (6500 €; 15000 €) im Verlauf von fünf Jahren? Erstelle dazu eine Datei in einer Tabellenkalkulation.
b) Wie groß sind nach fünf Jahren die Unterschiede der Spareinträge in Euro?
c) Ermittle die Unterschiede der Spareinträge in Prozent.

2 Schulden kosten Geld
Erwachsene, die ein Girokonto haben, können von ihrer Bank Überziehungszinsen eingeräumt bekommen. Das bedeutet: Sie leihen sich für einen begrenzten Zeitraum Geld von der Bank (Überziehung). Dafür müssen sie Zinsen bezahlen. Das Konto ist dann im „Soll".
a) *Frau Schnell* hat ihr Konto für ein halbes Jahr um 1000 € überzogen.
Die Bank fordert 14,5 Prozent Überziehungszinsen.
b) *Herr Fix* hat sein Konto für vier Monate um 600 € überzogen. Seine Bank bucht dafür 24 € Überziehungszinsen ab.
Herr Fix meint: „Das kann doch nicht stimmen!"
Er fragt Frau Schnell um Rat ...

3 Ratenkauf
Familie Schmidt will einen neuen Multimedia-Computer und einen Flachbildschirm kaufen. Sie können 100 € anzahlen und wollen den Rest über einen Ratenkauf finanzieren. Im Markt bekommen sie drei Angebote vorgelegt.

	Angebot 1	Angebot 2	Angebot 3
Kreditbetrag	1400 €	1400 €	1400 €
Abschlussgebühr	0 €	0 €	0 €
Zinsen pro Jahr	6,8 %	6,8 %	6,8 %
Rückzahlung	monatlich	monatlich	monatlich
Laufzeit	12 Monate	24 Monate	36 Monate
monatliche Rate	121,01 €	62,55 €	43,10 €
Zinsen gesamt	52,10 €	101,31 €	151,60 €
Gesamtkosten	1452,10 €	1501,31 €	1551,60 €

a) Was fällt dir auf, wenn du die Angebote vergleichst?
b) Wovon hängt die monatliche Rate bei einer solchen Finanzierung ab?
c) Was muss Familie Schmidt beachten, wenn sie auf Raten kaufen möchte?

4 Lisa und Nico legen 1500 € zu einem Zinssatz von 3 % an. Die Zinsen werden jeweils dem Sparkonto gutgeschrieben. Lisa und Nico wollen nichts abheben.
a) Wie groß ist das Guthaben nach fünf Jahren?
b) Wie viele Jahre wird es etwa dauern, bis das Guthaben 2000 € beträgt?

5 Langzeitsparen

Es ist sinnvoll, für die folgenden Berechnungen eine Tabellenkalkulation und die Funktion „Formel kopieren" zu verwenden.

a) Welches Vermögen entsteht, wenn man einen Euro 20 Jahre lang zu 5 Prozent Zinsen anlegt?
b) Ein Euro soll für 100 Jahre zu sechs Prozent Zinsen angelegt werden.
c) In einem Artikel war zu lesen:
   „Wenn jemand im Jahre 0 auch nur einen Cent mit 5 Prozent Zinsen angelegt hätte, dann könnte er sich einschließlich Zins und Zinseszins heute 100 Milliarden Goldkugeln, jede vom Gewicht der Erde, kaufen."

6 Das Ergebnis einer Wahl fiel so aus:

Partei A: 12 801 261 gültige Stimmen
Partei B: 10 276 915 gültige Stimmen
Partei C: 4 613 523 gültige Stimmen
Partei D: 2 854 481 gültige Stimmen
Partei E: 937 715 gültige Stimmen
Partei F: 203 392 gültige Stimmen

a) Wie hoch sind die prozentualen Anteile der einzelnen Parteien an den gültigen Stimmen?
b) Welche Parteien könnten eine regierungsfähige Mehrheit bilden?
c) Bei der Wahl gilt eine 5-Prozent-Hürde. Es kommen nur die Parteien ins Parlament, die mindestens 5 Prozent der gültigen Stimmen erreichen …
d) Insgesamt sind 60 Sitze im Parlament zu vergeben. Wie viele Sitze werden die einzelnen Parteien bekommen?

7
Die Bundesrepublik (ohne Länder und Gemeinden) hatte Ende 2011 rund 1284 Mrd. Euro Schulden. Rund 37 Mrd. Euro wurden 2011 dafür an Zinsen fällig.
a) Schätze den Zinssatz, den die Bundesrepublik für ihre Kredite zahlen muss.
b) Stelle dir vor, der Zinssatz steigt um einen Prozentpunkt. Wie wirkt sich das auf die Höhe der jährlichen Zinszahlungen aus?
c) Stelle dir vor, die Bundesrepublik verringert ihre Schulden um 250 Mio. € pro Monat …

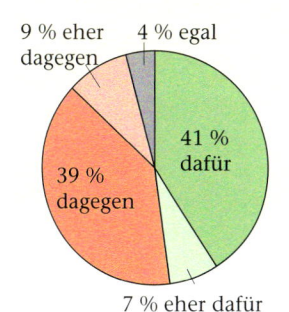

BIST DU FIT?

1. In Waldstadt wurden 5200 Einwohner zum Umbau der Parkallee befragt. Folgende Antworten wurden abgegeben:
   - *dafür*: 2132
   - *eher dafür*: 364
   - *dagegen*: 2028
   - *eher dagegen*: 468
   - *egal*: 208

   Prüfe, ob die Diagramme das Ergebnis richtig darstellen. Begründe jeweils.

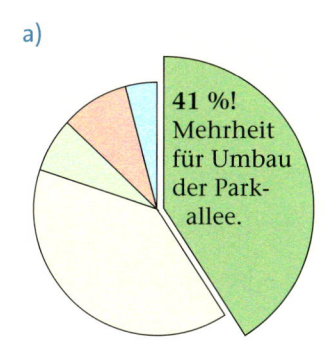

a) 41 %! Mehrheit für Umbau der Parkallee.

b) „Wie stehen Sie zum Umbau der Parkallee?"
   - 9 % eher dagegen
   - 4 % egal
   - 41 % dafür
   - 39 % dagegen
   - 7 % eher dafür

Auskommen mit dem Einkommen

➕ Berufsbild Hauswirtschafter/-in ▶ THEMA

Beruf Hauswirtschafter/in: Azubis in der Küche

Azubi in der Wäscherei

Informationen eines Ausbildungsbetriebes

Berufsbild	Voraussetzungen	Arbeitsbereiche
Hauswirtschafter/-innen sind Fachkräfte. Sie arbeiten selbstständig in Hotels und Restaurants, Krankenhäusern, Heimen aller Art, Dienstleistungszentren oder Jugendherbergen. Sie sind in allen Arbeitsbereichen gefragt, von der Speisenzubereitung in der Großküche über die Wäschepflege im Altenheim bis zur Ausrichtung von Kinderfesten. Dabei sorgen sie für Ordnung und Hygiene im gesamten Haushalt, setzen Wäsche und Kleidung instand und sind für den Einkauf sowie die Zubereitung von Mahlzeiten verantwortlich.	Hauswirtschafter/-innen müssen technisches Verständnis besitzen, gerne Menschen versorgen und betreuen sowie körperlich belastbar sein. Ein Mittlerer Schulabschluss ist von Vorteil. Einfühlungsvermögen, Kontaktfreude, Teamfähigkeit und selbstständiges Arbeiten sind weitere wichtige Eigenschaften.	• Küche, Service, Wäscherei und Hausreinigung • Einkauf, Abrechnung und Kalkulation • Entwicklung von maßgeschneiderten hauswirtschaftlichen Dienstleistungen • Vorratshaltung • Warenwirtschaft • Motivation und Beschäftigung von Menschen in verschiedenen Lebensabschnitten und -situationen • Säuglingspflege, Erste Hilfe, häusliche Krankenpflege • Vermarktung hauswirtschaftlicher Produkte und Dienstleistungen
	Lernorte	
	Einsatzorte bilden u. a. die Kantine und die Wäscherei des Berufsbildungswerkes. Die Ausbildung wird durch betriebliche Praktika ergänzt. Der Berufsschulunterricht wird an der Berufsschule des Berufsbildungswerkes erteilt.	

Quelle: Rotkreuz-Institut Berufsbildungswerk im DRK Berlin gGmbH (gekürzt)

Die Ausbildung dauert drei Jahre und wird mit der Prüfung vor der Landwirtschaftskammer Nordrhein-Westfalen abgeschlossen.

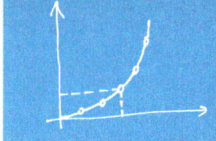

1 Kalkulieren lernen
a) Stellt euch vor, eure Klasse fährt für eine Woche in eine Jugendherberge. Kalkuliert die Kosten für Unterkunft und Verpflegung. Nutzt dabei das Internet.
b) Stellt euch vor, ihr habt beim Klassenfest für Essen und Getränke pro Person sechs Euro zur Verfügung. Erstellt eine Einkaufsliste.

2 Zum Schätzen: Wie viele Hauswirtschafter/-innen gibt es in Deutschland? In Schleswig-Holstein (2,8 Mio. Einwohner) gab es 2008 rund 5200 Beschäftigte in diesem Bereich.

3 Seht euch die Arbeitsbereiche von Hauswirtschafter/-innen an (Seite 102). Wo ist dabei Mathematik nötig? Erklärt mithilfe von Beispielen.

4 Vergleiche die maximalen Entgelte als Azubi 2011 (alte Bundesländer).

Beruf	1. Ausbildungsjahr	2. Ausbildungsjahr	3. Ausbildungsjahr	Durchschnitt
Hauswirtschafter/-in	532 €	576 €	632 €	580 €
Koch/Köchin	528 €	600 €	674 €	601 €
Hotelfachmann/-frau	528 €	600 €	674 €	601 €
Textilreiniger/-in	520 €	590 €	686 €	598 €
Papiertechnologe/-in	754 €	811 €	867 €	811 €
Durchschnitt aller Lehrberufe				638 €

5 Tatjana (25 Jahre, verheiratet, keine Kinder) hat nach ihrer Ausbildung eine Stelle als Hauswirtschafterin bekommen. Ihr Bruttolohn beträgt 1678,96 €. Tatjana muss keine Lohn- und Kirchensteuer bezahlen, da ihr Verdienst unter dem Lohn liegt, ab dem sie als Verheiratete diese Steuern bezahlen müsste.
a) Berechne Tatjanas Nettolohn.
b) Wäre Tatjana nicht verheiratet, müsste sie 146,83 € Lohnsteuer, 8,07 € Solidaritätszuschlag und 13,21 € Kirchensteuer bezahlen. Wie viel Prozent ihres Lohnes sind dies jeweils?

Tatjanas Abzüge*:
- Rentenversicherung 9,95 %
- Arbeitslosenversicherung 1,5 %
- Krankenversicherung 8,2 %
- Pflegeversicherung 0,975 %
- Zuschlag für Kinderlose 0,25 %

* nur Arbeitnehmeranteil

Azubi beim Bügeln

Azubi beim Nähen

Auskommen mit dem Einkommen

▶ MATHEMEISTERSCHAFT

1 Berechne die Prozentwerte. *(3 Punkte)*
a) 25% von 800 m
b) 12,5% von 384 €
c) 72,6% von 636 km

2 Berechne die Prozentsätze. *(3 Punkte)*
a) 40 s von 120 s
b) 29 € von 120 €
c) 4,78 Mio. von 820 Mio.

3 In einem Fruchtjoghurt sollen acht Prozent Erdbeeren enthalten sein. Es werden 620 Kilogramm Erdbeeren angeliefert. Jeder Becher enthält 200 Gramm Joghurt.
(3 Punkte)

4 Ein Geschäft wirbt für eine Sommeraktion mit mindestens 20% Rabatt auf Badebekleidung. Samira findet in einem Badeanzug den alten Preis (39,90 €) und den neuen Preis (31,98 €). Stimmt die Werbung?
(3 Punkte)

5 Ein neues Fahrrad kostet 335,29 € ohne Mehrwertsteuer.
Wie viel kostet es mit Mehrwertsteuer (19%)?
(3 Punkte)

6 Berechne die gesuchten Werte. *(4 Punkte)*
a) Kapital: 3000 €; Zinssatz: 5,8%;
   gesucht: Jahreszinsen
b) Jahreszinsen: 64,50 €; Zinssatz: 4,25%;
   gesucht: Kapital

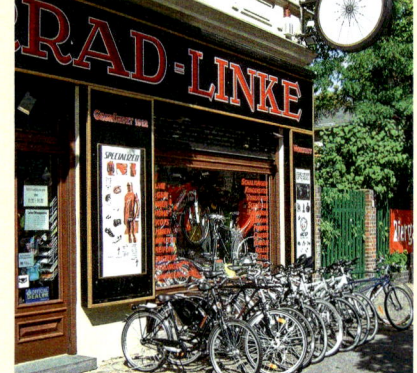

7 Frau Schnell will 3000 € für ein Jahr anlegen. Bei welcher Bank findet sie das bessere Angebot? Wie groß ist der Unterschied beim Zinsertrag?
• Bank A: Zinssatz 3,5% ab dem ersten Euro
• Bank B: Zinssatz 2% für die ersten 1000 €; für den Rest des Guthabens Zinssatz 3,8%
(5 Punkte)

8 Eine Firma wirbt mit Rabatten: „Mindestens 12% Preisnachlass!"

Artikel	alter Preis	neuer Preis
T-Shirt	12,90 €	11,30 €
Jeans	69,00 €	59,90 €
Jacke	190,00 €	149,00 €

Ist die Werbung korrekt?
(6 Punkte)

9 Melanie ist 14 Jahre alt. Sie hat zur Konfirmation insgesamt 587 € geschenkt bekommen. Dieses Geld hat sie zu einem Zinssatz von 4,5% angelegt.
Melanie sagt: „Wenn ich 18 Jahre alt bin, möchte ich von dem Geld meinen Führerschein machen."
Wie viel Geld hat Melanie auf dem Konto, wenn sie 18 wird?
Wird dies für einen Führerschein reichen?
(6 Punkte)

1 Negative Zahlen ▶ WIEDERHOLUNG

1 Lies die Zahlen an den Zahlengeraden ab.

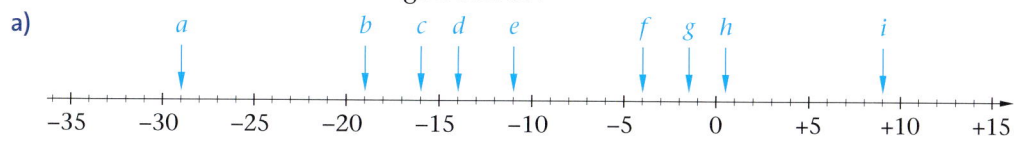

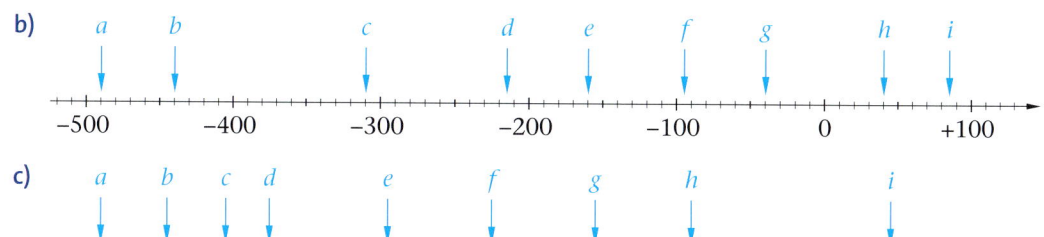

a) [Zahlengerade von −35 bis +15 mit Punkten a, b, c, d, e, f, g, h, i]

b) [Zahlengerade von −500 bis +100 mit Punkten a, b, c, d, e, f, g, h, i]

c) [Zahlengerade von −6 bis +6 mit Punkten a, b, c, d, e, f, g, h, i]

2 Zeichne eine Zahlengerade von −20 bis +5. Markiere darauf die Zahlen −18; −15; −9; −4; −1,5; 0,5 und 4,5.

3 Der Dezember 2010 war der bisher kälteste Dezember in Deutschland seit 1966. Das Diagramm rechts zeigt die tiefsten Temperaturen einiger europäischer Städte am 29. Dezember 2010. Lies diese Temperaturen ab.

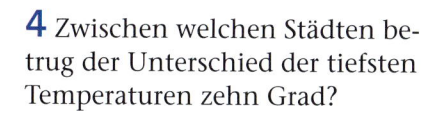

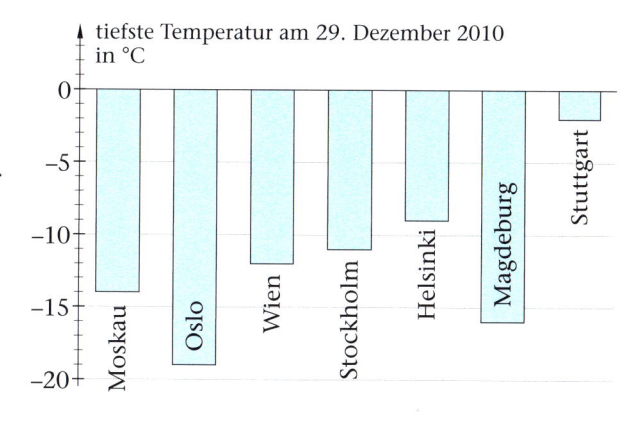

4 Zwischen welchen Städten betrug der Unterschied der tiefsten Temperaturen zehn Grad?

5 Nachgedacht
a) Wie heißt die kleinste ganze, zweistellige negative Zahl?
b) Welche Zahl erhältst du, wenn du −7 um 3 verminderst?
c) Welche Zahl erhältst du, wenn du 5 um 10 verminderst?
d) Welche Zahl erhältst du, wenn du zu −15 die Zahl 4 addierst?

6 Übertrage die Tabelle in dein Heft und vervollständige sie.

alter Kontostand	Buchung	neuer Kontostand
1050 €	Abbuchung: 350 €	
−95 €	Gutschrift: 150 €	
−460 €		−260 €
	Abbuchung: 75 €	−40 €
130 €		−130 €

7 Der Kontostand beträgt −130 €. Durch zwei Einzahlungen soll der Kontostand positiv werden. Gib zwei Möglichkeiten dafür an.

8 Setze im Heft für ☐ das passende Zeichen <, > oder = ein.
a) −7,5 °C ☐ −6 °C
b) −25 °C ☐ −2,5 °C
c) 15 °C ☐ 15,0 °C
d) −54 °C ☐ −49,9 °C
e) 150 € ☐ −1020 €
f) −1,25 € ☐ −125 ct
g) 789 € ☐ −897 €
h) 139 ct ☐ 13,90 €
i) Ordne die Angaben aus a) bis d) (die Angaben aus e) bis h)) jeweils der Größe nach. Beginne mit dem kleinsten Wert.

105

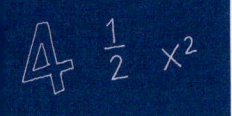

Rationale Zahlen

Tief unter dem Meeresspiegel

Die Tiefen der Meere sind voller Geheimnisse und Rätsel. Selbst dort, wo kein Licht mehr hinkommt, gibt es Lebewesen in völliger Dunkelheit. Forscherinnen und Forscher haben die Unterwasserwelt erkundet.

*Höhenangaben werden danach unterschieden, ob sie **unter** oder **über** dem Meeresspiegel liegen. Die Meeresoberfläche entspricht der Höhe „Null Meter" beziehungsweise Normalnull (kurz: 0 m NN).*

183 Meter, Rekord im Freitauchen, ohne Atemgerät (2006)

600 Meter, Tauchtiefe von Militär-U-Booten

700–1200 Meter, Rippenqualle (*Lampocteis cruentiventer*), Grösse 16 cm

1920 Meter, grösste Meerestiefe, in der Gas gefördert wird (Golf von Mexiko)

2250 Meter, grösste gemessene Tauchtiefe eines Pottwals

900–3000 Meter, Munnopsis, Grösse: Körper 1–2 cm, Beine 15 cm

3840 Meter, Wrack der «Titanic», gesunken 1912, entdeckt 1985

300–5000 Meter, Dumbo-Tintenfisch (*Grimpoteuthis*), Grösse: 20 cm

6000 Meter, Tauchtiefe der russischen U-Boote «Mir I» und «Mir II» für je drei Personen, entdeckten das Wrack der Titanic

230–7700 Meter, Kleinmund (*Bathylagus pacificus*), Grösse: 25 cm

10 080 Meter, das dänische Schiff «Galathea 2» holt Bodenproben mit Seeanemonen, Seegurken, Krebstieren (1951, Philippinengraben)

10 914 Meter, Tiefenrekord des U-Boots «Trieste» im Marianengraben 1960 mit Don Walsh und Jacques Piccard (siehe S. 24). Die tiefste Stelle liegt bei 11 034 Metern.

600 Meter, max. Tauchtiefe im gepanzerten Taucheranzug

180–1000 Meter, räuberisches Manteltier (*Megalodicopia hians*), Grösse: 20 cm

200–2000 Meter, Glaskrake (*Vitreledonella richardi*), Grösse: 45 cm

1000–4000 Meter, weisser Tiefseeangler (*Haplophryne mollis*), Grösse: Weibchen 8 cm, Männchen 2 cm

3657 Meter, Rekord-Wasserdichte einer serienmässig hergestellten Taucheruhr (siehe S. 37)

5075 Meter, Flugzeugträger «USS Yorktown», tiefstes gefundenes Wrack, gesunken 1942, entdeckt 1998

6500 Meter, Tauchtiefe des japanischen U-Boots «Shinkai» für drei Personen. Am Kabel: Sonde «Kaiko» für wissenschaftliche Arbeiten. Kein bemanntes U-Boot kann heute tiefer tauchen.

8184 Meter, tiefste mit Schall-Echo gemessene Stelle der ersten ozeanographischen Expedition mit der «HMS Challenger» (1875)

534 Meter, Rekord im Tauchen mit Hydreliox: Wasserstoff, Helium, Sauerstoff (1988)

925 Meter, Tauchtiefe von William Beebe und Otis Barton in einer Stahlkugel (1934)

1500 Meter, Reichweite moderner Grundschleppnetze (siehe S. 42)

2000 Meter, bis zu dieser Tiefe lassen sich Tiefseekabel (für Telekommunikation) eingraben. Tiefer liegen sie unbedeckt auf dem Meeresgrund.

500–5000 Meter, Spanische Tänzerin (*Enypniastes eximia*), Grösse: bis 35 cm

3700 Meter, durchschnittliche Tiefe der Weltmeere

600–5000 Meter, Blattschupper (*Anoplogaster cornuta*), Grösse: 15 cm

1000 Meter, max. Eindringtiefe des Sonnenlichts. Für das menschliche Auge ist es schon nach wenigen hundert Metern dunkel.

300–5000 Meter, Schirmkrake (*Grimpoteuthis*), Grösse: 20 cm

bis 7000 Meter, Kranzqualle (*Periphylla periphylla*), Grösse: bis 1 m

10–7400 Meter, Riesenspinnenkrabbe (*Colossendeis*), Durchmesser: 30 cm

8370 Meter, grösste Tiefe, in der je ein Fisch gefangen wurde: Aal (*Abyssobrotula galatheae*) im Puerto-Rico-Graben

11 000 Meter, Tauchroboter «Kaiko» (siehe U-Boot «Shinkai»), ging 2003 verloren.

Das bisher tiefste bekannte **Schiffswrack** ist der Flugzeugträger „USS Yorktown", gesunken 1942. Das Wrack wurde 1998 in einer Tiefe von 5075 Metern gefunden. Wie viele Schiffswracks es weltweit gibt, lässt sich nur schätzen. Allein am Kap Hoorn an der Südspitze Amerikas sind es über 800 große Wracks.

Die **RMS Titanic** war 1912 das größte Passagierschiff der Welt. Auf ihrer ersten Fahrt kollidierte die Titanic am 14. April 1912 mit einem Eisberg. Das Schiff sank nur wenige Stunden später. Rund 1500 Menschen starben, nur 711 Menschen überlebten die Katastrophe.
Erst am 1. September 1985 wurde das Wrack der Titanic auf dem Meeresboden entdeckt. Es liegt in einer Tiefe von 3840 Metern unter dem Meeresspiegel.

Am 19. Januar 1883 verunglückte das deutsche Dampfschiff **Cimbria** in der Nordsee. Die Cimbria war auf der Fahrt von Hamburg nach Nordamerika. An Bord waren überwiegend deutsche Auswanderer. Nahe der Nordseeinsel Borkum stieß die Cimbria bei dichtem Nebel mit einem englischen Dampfer zusammen und sank rasch. 437 Passagiere und Besatzungsmitglieder der Cimbria verloren dabei ihr Leben, nur 56 Menschen überlebten. Im Jahr 2001 begannen Bergungsarbeiten an dem nur 30 Meter tief liegenden Wrack. Die Taucher gelangten mit einem Gitterkorb zum Wrack. Sie fanden unter anderem die alte Schiffsglocke, viele kleine Kunstschätze und wertvolles Porzellan.

Unterhalb von 1000 Metern Tiefe liegt die lichtlose **Tiefsee**. Pflanzen gibt es dort nicht mehr. Es ist sehr kalt, nahe 0 °C. Der Druck nimmt mit der Tiefe zu.

Der Unterwasservulkan West Mata, gelegen am Ozeanboden der Südsee in 1100 Metern Tiefe.

Der Viperfisch wird etwa 30 cm groß und lebt in der oberen Tiefsee (in 400 bis 1800 Metern Tiefe).

Vor Angola liegen automatische Förderanlagen für Erdöl in 1400 Metern Tiefe auf dem Ozeanboden.

Mit rationalen Zahlen rechnen ▶ LERNZIRKEL

Station 1: Schiffswracks

Rund drei Millionen Schiffe sind in den letzten 4000 Jahren auf den Meeresgrund der Ozeane gesunken.

a) Übernimm die Tabelle in dein Heft. Ergänze die Schiffswracks, die auf den Seiten 106 und 107 genannt werden.
b) Ordne die Schiffswracks nach der Tiefe, in der sie liegen.
c) Nenne Vergleiche zur Lage.
   BEISPIEL: „Das Wrack der Britannic liegt 80 Meter tiefer als das Wrack der Wilhelm Gustloff."
d) Suche die Orte der Wracks im Atlas und trage sie in Karte ein. Eine Vorlage findest du unter dem Mediencode 108-1.

Schiff	Ort	gesunken	Lage
Wilhelm Gustloff	bei Stolpmünde	1945	−42 m
Britannic	Ägäisches Meer	1916	−122 m
Jura	Bodensee	1864	−39 m
Goya	Danziger Bucht	1945	−76 m
Vasa	Stockholmer Bucht	1628	−8 m (bis 1961)
Prestige	Golf von Biscaya	2002	−3600 m
Um el Faroud	Malta	1998	−35 m

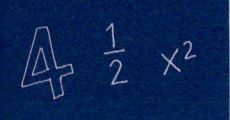

Das Wrack der Britannic auf dem Boden des Mittelmeers

108-1

Station 2: Unterschiede ermitteln

a) Wie groß ist der Höhenunterschied zwischen den Wracks der Schiffe RMS Titanic und USS Yorktown?
b) Wie groß ist der Höhenunterschied zwischen dem tiefstgelegenen Schiffswrack und der größten Tiefe, in der je ein Fisch gefangen wurde?
c) Findet eigene Aufgaben wie in a) und b). Stellt sie euch gegenseitig.
d) Im Bild auf Seite 106 werden vier Tauchtiefen von „U-Booten" genannt. Gib die Unterschiede zwischen den Tauchtiefen an.

Station 3: Kontoauszüge

Bei der Kontoführung werden besondere Begriffe verwendet. Besteht nach der Buchung ein Guthaben, wird dies „Haben" (kurz: „H") genannt. Bestehen Schulden, heißt dies „Soll" (kurz: „S"). Ermittle für die folgenden Beispiele jeweils den neuen Kontostand.

a) Alter Kontostand: +40 Euro (Haben)

Datum	Betrag		Auftraggeber/Empfänger	Verwendungszweck
21.03.	−90 €	Überweisung	Mofaglück GmbH	Durchsicht; Rechnung 01/mofa

Neuer Kontostand: ?

b) Alter Kontostand: −60 Euro (Soll)

Datum	Betrag		Auftraggeber/Empfänger	Verwendungszweck
14.05.	+100 €	Bareinzahlung	Larissa Bankfrau	Lohn Ferienjob

Neuer Kontostand: ?

c) Alter Kontostand: +30 Euro (Haben)

Datum	Betrag		Auftraggeber/Empfänger	Verwendungszweck
30.07.	−(−80 €)	stornierte Abbuchung	Rücküberweisung des Abbuchungsbetrages vom 9. Juli nach Widerspruch des Kontoinhabers; Grund: Fehlbuchung der Bank	

Neuer Kontostand: ?

Station 4: Ein Würfelspiel für zwei bis fünf Personen
Jeder würfelt mit zwei Würfeln und addiert die Augensumme.

Es gibt folgende Punkte:
- bei „2" bis „4" zwei Minuspunkte,
- bei „5" und „6" einen Minuspunkt,
- bei „7" keinen Minuspunkt, aber auch keinen Pluspunkt,
- bei „8" und „9" einen Pluspunkt,
- bei „10" bis „12" zwei Pluspunkte.

Legt vor Beginn die Anzahl der Runden fest. Es gewinnt, wer die meisten Punkte hat.

Station 5: Schlangenaufgaben
Welche Zahlen haben die Rechenschlangen im Kopf?
Wähle selbst verschiedene Startzahlen.

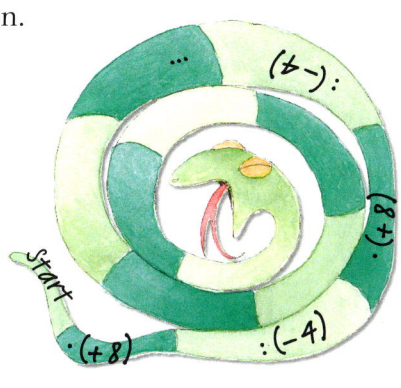

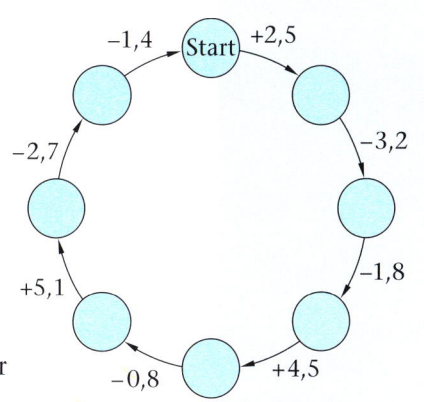

Station 6: Rechenkreis
a) Wähle die Startzahl −4. Durchlaufe dann den Rechenkreis einmal (zweimal, dreimal). Vergleiche die Ergebnisse.
b) Wie oft musst du den Rechenkreis durchlaufen, um eine Zahl größer als 20 zu erhalten?

Station 7: Rechenfeld
a) Übertrage das Rechenfeld vergrößert ins Heft und vervollständige es. Welche Regelmäßigkeiten stellst du fest?
b) Experimentiere auch mit anderen Zahlen.

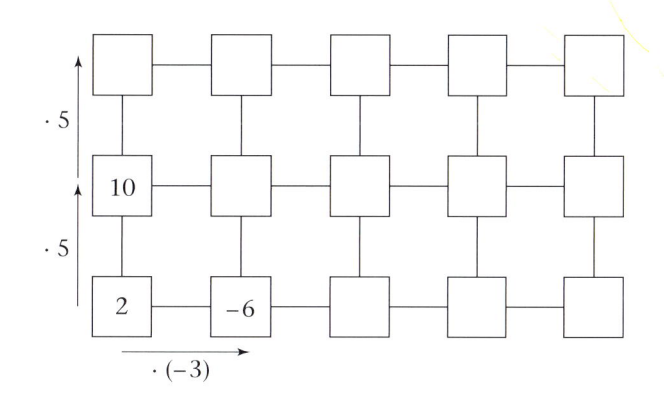

Station 8: Aufgabenfolgen
Setze die Reihen um vier Rechnungen fort. Was fällt dir auf?

a) $3 + 4 = 7$
$2 + 5 = 7$
$1 + 6 = 7$
$0 + 7 = 7$
…

b) $20 + 90 = 110$
$10 + 100 = 110$
$0 + 110 = 110$
$(-10) + 120 = 110$
…

c) $4 - 3 = 1$
$3 - 2 = 1$
$2 - 1 = 1$
$1 - 0 = 1$
…

d) $800 - 200 = 600$
$700 - 100 = 600$
$600 - 0 = 600$
$500 - (-100) = 600$
…

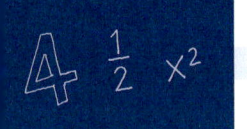

2 Rationale Zahlen addieren und subtrahieren ▶ WISSEN

Ein Tauchboot befindet sich in 150 Metern Tiefe unter der Meeresspiegel (−150 m).

a) Es sinkt um 140 m.

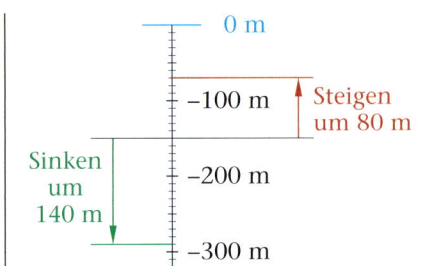

(−150 m) + (−140 m)
= (−290 m)

b) Es steigt um 80 m.

(−150 m) + (+80 m)
= (−70 m)

Zu den **Rationalen Zahlen** gehören alle positiven und negativen Zahlen sowie die Null. Situationen wie das Steigen und Sinken eines Tauchbootes (der Temperatur, des Kontostandes …) lassen sich verallgemeinern. Daraus ergeben sich Regeln zur **Addition** von rationalen Zahlen.

Die Vorzeichen sind gleich:
1. Vorzeichen weglassen. Dann die Zahlen addieren.
2. Das Ergebnis bekommt das gemeinsame Vorzeichen.

Die Vorzeichen sind verschieden:
1. Vorzeichen weglassen. Subtrahiere von der größeren Zahl die kleinere Zahl.
2. Das Ergebnis bekommt das Vorzeichen der größeren Zahl.

BEISPIELE

a) (−12) + (−6) = ?
   1. 12 + 6 = **18**
   2. Vorzeichen **−**
      Ergebnis: (−12) + (−6) = (**−18**)

b) (−12) + (+4)
   1. 12 − 4 = **8**
   2. Vorzeichen **−**
      Ergebnis: (−12) + (+4) = (**−8**)

Subtraktionsaufgaben wie (+10) − (−5) = (+15) lassen sich mit Gegenzahlen in Additionsaufgaben umwandeln.

BEISPIELE

c) (−5) → Gegenzahl (+5)
   (+10) − (−5)
   = (+10) + (+5) | Addition wie in a), b)
   = (+15)

d) (+6) → Gegenzahl: (−6)
   (−11) − (+6)
   = (−11) + (−6) | Addition wie in a), b)
   = (−17)

MERKE
Die Gegenzahl einer Zahl erhältst du, indem du das Vorzeichen der Zahl wechselst.

▶ ÜBEN

1 Berechne mithilfe einer Zahlengeraden.

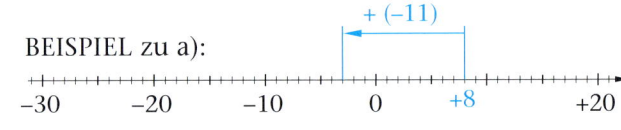

BEISPIEL zu a):

a) (+8) + (−11);   (+8) − (+11);   (−8) + (−11);   (−8) − (−11)
b) (+16) + (−12);   (+16) − (+12);   (+16) − (−12);   (−16) − (−12)

TIPP
Du kannst auch eine Zahlengerade verwenden (siehe Mediencode 110-1).

2 Berechne.

a) (+60) + (+40)   b) (+75) + (−45)   c) (+35) − (+32)   d) (+82) − (−18)
e) (−72) + (+84)   f) (−36) + (−14)   g) (−54) − (−71)   h) (−24) − (+36)

3 Finde drei Additionsaufgaben mit rationalen Zahlen und dem Ergebnis −99,9.

4 Vereinfache die Schreibweise der beiden Aufgaben auf Seite 110 oben (der Beispiele a) bis d) im Merkkasten auf Seite 110). Beachte die Informationen in der Randspalte.

5 Finde weitere Additions- und Subtraktionsaufgaben mit den Zahlen aus den Beispielen a) und b) auf Seite 110.
Wer findet die Aufgabe mit dem größten (dem kleinsten) Ergebnis?

INFO
Wenn keine Missverständnisse entstehen, können positive Vorzeichen und Klammern weggelassen werden.

$(+18) - (+60)$
$= 18 - 60 = -42$

$(-12) + (-3) = (-15)$
$-12 + (-3) = -15$

6 Ein Tauchboot steigt oder sinkt. Ergänze dazu die Tabelle im Heft.

Ausgangshöhe	Veränderung	neue Höhe
0 m	Sinken um 181 m	
	Steigen um 115 m	−28 m
−45 m		−112 m
−215 m		−125 m

7 Berechne
a) $1{,}4 - (-2{,}5)$ b) $-0{,}7 + 3{,}2$ c) $-2{,}4 + (-4{,}3)$ d) $5{,}2 - (-2{,}7)$
e) $3{,}6 - 7{,}2$ f) $-6{,}4 - (-8{,}2)$ g) $-2{,}2 + (-0{,}8)$ h) $1{,}05 - 3{,}07$

8 Löse die Gleichungen.
a) $25 - x = 32$ b) $x + 48 = -12$ c) $x - 125 = 217$ d) $144 + x = -36$
e) $6{,}4 - x = -2{,}5$ f) $x + (-5{,}6) = 7{,}2$ g) $-2{,}8 - x = -10$ h) $260 - x = -260$

9 Würfle mit einem Spielwürfel sechs Mal. Kannst du aus den Ergebnissen und den Zeichen + und − eine Aufgabe mit dem Ergebnis 0 bilden?

10 Ist das Ergebnis größer oder kleiner als 0? Begründe, ohne die Aufgabe zu lösen.
a) $80 + (-92)$; $-120 + (-40)$; $150 - (-25)$; $-180 - (-164)$
b) $210 + (-180)$; $340 - 351$; $-620 + 710$; $-840 - (-790)$

11 Übertrage die Tabelle ins Heft. Überschlage erst und berechne dann.

+			−10,4	
54,3	64,7			33,5
−28,42		−7,62		

12 Zahlenrätsel
a) Wie oft musst du 25 zu −105 addieren, bis das Ergebnis größer als 0 ist?
b) Welche Zahl musst du zu −64 addieren, um das Ergebnis 15 zu erhalten?
c) Ich subtrahiere von −16,8 die Zahl −1,4 so oft, bis ich eine positive Zahl erhalte.

13 Der Kontostand von Sandras Eltern beträgt −42,87 € (Soll). Sie bekommen eine Gutschrift von 258,76 €. Berechne den neuen Kontostand.

14 Der Kontostand von Nico beträgt +338,55 € (Haben). Es werden 982,66 € gutgeschrieben. Dann werden 472,66 €; 19,55 € und 899,99 € abgebucht. Liegt Nicos Kontostand dann noch im „Haben"?

15 Der Baikalsee in Sibirien (Russland) ist der tiefste und größte Süßwassersee der Erde. Sein Wasserspiegel liegt in einer Höhe von 456 m über NN. Der See hat eine Fläche von 31 500 km². Die größte Tiefe des Baikalsees beträgt 1642 m. Wie tief unter dem Meeresspiegel liegt diese Stelle?

Am Baikalsee

Rationale Zahlen

3 Koordinaten – nicht immer positiv ▶ WISSEN

Bisher hast du nur einen Teil des mathematischen Koordinatensystems kennengelernt. Dort gab es nur positive Koordinaten. In Koordinatensystemen gibt es aber auch negative Zahlen. Sie kommen an der x-Achse und an der y-Achse vor.

AUFGABE DER WOCHE
Wie viele Additionsaufgaben mit dem Ergebnis 0 kannst du bilden aus:
(−6); (−4); (−2); (+2); (+4); (+6)?

Auf der x-Achse eines **Koordinatensystems** liegen die negativen Zahlen links vom Nullpunkt (0|0). Auf der y-Achse liegen die negativen Zahlen unterhalb des Nullpunktes. Der Punkt A hat die Koordinaten (3|5). Der Punkt B hat die Koordinaten (−3|5).
Beim Ablesen und Eintragen der Punkte gilt: Die erste Koordinate ist immer der x-Wert. Die zweite Koordinate ist der y-Wert.

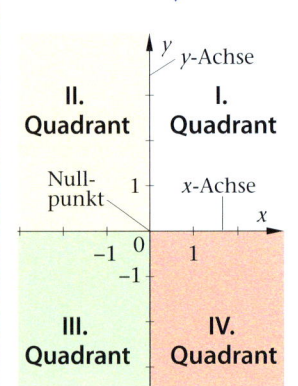

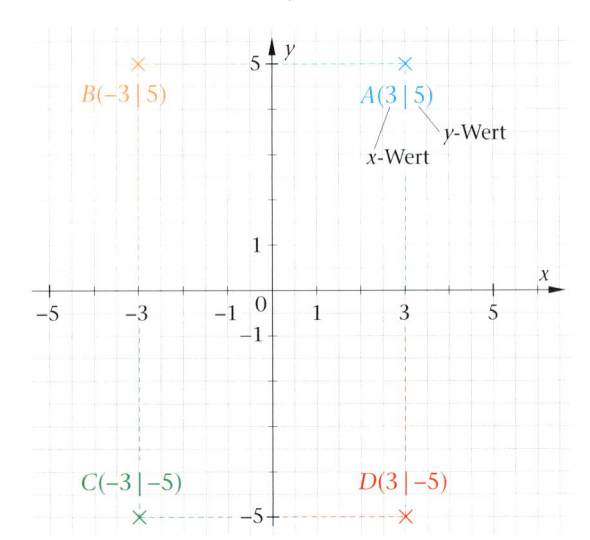

B(−3|5)   A(3|5)   y-Wert   x-Wert
C(−3|−5)   D(3|−5)

II. Quadrant | I. Quadrant
Nullpunkt | x-Achse
III. Quadrant | IV. Quadrant

Koordinatensysteme bestehen aus vier **Quadranten**, die mit den römischen Zahlen I, II, III und IV bezeichnet werden.

▶ ÜBEN

1 Lies die Koordinaten der eingezeichneten Punkte ab.

2 Punkte eintragen
a) Übertrage das Koordinatensystem aus Aufgabe 1 auf Karopapier.
b) Trage die folgenden Punkte ein.
 A(−4|−1)   B(0|3)
 C(−1|1)   D(−4|2)
 E(−6|−6)   F(6|−3)
 G(5,5|−4)   H(0|−1,5)

3 In welchen Quadranten liegen die einzelnen Punkte …
a) im Merkkasten,   b) bei Aufgabe 1,
c) bei Aufgabe 2?

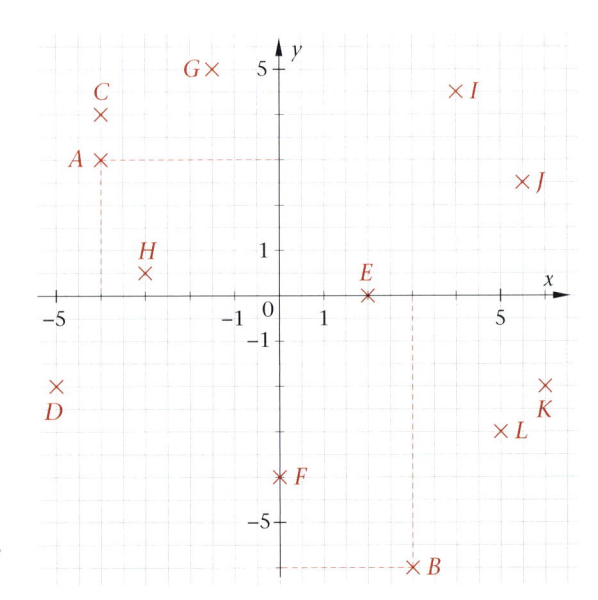

4 Finde vier zusammengehörende Punkte A, B, C, D wie im Merkkasten.
Wie liegen die Punkte A und B (die Punkte C und D) zueinander? Erkläre.

👉 113-1

5 Spiegelungen im Koordinatensystem
a) Übertrage das Koordinatensystem und die Punkte in dein Heft.
(Du kannst auch die Vorlage unter dem Mediencode 113-1 nutzen.)
b) Spiegele die Punkte A bis D an der x-Achse.
Gib die Koordinaten der neu entstandenen Punkte an.
c) Spiegle die Punkte E bis H an der y-Achse.
Gib die Koordinaten der neu entstandenen Punkte an.

6 Geometrie im Kopf: Ermittle ohne zu zeichnen, in welchem Quadranten des Koordinatensystems die folgenden Punkte liegen.

A(–3|9)   B(0,5||–12)   C(–7|–9,5)   D(10|–5)   E(–12|–12)
F(7,5|4)   G(17|–3)   H(–2|0)   I(0|–6)   J(–4|14)

7 Zeichne in ein Koordinatensystem die Punkte P(–1|4), Q(5|–2) und R(–3|1).
a) Finde einen vierten Punkt S, sodass ein Parallelogramm PQRS entsteht.
Gib die Koordinaten von S an und prüfe, ob es mehr als eine Lösung gibt.
b) Finde einen vierten Punkt T, sodass ein Trapez PQRT entsteht.
Gib die Koordinaten von T an und prüfe wieder, ob es mehr als eine Lösung gibt.

8 Vergrößern
a) Zeichne die folgenden Punkte in ein Koordinatensystem.
A(–5|1)   B(–3,5|–0,5)   C(2,5|–0,5)   D(3|2)   E(1,5|2)   F(1,5|1)
Verbinde sie der Reihe nach zum Rumpf eines Segelschiffes.
b) Zeichne auch die Punkte   G(–3,5|1)   H(–3,5|3)   I(–2,5|1,5) ein.
Sie ergeben das kleinste Segel des Schiffes.
c) Zeichne zwei weitere Segel mit den Punkten   J(–2|1)   K(–2|4)   L(–0,5|1,5)
und   M(0,5|1)   N(0,5|1,5)   O(0,5|5)   P(2,5|3).
d) Vergrößere das Segelschiff mit dem Faktor k = 2.

Im Bild links siehst du den Blick in ein Treppenhaus eines Gebäudes. Der Fotograf stand im obersten Stockwerk des Gebäudes.

BIST DU FIT?

1. Nachdenken und Schätzen
a) Wie viele Stockwerke verbindet das Treppenhaus wohl?
b) Wie viele Treppenstufen etwa musst du zwischen zwei Stockwerken steigen? Erkläre, wie du zu deinem Ergebnis gekommen bist.

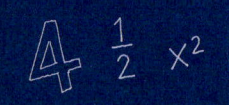

4 Rationale Zahlen multiplizieren und dividieren ▶ WISSEN

Der Weltrekord im Tauchen mit einem Unterseeboot liegt bei −10914 m. Er wurde 1960 von Jácques Piccard und Don Walsh aufgestellt.

Für das Tauchen von der Meeresoberfläche bis in diese Tiefe brauchten die beiden Männer rund fünf Stunden. Die durchschnittliche Tauchgeschwindigkeit betrug
(−11000 m) : 300 min ≈ (−37 m pro min).
Das waren etwa −2,2 km/h.

In den USA werden Längen, Höhen und Tiefen in der Einheit Fuß angegeben. 1 Meter sind rund 3,28 Fuß. Die Tauchtiefe (in Fuß) beträgt daher
(−10914 m) · 3,28 Fuß/m ≈ (−35797 Fuß).

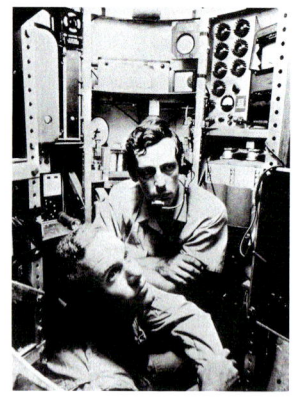

Jácques Piccard und Don Walsh in ihrer Tauchkapsel

> Situationen wie die Geschwindigkeit beim Abtauchen oder das Umrechnen von Größen lassen sich verallgemeinern. Daraus ergeben sich **Regeln zur Multiplikation und Division von rationalen Zahlen**.
>
> 1. Multipliziere (dividiere) beide Zahlen ohne Vorzeichen.
> 2. Ermittle das Vorzeichen:
>
> „+" mal (durch) „+"
> „−" mal (durch) „−" ergibt „+"
>
> „+" mal (durch) „−"
> „−" mal (durch) „+" ergibt „−"
>
> **BEISPIELE**
>
> a) (−3) · (+0,4)
> 1. Multiplizieren   3 · 0,4 = **1,2**
> 2. Vorzeichen   „−" · „+" ergibt „−"
>   Ergebnis: (−3) · (+0,4) = (**−1,2**)
>
> b) (−4,8) : (−2)
> 1. Dividieren   4,8 : 2 = **2,4**
> 2. Vorzeichen   „−" : „−" ergibt „+"
>   Ergebnis: (−4,8) : (−2) = (**+2,4**)

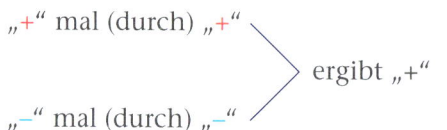

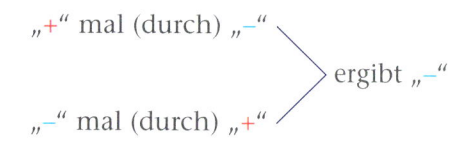

▶ ÜBEN

1 Schreibe jeweils als Multiplikation und berechne.
a) (+9) + (+9) + (+9) + (+9)   b) (+12) + (+12) + (+12)   c) (−7) + (−7) + (−7)
d) (−5) + (−5) + (−5) + (−5)   e) (−1,2) + (−1,2) + (−1,2)   f) (−2,5) + (−2,5) + (−2,5)

2 Multipliziere im Kopf.
a) (−3) · 8;   (−5) · 9;   (−4) · 5;   (−8) · 7;   (−8) · (−7)
b) 8 · (−4);   3 · (−5);   7 · (−9);   6 · (−4);   (−6) · (−4)
c) (−7) · 5;   8 · (−3);   (−4) · 9;   6 · (−8);   (−6) · (−8)
d) (−0,7) · 5;   8 · (−0,3);   (−40) · 9;   60 · (−80);   (−60) · (−0,8)

3 Dividiere im Kopf.
a) 15 : (−3)   b) 48 : (−6)   c) (−72) : 8   d) (−56) : 7   e) (−54) : (−9)
f) (−84) : (−12)   g) 144 : (−6)   h) (−108) : (−9)   i) 300 : (−25)   j) (−630) : 15

4 Ergänze die Reihen von Julia in beide Richtungen um jeweils drei Rechnungen.

a) ...
- $-3 \cdot 3 = -9$
- $-3 \cdot 2 = -6$
- $-3 \cdot 1 = -3$
- $-3 \cdot 0 = 0$
- $-3 \cdot (-1) = 3$
- $-3 \cdot (-2) = 6$
- ...

b) ...
- $3 : 3 = 1$
- $3 : 2 = 1,5$
- $3 : 1 = 3$
- $3 : 0 =$ nicht möglich
- $3 : (-1) = -3$
- $3 : (-2) = -1,5$
- ...

5 Ergänze im Heft die Tabelle zum Tauchgang von Jácques Piccard und Don Walsh (siehe Seite 114 oben).

Zeit (in h)	0	1		3	
Tiefe (in m)	0		4400		
Tiefe (in Fuß)	0	7216			28 864

Modell des Unterseebootes von Piccard und Walsh

6 Ergänze die Tabelle im Heft. Die Geschwindigkeiten beim Steigen und Sinken sind gleich.

Ausgangstiefe	Dauer	neue Tiefe
0 m	2 min sinken	−74 m
	5 min steigen	−200 m
−1000 m		−1370 m
−2260 m		−3000 m

7 Aufgabenwerkstatt
a) Finde verschiedene Multiplikationsaufgaben mit dem Ergebnis −36.
b) Finde verschiedene Divisionsaufgaben mit dem Ergebnis −8.

8 Überschlage zuerst und berechne dann.
a) $45\,075 \cdot (-5,8)$
b) $-642,91 \cdot 4,2$
c) $-499,3 \cdot (-9,5)$
d) $27,225 \cdot (-845,8)$
e) $-0,075 \cdot 7,02$
f) $509,7 \cdot (-9,21)$
g) $4,8 : (-1,2)$
h) $24,48 : (-4,8)$
i) $-3,75 : 0,25$
j) $-20,16 : (-2,4)$

9 Berechne.
a) $8 \cdot (-\frac{1}{2})$
b) $(-4) \cdot \frac{3}{4}$
c) $(-4) : \frac{1}{2}$
d) $10 : (-\frac{4}{5})$
e) $\frac{3}{5} \cdot (-\frac{1}{4})$
f) $(-0,8) \cdot \frac{5}{7}$

10 Gegeben ist der Term $x : (-8)$. Setze für x Zahlen ein. Wie groß müssen sie sein, damit der Wert des Terms größer als 3 wird?

11 Vervollständige im Heft.

a)
x	−6	−4	−2	0	2	4
$x : (-2)$						

b)
x	−6	−4	−2	1	2	4
$(-2) : x$						

12 Löse die Gleichungen.
a) $-7,2 : x = -20$
b) $2,8 : x = -1,4$
c) $x : (-7,5) = 0,124$
d) $x : 6,3 = -25$

13 Überschlage und berechne.
a) $(15,09 - 18,75) \cdot (7,04 + 0,82)$
b) $(24,3 + 2,7) \cdot (30,95 - 45,04)$
c) $(100,7 - 26,42) \cdot (36,8 - 55,6)$

14 Zahlenrätsel
a) Berechne die Differenz der Zahlen 21,2 und 17,6 und dividiere sie durch −0,12.
b) Dividiere die Summe von 5,46 und 1,74 durch −2,4.
c) Ermittle die Zahl, die mit −0,25 multipliziert die Zahl 8,3 ergibt.

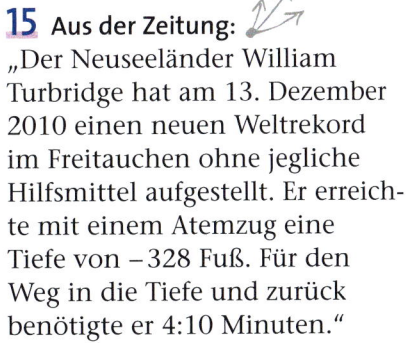

15 Aus der Zeitung:
„Der Neuseeländer William Turbridge hat am 13. Dezember 2010 einen neuen Weltrekord im Freitauchen ohne jegliche Hilfsmittel aufgestellt. Er erreichte mit einem Atemzug eine Tiefe von −328 Fuß. Für den Weg in die Tiefe und zurück benötigte er 4:10 Minuten."

Rationale Zahlen

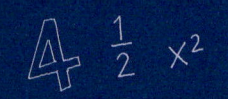

➕ Rechengesetze ▶ WEITERDENKEN

Rechengesetze helfen dir, Rechnungen so zu vereinfachen, dass du besonders geschickt rechnen kannst. Die folgende Übersicht stellt die wichtigsten Rechengesetze vor.

$$\begin{aligned} 99 \cdot 7 &= (100 - 1) \cdot 7 \\ &= 100 \cdot 7 - 1 \cdot 7 \\ &= 700 - 7 \\ &= 693 \end{aligned}$$

Vertauschungsgesetz (Kommutativgesetz)
Das Vertauschungsgesetz gilt nur bei Addition und Multiplikation. In einer Summe oder einem Produkt darfst du die Reihenfolge der Summanden oder Faktoren beliebig vertauschen.

BEISPIELE

a) $125 + 75 = 200$
   und
   $75 + 125 = 200$
   Also ist: $125 + 75 = 75 + 125$

b) $19 \cdot 6 = 114$
   und
   $6 \cdot 19 = 114$
   Also ist: $19 \cdot 6 = 6 \cdot 19$

Allgemein gilt: $a + b = b + a$ $a \cdot b = b \cdot a$
Das Ergebnis verändert sich durch das Vertauschen nicht.

Verbindungsgesetz (Assoziativgesetz)
Das Verbindungsgesetz gilt nur bei Addition und Multiplikation. Wird nur addiert (nur multipliziert), dann spielt die Reihenfolge der Rechenschritte keine Rolle. Du darfst beliebige Zahlen durch Klammern zusammenfassen.

BEISPIELE

c) $40 + 27 + 13 = (40 + 27) + 13$
                $= 67 + 13 = 80$
   und
   $40 + 27 + 13 = 40 + (27 + 13)$
                $= 40 + 40 = 80$
   Also ist: $(40 + 27) + 13 = 40 + (27 + 13)$

d) $12 \cdot 20 \cdot 5 = (12 \cdot 20) \cdot 5$
                      $= 240 \cdot 5 = 1200$
   und
   $12 \cdot (20 \cdot 5) = 12 \cdot 100 = 1200$
   Also ist: $(12 \cdot 20) \cdot 5 = 12 \cdot (20 \cdot 5)$

Allgemein gilt: $(a + b) + c = a + (b + c)$ $(a \cdot b) \cdot c = a \cdot (b \cdot c)$
Das Ergebnis verändert sich durch das Setzen von Klammern nicht.

Verteilungsgesetz (Distributivgesetz)
Das Verteilungsgesetz gilt, wenn du eine Zahl und eine Klammer multiplizierst oder dividierst. In der Klammer steht dabei immer eine Summe oder eine Differenz.

BEISPIELE

e) $(300 + 3) \cdot 5 = 303 \cdot 5 = 1515$
   und
   $300 \cdot 5 + 3 \cdot 5 = 1500 + 15 = 1515$
   Also gilt: $(300 + 3) \cdot 5 = 300 \cdot 5 + 3 \cdot 5$

f) $(6 + 4) : 2 = 10 : 2 = 5$
   und
   $6 : 2 + 4 : 2 = 3 + 2 = 5$
   Also ist: $(6 + 4) : 2 = 6 : 2 + 4 : 2$

Allgemein gilt: $(a + b) \cdot c = a \cdot c + b \cdot c$ $(a + b) : c = a : c + b : c$
                $(a - b) \cdot c = a \cdot c - b \cdot c$ $(a - b) : c = a : c - b : c$
Das Ergebnis verändert sich durch die Umformungen nicht.

► ÜBEN

1 Rechne geschickt, indem du das Vertauschungsgesetz anwendest.

BEISPIEL: $12 + 5 + 3 + 8 = 12 + 8 + 5 + 3$
$\qquad\qquad\qquad\quad = 20 + 8 = 28$

a) $12 + 49 + 38 + 51$ b) $125 + 810 - 25$
c) $\frac{1}{4} + 1\frac{1}{2} + \frac{3}{4}$ d) $3{,}7 + 45 + 2{,}3$ e) $20 \cdot 3 \cdot 5$
f) $2 \cdot 1522 \cdot 5$ g) $4 \cdot 27 \cdot 5$ h) $20 \cdot 4{,}5 \cdot 5$

2 Rechne geschickt mit dem Verbindungsgesetz.

BEISPIEL: $128 + 77 + 13 = 128 + (77 + 13)$
$\qquad\qquad\qquad\qquad = 128 + 90 = 218$

a) $103 + 89 + 11$ b) $5024 + 654 + 346$
c) $7{,}5 + 9{,}08 + 0{,}92$ d) $\frac{1}{3} + \frac{5}{6} + \frac{1}{6}$
e) $12 \cdot 5 \cdot 2$ f) $13 \cdot 4 \cdot 5$ g) $3{,}5 \cdot 50 \cdot 2$

3 Rechne geschickt mit dem Verteilungsgesetz.
a) $8 \cdot 6 + 12 \cdot 6$ b) $9 \cdot 5 - 3 \cdot 5$ c) $121 \cdot 5$
d) $997 \cdot 14$ e) $125 : 25 + 125 : 25$
f) $660 : 12$ g) $84 : 21 - 63 : 21$

4 Finde für jedes der drei Rechengesetze weitere passende Beispiele.

5 Welche Karten gehören zusammen? Begründe.

$4 \cdot 6 + 3 \cdot 6$	$4 + 3 \cdot 6$	$100 + 95$	$(100 + 1) \cdot 20$
$4 \cdot 6 - 3 \cdot 6$	$49 + 95 + 51$	$4 + 18$	$6 \cdot (4 - 3)$
$100 + 83 + 17$	$6 \cdot 4 + 4 \cdot 4$	$150 : 2$	$(100 - 1) \cdot 20$
$124 : 2 + 26 : 2$	$99 \cdot 20$	$60 : 3$	$(4 + 3) \cdot 6$
$81 : 3 - 21 : 3$	$20 \cdot 101$	$10 \cdot 4$	$100 + 100$

6 Berechne geschickt. Gib das passende Rechengesetz an.
a) $289 + 185 + 11$ b) $47 \cdot 5 \cdot 2$
c) $36 : 6 + 24 : 6$ d) $251 \cdot 3$
e) $(12 + 36) : 4$ f) $128 + 75 - 28$
g) $378 \cdot 11$ h) $43 \cdot 25 \cdot 4$

7 Was hat Mia falsch gemacht? Erkläre und korrigiere, falls notwendig.

a) $589 + 53 + 11$
$= 589 + 11 + 35$
$= 635$ f

b) $45 : 5 \cdot 3$
$= 45 : 3 \cdot 5$
$= 3$ f

c) $8{,}9 + 3{,}5 + 1{,}1$
$= 8{,}9 + 1{,}1 + 3{,}5$
$= 9 + 3{,}5 = 12{,}5$ f

d) $27 \cdot 20 \cdot 50$
$= 27 \cdot 10$
$= 270$ f

e) $99 : 9 - 18 : 9$
$= 99 - 18 : 9$
$= 97$ f

AUFGABE DER WOCHE

Gibt es Wörter, bei denen 80 % und mehr der Buchstaben Vokale (a, e, i, o, u) sind?

8 Rechne geschickt.
a) $13 \cdot (-5) \cdot 20$
b) $67 + 81 + (-67)$
c) $49 : (-7) + 21 : (-7)$
d) $59 \cdot 2 \cdot (-5)$
e) $(-963) + 582 + 418$
f) $3{,}7 + 6{,}4 + 3{,}6$
g) $45{,}7 + 63{,}8 + 36{,}2$
h) $121 : (-11) - 11 : (-11)$

BIST DU FIT?

1. Bei welchem der drei Glücksräder sind die Gewinnchancen am besten? Begründe.

2. Ein normaler Spielwürfel wird geworfen. Wie groß ist die Wahrscheinlichkeit, eine Zahl kleiner als 5 zu erhalten?

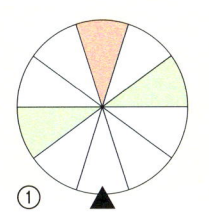

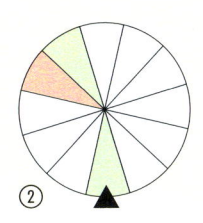

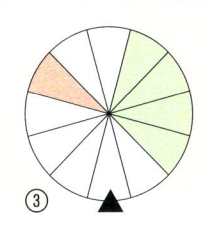

☐ Hauptgewinn   ☐ Kleingewinn   ☐ Niete

Rationale Zahlen

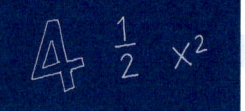

5 Vermischte Aufgaben ▶ ÜBEN

1 Das **Tote Meer** befindet sich im Westen Asiens, nahe der Mittelmeerküste.
Die Wasseroberfläche des Toten Meeres liegt in einer Höhe von –422 Metern. Das Tote Meer ist durchschnittlich 120 Meter tief, an der tiefsten Stelle 380 Meter. Wie tief unter dem Meeresspiegel liegt der tiefste Punkt des Toten Meeres?

Dank des extrem hohen Salzgehaltes geht man im Toten Meer praktisch nicht unter.

2 Entnimm der folgenden Karte alle Höhenangaben. Ordne sie der Größe nach.

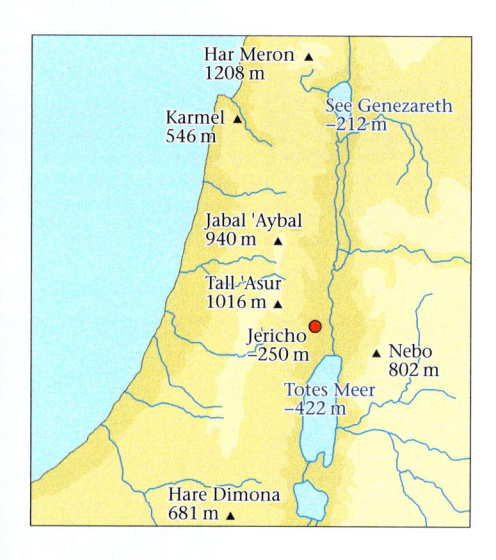

Har Meron ▲ 1208 m
Karmel ▲ 546 m
See Genezareth –212 m
Jabal 'Aybal 940 m ▲
Tall 'Asur 1016 m ▲
Jericho –250 m
Nebo ▲ 802 m
Totes Meer –422 m
Hare Dimona 681 m ▲

3 Höhenunterschiede
a) Wie groß ist der Höhenunterschied zwischen dem Toten Meer und dem Berg Nebo?
b) Wie groß ist der Höhenunterschied zwischen dem Toten Meer und der Stadt Jericho?
c) Finde den größten Höhenunterschied in der Karte.
d) Stellt euch gegenseitig weitere Aufgaben zur Karte.

4 Vervollständige die Zauberquadrate im Heft.

–8		
	–5	–7
		–2

0,3	0,1	0,2
–0,2		

–1,9		–1,4
	–1,6	
	–1,8	

–1,8		
–1,3	–1,5	
		–1,2

5 Ein Produkt aus drei Faktoren ist positiv. Wie viele der Faktoren können negativ sein?

6 Rechenkreis
a) Wähle die Startzahl –4. Durchlaufe den Rechenkreis einmal (zweimal). Vergleiche die Ergebnisse.
b) Wie oft musst du den Rechenkreis durchlaufen, um eine Zahl größer als 20 zu erhalten?

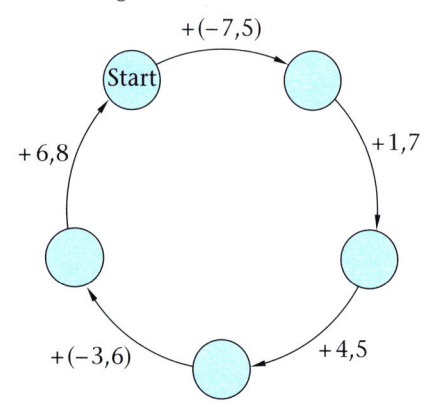

Start → +(–7,5) → +1,7 → +4,5 → +(–3,6) → +6,8 → Start

7 Fülle den Rechenbaum im Heft aus.

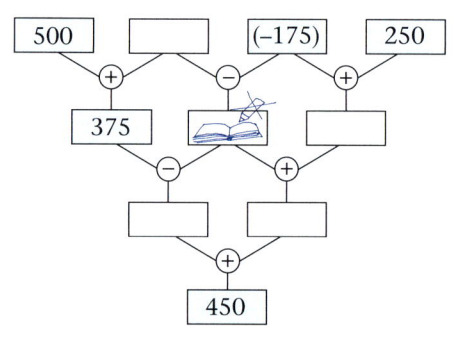

500   □   (–175)   250
  +   –   +
 375   □   □
       –   +
       □   □
            +
           450

8 Welche Zahl hat der Tausendfüßer im Kopf?
a) Subtrahiere von –8 jeweils –4.
b) Subtrahiere von –2,5 jeweils 0,4.

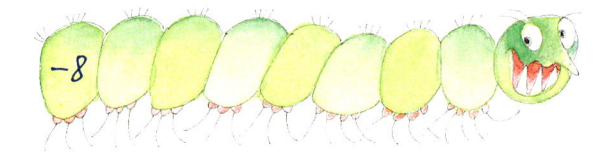

–8

9 In der folgenden Tabelle sind die Temperaturen an fünf Wintertagen dargestellt.

	15. Januar	16. Januar	17. Januar	18. Januar	19. Januar
7 Uhr	−21 °C	−19 °C	−15 °C	−20 °C	−28 °C
14 Uhr	−12 °C	−11 °C	−10 °C	−15 °C	−17 °C
21 Uhr	−15 °C	−8 °C	−14 °C	−17 °C	−18 °C
24 Uhr	−17 °C	−12 °C	−18 °C	−24 °C	−22 °C

INFO
Ermittlung der Tagesdurchschnittstemperatur:
1. Addiere die Messwerte von 7 Uhr, 14 Uhr und 21 Uhr, wobei der Messwert von 21 Uhr doppelt berücksichtigt wird.
2. Teile das Ergebnis aus 1. durch 4.

a) Beschreibe den Temperaturverlauf.
b) Vergleiche die Temperaturen. Zu welcher Tageszeit ist es jeweils am kältesten?
c) Berechne die Tagesdurchschnittstemperaturen für jeden der fünf Tage.

10 Für New York in Nordamerika verkündet der Wetterbericht 20 Grad Fahrenheit, für Florida 70 Grad Fahrenheit. Brauchst du in New York eine Mütze? Kannst du in Florida baden? Um solche Temperaturangaben in Grad Celsius umzurechnen, musst du …
• zuerst 32 subtrahieren und   • dann mit $\frac{5}{9}$ multiplizieren.

11 Ergänze die Tabelle im Heft. Beachte Aufgabe 10.

Grad Fahrenheit	68 °F	140 °F	0 °F	100 °F	−10 °F	… °F	… °F	… °F
Grad Celsius	… °C	… °C	… °C	… °C	… °C	0 °C	−10 °C	−100 °C

12 Überschlage und berechne.
a) (−2,41) · 30,95   b) 276,4 + (−215,92)   c) (−5,23) · 1,41   d) 0,68 − (−1,832)

13 Rechne geschickt.
a) 7 · (−4) · 2,5   b) (−8) · 9 · 1,25   c) 0,5 · (−7) · (−60)   d) (−40) · (−0,6) · 5

14
a) Zeichne die folgenden Punkte in ein Koordinatensystem.
   A(−5|1,5)   B(−1,5|−4)   C(1,5|3)   D(5,5|3)   E(2,5|0)   F(1|−1,5)
b) Vier Punkte liegen auf einer Geraden. Zeichne diese Gerade g ein.
c) Zeichne durch die beiden übrigen Punkte die zu g senkrechten Geraden h und i. In welchem Punkt schneiden sich g und h (g und i)? Gib die Koordinaten an.

15 Das Spiel „Die rettende 100"
• Würfelt reihum mit drei Würfeln. Gebt allen geraden Zahlen ein positives Vorzeichen und allen ungeraden Zahlen ein negatives Vorzeichen.
• Multipliziere deine gewürfelten Zahlen miteinander. Das Ergebnis sind deine Punkte für diese Spielrunde. Addiere die Punktzahl zu deinem bisherigen Punktestand.
• Wer zuerst 100 und mehr oder −100 und weniger Punkte erreicht, ist Sieger.

16 Setze in die Figur Zahlen so ein, dass ihre Summen entlang der Dreiecksseiten gleich sind. Was beobachtest du, wenn du zwei dieser Dreiecke „addierst" (voneinander „subtrahierst")?

17 Berechne die neuen Kontostände.
a) alter Saldo: +250,90 €; Abhebung: −200 €; Einzahlung: +388,50 €; Überweisung: −429,90 €
b) alter Saldo: +1531,66 €; Abbuchung: −2190 €; Überweisung: +765,92 €; Überweisung: −18,50 €

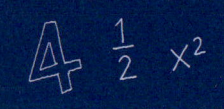

▶ MATHEMEISTERSCHAFT

1 Berechne im Kopf. *(4 Punkte)*
a) 24 + (−15)   b) (−45) − 36   c) 77 − (−102)   d) (−98) − (−112)

2 Berechne im Kopf. *(4 Punkte)*
a) 3 · (−10)   b) (−11) · (−6)   c) 75 : (−5)   d) (−125) : 25

3 Finde passende Zahlen für *x*. *(3 Punkte)*
a) $x + (-7) = 15$ b) $84 - x = (-4)$ c) $8 \cdot x = (-64)$

4 Setze die Reihe links um drei Aufgaben nach unten fort. *(3 Punkte)*

3 · 8 = 24
2 · 8 = 16
1 · 8 = 8
0 · 8 = 0
...

5 Ergänze die folgende Tabelle im Heft. *(4 Punkte)*

x	y	x + y	x − y	x · y
0,75		−3,5		
	−15		−4	

6 Ergänze die folgende Tabelle im Heft. *(4 Punkte)*

Alter Kontostand	Buchung	Neuer Kontostand
−169,00 € (Soll)		−325,00 € (Soll)
	Gutschrift von 150,00 €	60,00 € (Haben)
	Rechnung über 74,90 €	−49,90 € (Soll)

7 Figuren im Koordinatensystem
a) Zeichne ein Koordinatensystem (1 Einheit = 1 cm; Achsen von −5 bis +5). *(2 Punkte)*
b) Trage die Punkte *A* (−2|3); *B* (−2|−3) und *C* (3|3) ein. *(1 Punkt)*
c) Gib an, in welchen Quadranten die Punkte liegen. *(1 Punkt)*
d) Verbinde die Punkte zu einem Dreieck *ABC*. Berechne Flächeninhalt und Umfang des Dreiecks. *(4 Punkte)*

8 Berechne sinnvoll. Gib an, welche Rechengesetze du verwendest. *(4 Punkte)*
a) 207 + 53 + 147   b) 4 · 17 · 25   c) 4,1 + 2,5 + 1,9   d) 1,7 · 2,5 · 4

9 In Europa gibt es Land, das unterhalb des Meeresspiegels liegt. Es ist durch Deiche gesichert.
- Der niedrigste Landpunkt der Niederlanden liegt bei −6,6 m NN.
- Der tiefste Landpunkt Deutschlands liegt bei Neuendorf-Sachsenbande (−3,5 m NN).

Gib an, wie groß der Höhenunterschied zwischen beiden Orten ist. *(3 Punkte)*

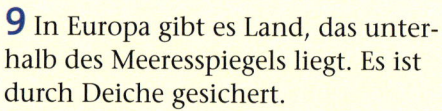

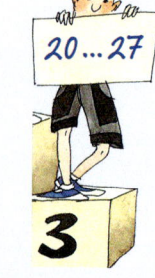

10 Dividiere das Produkt der Zahlen 8 und −9 durch die Summe der Zahlen 16 und −4. *(3 Punkte)*

Berufsbild Anlagenmechaniker/-in ▶ THEMA

Einige Schülerinnen und Schüler möchten später einen Beruf ausüben, der sich mit Energie beschäftigt. Deshalb besuchen Aspasia und Jannik einen Heizungsbaubetrieb. Sie stellen dem Inhaber, Herrn Klein (38 Jahre), einige Fragen zu seinem Beruf: Anlagenmechaniker für Sanitär-, Heizungs- und Klimatechnik.

Welche Arbeiten führt ein Anlagenmechaniker für Sanitär-, Heizungs- und Klimatechnik aus?
Herr Klein: Ich plane und installiere Wasser- und Luftversorgungssysteme, baue Badewannen, Duschkabinen und sonstige Sanitäranlagen ein, stelle Heizkessel auf und nehme sie in Betrieb oder ich installiere Solaranlagen zur Wassererwärmung. Schließlich warte ich die Anlagen und setze sie instand. Darüber hinaus berate ich Kunden, bearbeite Aufträge, übergebe Anlagen und erkläre sie den Kunden.

Wie lange dauert die Ausbildung?
Die Ausbildung dauert dreieinhalb Jahre. Mein jetziger Azubi hat ein oder zwei Tage pro Woche Berufsschule, den Rest der Zeit ist er bei mir im Betrieb.

Welche Voraussetzungen fordert die Ausbildung?
Die meisten Betriebe verlangen den Mittleren Schulabschluss. Man sollte technisch interessiert und handwerklich geschickt sein.

Was mögen Sie an Ihrem Beruf besonders?
Es ist sehr interessant, die technische Entwicklung zu verfolgen. Wer hätte vor 15 Jahren gedacht, dass man heute mit Erdwärme heizen kann? Vor zwei Jahren habe ich mich zum Brunnenbaumeister weitergebildet und darf nun selbst die Erdbohrungen für Erdwärmeheizungen durchführen. Die funktionieren wie ein umgekehrter Kühlschrank: Dem Erdreich und dem Grundwasser wird Wärme entzogen, die dann über Heizkörper an die Wohnräume abgegeben wird.

Herr Klein, vielen Dank für das Gespräch.

Auf der Baustelle: Die Bohrung für eine Erdwärmeheizung soll fertiggestellt werden.

1 Die Tabelle zeigt die Energiekosten für verschiedene Heizungsarten.
a) Vergleiche die jährlichen Energiekosten von Erdwärme mit anderen Heizungsarten. Gib die Unterschiede auch in Prozent an.
b) Eine neue Erdwärmeheizung kostet rund 30 000 €. Eine Gasheizung mit vergleichbarer Leistung kostet rund 20 000 €. Lohnt sich der Kauf einer Erdwärmeheizung?

Heizungsart	Heizkosten pro Jahr (Neubau)
Erdöl	1333 €
Erdgas	1424 €
Holzpellets	823 €
Wärmepumpe (Erdwärme)	735 €
Wärmepumpe (Luftwärme)	637 €

2 Im letzten Jahr hat Herr Klein insgesamt vier Öl- und acht Gasheizungen installiert. Er berichtet dass sich mittlerweile 65 bis 70 Prozent seiner Heizungskunden für eine Erdwärmeanlage entscheiden. Andere Heizungsanlagen hat er gar nicht installiert. Wie viele Erdwärmeheizungen hat Herr Klein im letzten Jahr etwa installiert?

3 Stelle Vor- und Nachteile einer Erdwärmeheizung für mögliche Kunden zusammen.

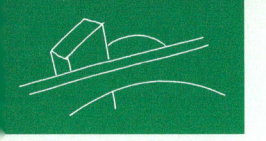

Körper darstellen

Flakons – schöne Behältnisse für flüchtige Substanzen

Vom Fänger der Düfte
Von Parfüm versteht der Bildhauer Serge Mansau nur so viel: Dass die flüchtige Substanz ein schönes Behältnis braucht. Zu Besuch bei einem Meister der Flakons.

Glas: Mixtur aus Sand, Soda, Kalk. Spricht Serge darüber, glättet sich die Knitterhaut um die Augen. „Es fängt Licht. Wie Wasser in des Malers Palette." Was kann es alles sein: dick, dünn, klar, opak, durchfärbt in rot, gelb, grün, blau, es kann aussehen wie Porzellan, wie Spitze oder Meeresschaum, es lässt sich überfangen von Kupfer und Gold, verbindet sich ganz natürlich mit so schönen Dingen wie Emaillefarbe, Haifischleder oder geflochtenem Stroh. Kein Material eignet sich besser, Duftwässer und Salböle zu verwahren. Seit Jahrhunderten benutzen es die Menschen dafür. Im Laufe der Zeit werden die Gefäße zu Schönheiten, zur Herausforderung für Künstler und Alchimisten.

Worte? Der Bildhauer greift lieber zum Stift. Ein Schwung: der Flakon. Achse durch, Stöpsel drauf, in Form einer kleinen Hand. „Bumm, fertig! Es ist, wie sich verlieben, ein Blitzschlag." Die Geburt des Flakons, der Rest ist Alltag. Serge ändert hier einen Winkel, da einen Lichtreflex, modelliert in Plexiglas und Kunstharz, legt das Modell den Auftraggebern vor.

Manches seiner Werke wird fortdauern. „Flower" – nicht ein Flakon sondern gleich drei, zusammen ein zerfledderter Strauß, wie ihn die Kinderhand der Mutter bringt, ein Klatschmohnstrauß. Schließlich „Eau de Merveilles": ein kugelförmiger Sternenspiegel, ein Raumschiff in orangefarbenem Schimmer. Dank zweier Standflächen ein Spielzeug zum Wippen. Auf seine flache Rückseite gelegt, wird der Flakon zum Schneeglas.

Quelle: Financial Times Deutschland, 6. Dezember 2006, Autor: Lorenz Wagner (gekürzt)

Die folgenden Entwürfe stammen vom Designer *Lutz Herrmann*. Sie wurden für Adidas und David Beckham angefertigt. Lutz Herrmann gestaltet nicht nur Flakons, sondern auch Kartonverpackungen für die Kosmetikindustrie. Damit Flakon und Verpackung optimal zum Duft passen, werden verschiedene Formen entworfen: per Hand oder am Computer.

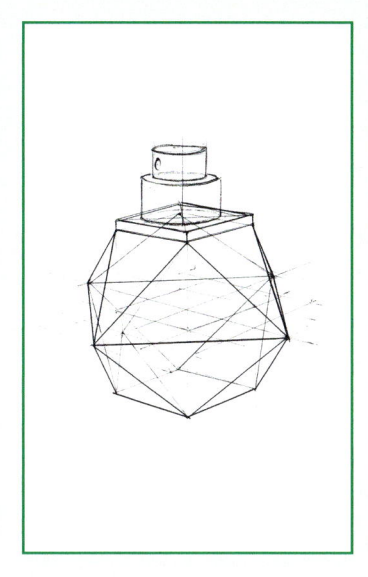

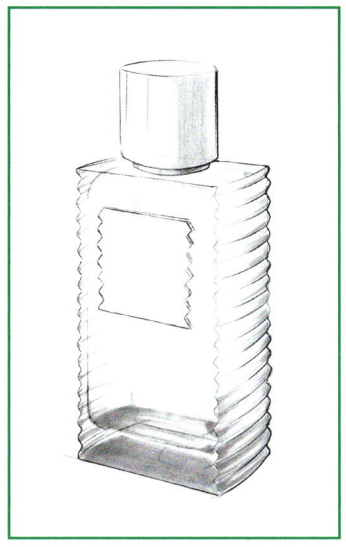

Das Bild unten links zeigt eine Konstruktionszeichnung des Designers *Peter Schmidt* von 1982. Der Flakon für Jil Sander, No. 4, ist heute Teil der Sammlung des Museum of Modern Art in New York. Die Zeichnungen in der Mitte und rechts unten zeigen den Flakon Comma,-Fragrance (2004). Sie wurden am Computer erstellt. Peter Schmidt entwirft auch Logos und Verpackungen.

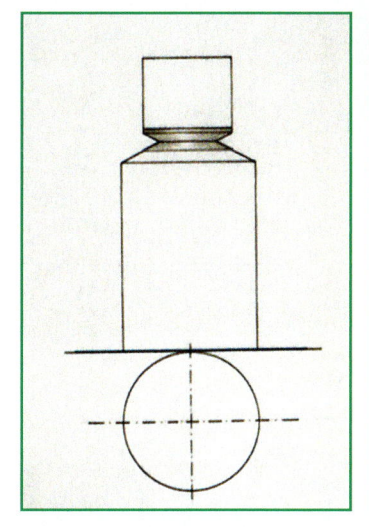

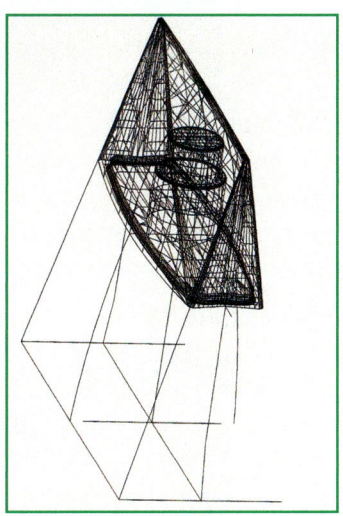

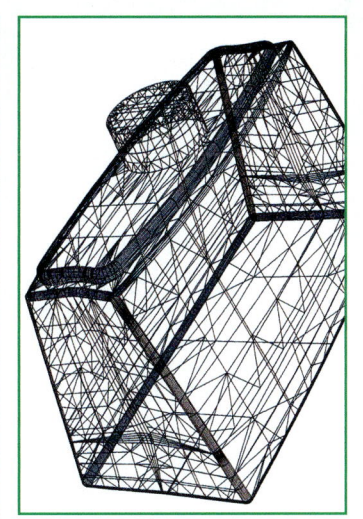

Körper darstellen ▶ ERFORSCHEN

1 Die Schülerinnen und Schüler der Klasse 10 wollen eigene Parfümflakons entwerfen. Sie haben zunächst **Freihandskizzen** zu ihren Flakonentwürfen angefertigt.

a) Welche Form gefällt dir am besten? Warum?
b) Skizziert selbst Flakons und stellt sie euch gegenseitig in der Klasse vor.

2 Nun wollen die Schülerinnen und Schüler eigene **Modelle bauen**, z. B. durch …
- Falten von Papier,
- Zuschneiden und Modellieren von Blumensteckmasse oder Styropor,
- Zuschneiden von Plexiglas, • Modellieren und Brennen von Ton,
- Formen von Knetmasse, • Steckmodelle.

3 Skizziere den gezeigten Flakon und die drei beschriebenen Flakons freihand.

Anne zeigt ihr Modell

Mein Flakon hat die Form eines Sechseckprismas. Der Zerstäuber ist anders gefärbt.

Christian

Zwei halbierte Zylinder, die an der Schnittfläche versetzt zusammengefügt sind. Darauf ein zylindrischer Zerstäuber.

Eine Halbkugel mit aufgesetztem Kegel, der oben einen Zerstäuber enthält. Die Halbkugel ist unten abgeflacht, damit der Flakon gut steht.

Biggi

Zwei zusammengesetzte Pyramiden unterschiedlicher Höhe. Die obere ist abgeschnitten, darauf sitzt ein zylindrischer Zerstäuber.

Sven

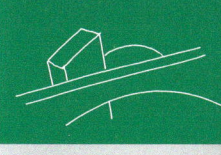

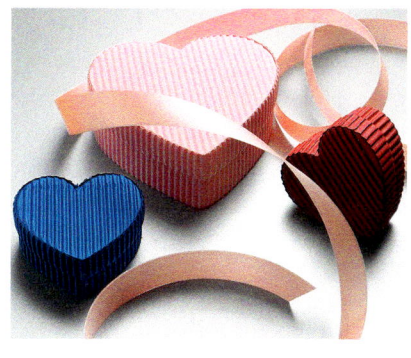

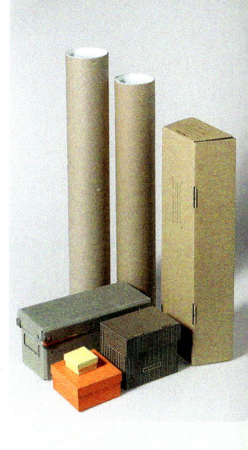

4 Verpackungen
a) Beschreibe die Formen auf den Bildern. Versuche, ihnen die Namen mathematischer Körper zuzuordnen.
b) Nenne Gründe, warum die Formen und Materialien für die Verpackungen bzw. Behälter ausgewählt wurden.

5 Vervollständige die Tabelle im Heft.

Körper	Form der Grundfläche	Gerader oder spitzer Körper?	Anzahl der Ecken	Anzahl der Kanten	Anzahl der Seitenflächen
Würfel					
Quader					
quadratische Pyramide					
Zylinder					
Kegel					
Sechseckprisma					
Dreieckspyramide					

6 Netze von Körpern
a) Kann man aus den folgenden Figuren Körper basteln? Begründe.
b) Baue solche Körper vergrößert nach. Überlege dir dazu, wo du Klebeflächen anbringen musst. Überlege dir auch geeignete Größen.

① ② 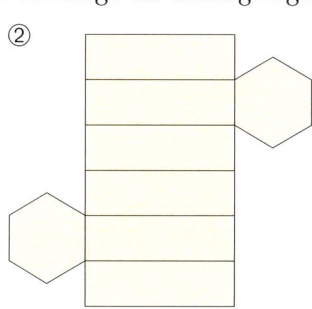 ③ 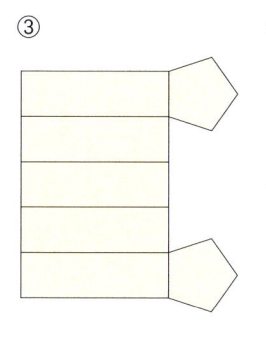 ④

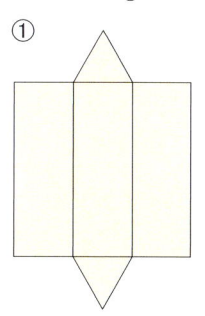

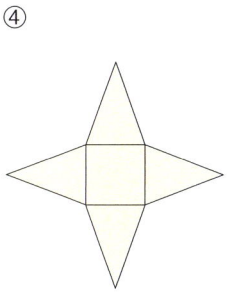

Körper darstellen

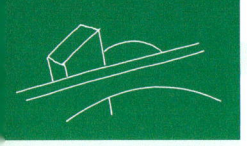

1 Netze von Körpern ▶ WISSEN

Wenn du bei der Schachtel rechts vorsichtig alle geklebten Verbindungen löst und sie eben ausbreitest, erhältst du eine Figur wie ①.
Die grauen Teile dienen als Klebeflächen oder als Steckverbindungen. Wenn du sie entfernst, erhältst du ein Netz der Schachtel (Bild ②).

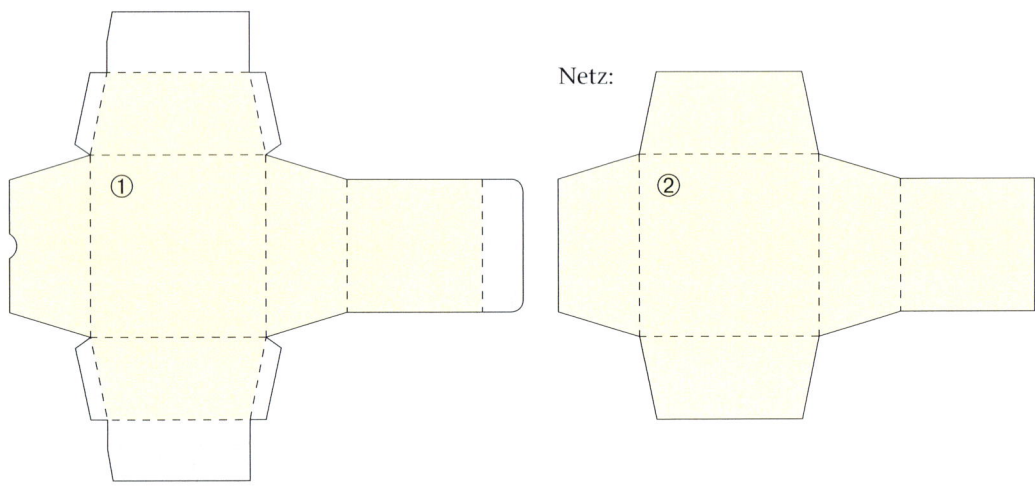

Netz:

Abwicklung: Schneidet man das Papiermodell (Oberflächenmodell) eines mathematischen Körpers an genügend vielen Kanten passend auseinander, dann kann man es eben ausbreiten. Durch eine Abwicklung erhält man ein **Netz** eines Körpers.

▶ ÜBEN

1 Würfelnetze
a) Zeichne verschiedene Netze eines Würfels mit der Kantenlänge $a = 2$ cm. Wie viele Lösungen findest du?
b) Zeichne ein Netz des Quaders mit den Maßen $a = 4$ cm; $b = 3$ cm und $c = 2$ cm.
c) Zeichne ein Netz einer Säule mit quadratischer Grundfläche ($a = 3$ cm; $h = 5$ cm).

2 An welchen Kanten wurde der Würfel aufgeschnitten? Schreibe sie auf.

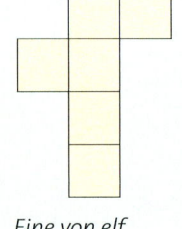

Eine von elf Grundformen von Würfelnetzen

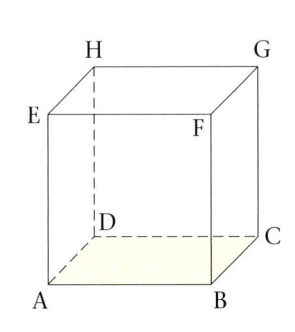

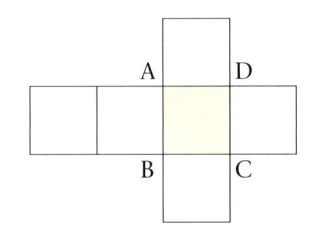

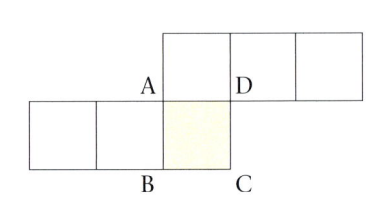

3 Die folgenden Netze von Würfeln sind unvollständig. Ergänze sie auf Karopapier zu vollständigen Netzen. Gibt es jeweils mehrere Lösungen?

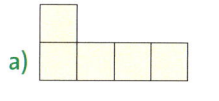

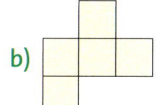

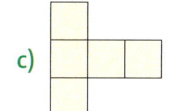

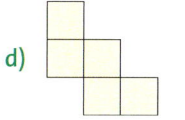

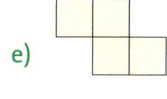

a)   b)   c)   d)   e)

4 Ein Quader hat ein Volumen von 24 cm³. Zeichne für diesen Körper ein passendes Netz. (TIPP: Die Formel für das Volumen eines Quaders ist $V = a \cdot b \cdot c$.)

5 Ein Prisma?
a) Begründe, warum das Bild rechts nicht das vollständige Netz eines Prismas mit einem Dreieck als Grundfläche zeigt. Beachte die Randspalte.
b) Beschreibe die Körperform, die man aus dem Netz tatsächlich falten kann.
c) Skizziere ein Netz eines Prismas mit einem Dreieck als Grundfläche.

INFO
Ein **Prisma** hat ein Dreieck, Viereck, Fünfeck … als Grund- und Deckfläche.
Grund- und Deckfläche sind zueinander kongruent und parallel.
Der Mantel eines Prismas besteht aus Rechtecken.

6 Zeichne jeweils ein Netz des Prismas.
a) Grundfläche rechtwinkliges Dreieck mit $a = 3$ cm; $b = 4$ cm; $c = 5$ cm; Körperhöhe 6 cm
b) Grundfläche gleichschenkliges Trapez mit $a = 6$ cm; $b = 3{,}5$ cm; $h = 3$ cm; Körperhöhe 5 cm

7 Tahira hat versucht, ein Netz eines Zylinders zu zeichnen (Bild rechts). Finde den Fehler, den sie dabei gemacht hat.

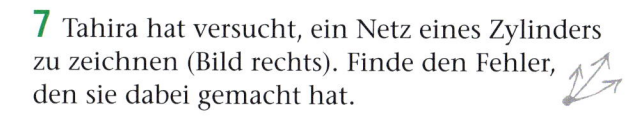

8 Zeichne ein Netz des Zylinders mit dem Radius $r = 2$ cm und der Höhe $h = 4$ cm.

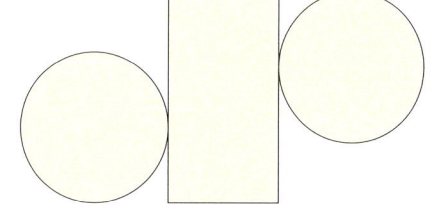

9 Skizziere ein Netz eines Prismas. Markiere die folgenden Teile farbig und beschrifte sie:
- Grundfläche G,
- Deckfläche,
- Mantelfläche M,
- Körperhöhe h.

10 Skizziere ein Netz eines Zylinders. Markiere die folgenden Teile farbig und beschrifte sie:
- Grundfläche G,
- Deckfläche,
- Durchmesser d,
- Mantelfläche M,
- Körperhöhe h.

11 Aus der folgenden Figur kannst du eine Schachtel falten.

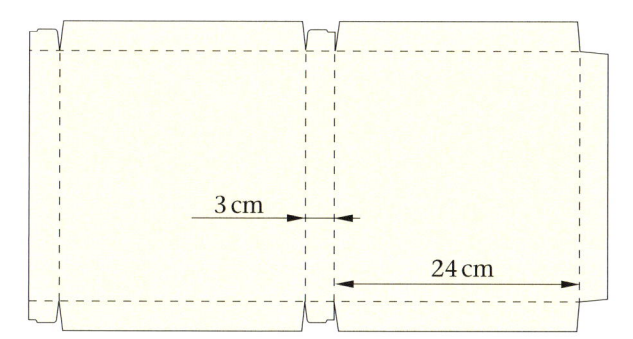

3 cm
24 cm

a) Beschreibe, wie die Schachtel aussieht. Überlege, was du darin verpacken kannst.
b) Skizziere die Figur auf Karopapier. Markiere die Flächen farbig, die an der zusammengefalteten Schachtel von außen sichtbar sind.

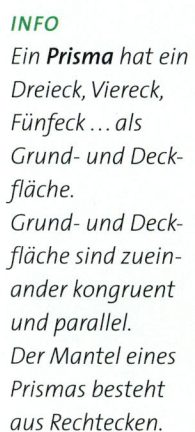

Körper darstellen

2 Netze von Pyramiden ▶ WISSEN

Pyramiden sind Körper mit einem Dreieck, Viereck, Fünfeck, Sechseck … als **Grundfläche**.
Alle **Seitenflächen** sind Dreiecke.
Die Seitenflächen treffen sich in der **Spitze** der Pyramide.

Grundformen der Netze von Pyramiden:

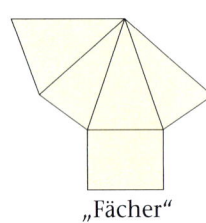

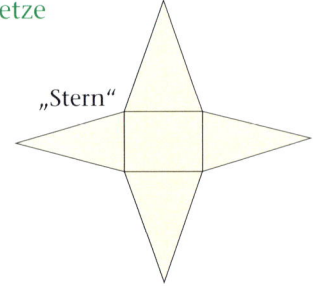

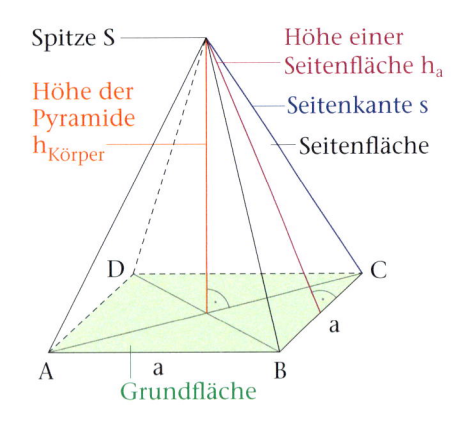

„Fächer"   „Stern"

Spitze S — Höhe einer Seitenfläche h_a
Höhe der Pyramide $h_{Körper}$ — Seitenkante s — Seitenfläche — Grundfläche

▶ **ÜBEN**

1 Hier sind zwei Pyramiden im Schrägbild und ihre verkleinerten Netze abgebildet.
a) Ermittle jeweils die Anzahl der Ecken, Kanten und Seitenflächen der Pyramide.
b) Erkläre, welche Maße du zum Zeichnen der Netze in Originalgröße brauchst.

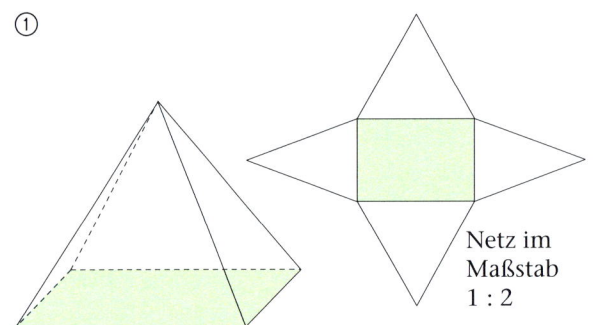

① Netz im Maßstab 1 : 2

② Netz im Maßstab 1 : 2

AUFGABE DER WOCHE
Wie viel Prozent sind die drei höchsten Gebäude der Welt höher als das Haus, in dem du wohnst?

2 Zeichne die folgenden Netze ab und fertige daraus Pyramiden.
Beachte, dass du dazu jeweils Klebeflächen ergänzen musst.

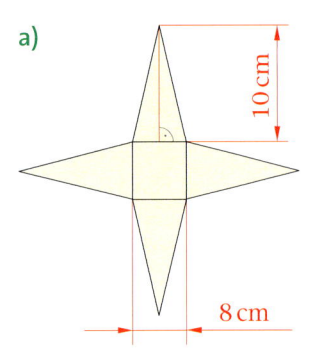

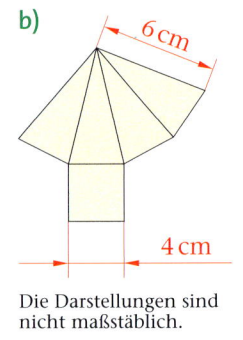

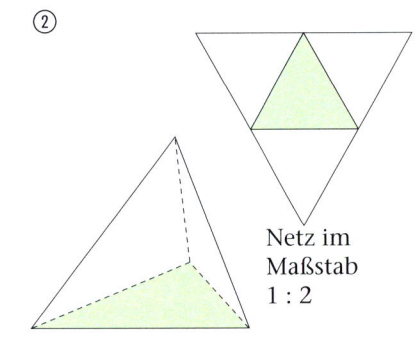

a) 10 cm; 8 cm
b) 6 cm; 4 cm
Die Darstellungen sind nicht maßstäblich.

3 Zeichne jeweils ein Netz der quadratischen Pyramide.
a) $a = 4$ cm; $h_a = 8$ cm
b) $a = 3$ cm; $s = 5$ cm
c) $h_a = 6$ cm; $s = 7$ cm

4 Zeichne ein Netz einer quadratischen Pyramide mit $s = 6$ cm. Ihre Grundfläche soll 16 cm² groß sein.

5 Zeichne ein Netz der Pyramide, die ein Rechteck als Grundfläche ($a = 4$ cm; $b = 2$ cm) und die Kantenlänge $s = 8$ cm hat.

3 Netze von Kegeln ▶ WISSEN

Ein Kegel ist ein Körper mit einem Kreis als **Grundfläche**. Die **Mantelfläche** eines Kegels ist gekrümmt.

Das Netz eines Kegels besteht aus einem Kreis und einem Teil eines Kreises (Kreisausschnitt mit dem Mittelpunktswinkel α). Beide berühren sich an einer Stelle.

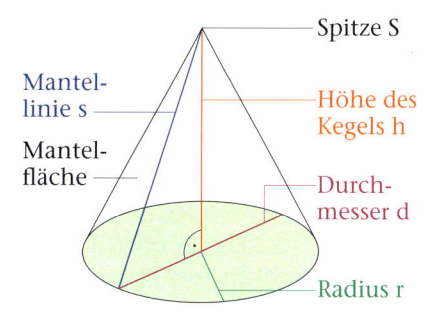

Bei einem geraden Kegel steht die Höhe des Kegels senkrecht auf der Grundfläche. Die Spitze liegt genau über dem Mittelpunkt der Grundfläche.

BEISPIEL: Konstruiere ein Netz eines Kegels mit $r = 0{,}6$ cm; $s = 2{,}5$ cm und $α = 86°$.

1. Zeichne einen Kreis mit dem Radius $r = 0{,}6$ cm.

2. Verlängere den Radius um die Länge von s. Du erhältst so die Spitze des Kegels. Zeichne um sie einen Kreisbogen mit dem Radius $s = 2{,}5$ cm.

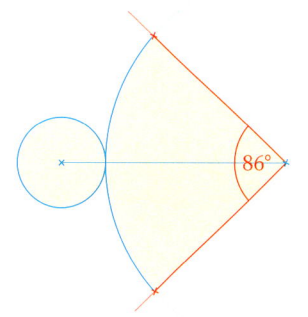

3. Trage den Mittelpunktswinkel α an der Spitze des Kegels an, sodass die Schenkel des Winkels den Kreis aus 2. schneiden. Radiere nicht benötigte Teile weg.

BEACHTE
Umfang Grundfläche = Länge des Kreisbogens am Mantel

▶ ÜBEN

1 Zeichne Netze der Kegel mit den angegebenen Maßen.

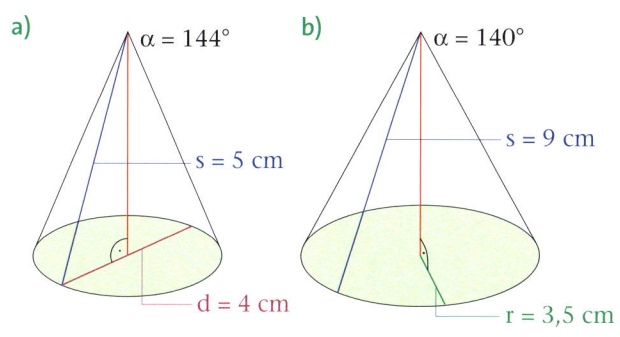

a) $α = 144°$; $s = 5$ cm; $d = 4$ cm
b) $α = 140°$; $s = 9$ cm; $r = 3{,}5$ cm

2 Zeichne Netze der Kegel.
a) $r = 2$ cm; $s = 6$ cm; $α = 120°$
b) $r = 3{,}5$ cm; $s = 4$ cm; $α = 315°$

3 Forme unten offene Kegel aus Papier. Beschreibe, wie der Mittelpunktswinkel α die Kegelform beeinflusst.

4 Kann man ein Netz eines Kegels zeichnen, wenn nur der Radius und die Höhe des Kegels gegeben sind?

5 Zeichne Netze der Kegel.
a) $r = 1$ cm; $s = 4$ cm; $α = 90°$
b) $r = 2$ cm; $s = 4$ cm; $α = 180°$
c) $r = 3$ cm; $s = 4$ cm; $α = 270°$
d) Was fällt dir auf? Formuliere einen Satz: „Wenn …

Körper darstellen

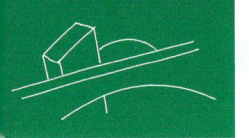

4 Schrägbilder von Würfeln und Quadern ▶ WISSEN

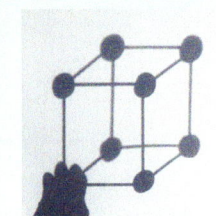

Wenn du ein Kantenmodell eines Körpers ins Licht hältst, siehst du Schattenbilder des Körpers. Je nach Position zur Lichtquelle verändert sich das Schattenbild.
Die Schrägbilder von Körpern in der Mathematik erinnern an solche Schattenbilder.

> Für **Schrägbilder** von Körpern gilt:
> 1. Schräg nach hinten verlaufende Kanten werden verkürzt dargestellt
>   (**Verkürzungsverhältnis** q; meist wird $q = \frac{1}{2}$ verwendet).
> 2. Nach hinten verlaufende Kanten werden mit einem **Verzerrungswinkel** α
>   dargestellt (meist wird α = 45° verwendet).
> 3. Verdeckte Kanten werden gestrichelt.

BEISPIEL: **Quader** im Schrägbild zeichnen

1. Vorderseite zeichnen (in Originalgröße).
2. Hilfslinien für die schrägen Kanten im Verzerrungswinkel (45°) anzeichnen. 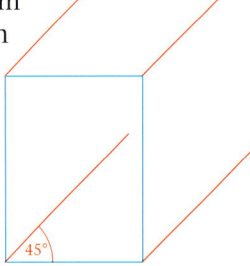
3. Auf den Hilfslinien aus 2. die schrägen Kanten verkürzt abtragen. 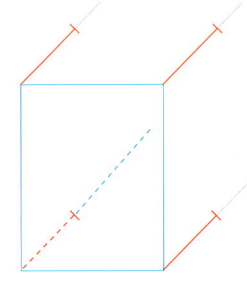
4. Nun die Rückseite zeichnen. Alle verdeckten Kanten gestrichelt zeichnen. 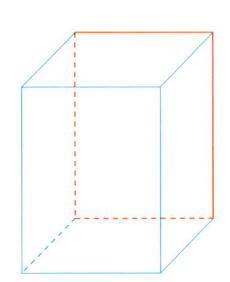

▶ **ÜBEN**

1 Zeichne die Schrägbilder auf Karopapier nach.

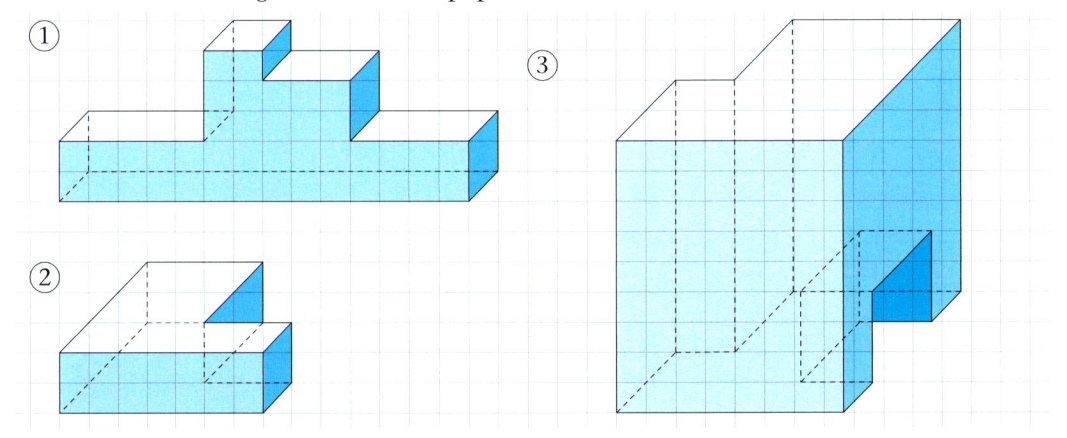

2 Zeichne Schrägbilder.
a) Würfel mit $a = 3\,\text{cm}$
b) Quader mit $a = 3\,\text{cm}$; $b = 4\,\text{cm}$; $c = 5\,\text{cm}$
c) Quader mit quadratischer Grundfläche ($a = 5\,\text{cm}$); Körperhöhe 3 cm

3 Zeichne Schrägbilder des Quaders mit den Maßen $a = 4\,\text{cm}$; $b = 5\,\text{cm}$; $c = 7\,\text{cm}$ auf …
a) seiner kleinsten Seitenfläche stehend,
b) seiner größten Seitenfläche stehend.
c) Prüfe, ob es eine dritte Möglichkeit gibt, den Quader im Schrägbild zu zeichnen.

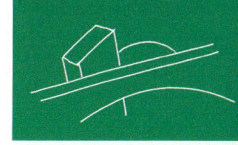

5 Schrägbilder von Prismen und Pyramiden ▶ WISSEN

BEISPIEL a): Ein **Prisma** im Schrägbild zeichnen
(Grundfläche $a = 1{,}5$ cm; $b = 2$ cm; $c = 2{,}5$ cm; $h_{\text{Körper}} = 2$ cm).

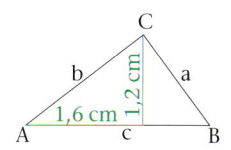

Vorbereitung: Dreieck ABC mit der Höhe h_c zeichnen. Dann h_c und ihren Abstand von A messen.

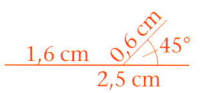

1. Seite c zeichnen, im Abstand von 1,6 cm von links die Höhe h_c antragen:
   - im Winkel von 45°;
   - auf die Hälfte (0,6 cm) verkürzt.

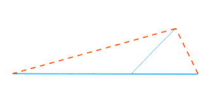

2. Die Grundfläche vervollständigen.

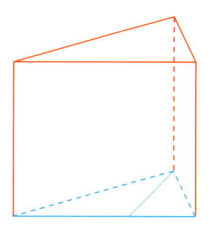

3. In den Eckpunkten jeweils die Höhe des Prismas in Originallänge antragen. Die Deckfläche zeichnen.

BEISPIEL b): Ein **Trapezprisma** auf verschiedene Weise im Schrägbild zeichnen. Seine Grundfläche ist ein gleichschenkliges Trapez mit den Maßen $a = 2$ cm; $c = 1$ cm und $h = 1{,}6$ cm. Die Körperhöhe misst 3 cm.

Es gibt verschiedene Möglichkeiten, ein solches Prisma zu zeichnen:

1. Möglichkeit:

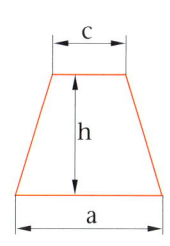

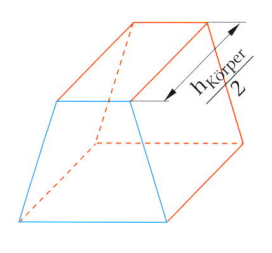

2. Möglichkeit:

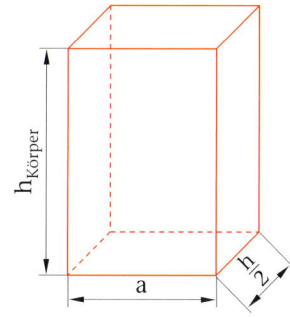

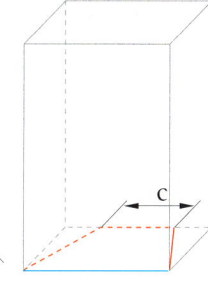

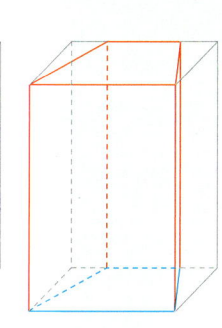

BEISPIEL c): Eine **Pyramide** im Schrägbild zeichnen
(quadratische Grundfläche $a = 24$ mm; $h_{\text{Körper}} = 40$ mm)

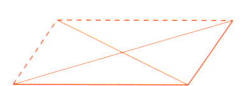

1. Als Grundfläche ein passendes Quadrat mit Diagonalen zeichnen.

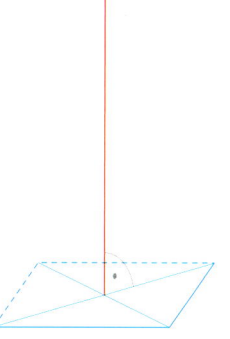

2. Eine Senkrechte im Schnittpunkt der Diagonalen zeichnen. Daran die Höhe abtragen.

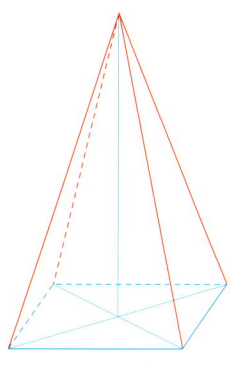

3. Die Spitze der Pyramide mit den Eckpunkten der Grundfläche verbinden.

Körper darstellen

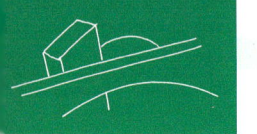

▶ **ÜBEN**

1 Nachzeichnen
a) Zeichne die Schrägbilder auf Karopapier nach.

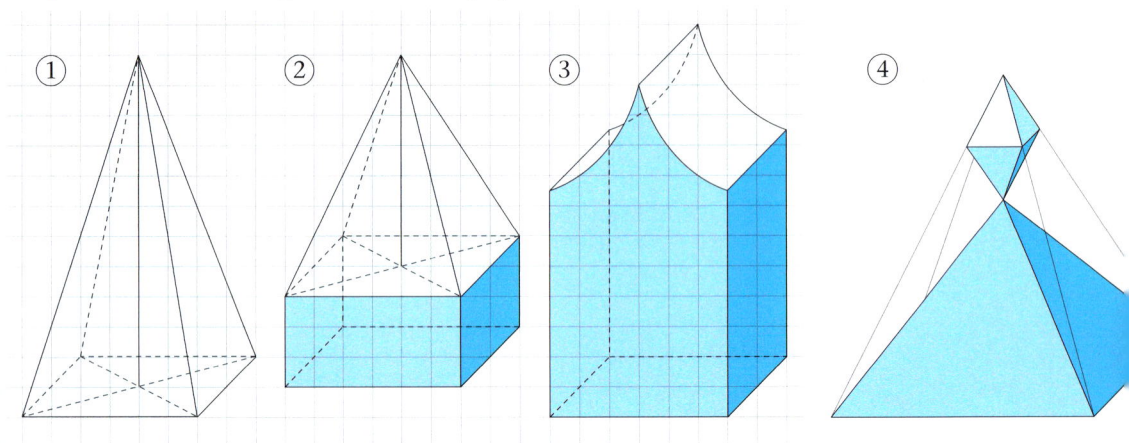

① ② ③ ④

b) Ein Karokästchen entspricht 5 mm. Versuche, damit möglichst viele Maße der dargestellten Körper anzugeben.

2 Zeichne Prismen mit der Körperhöhe 5 cm, die auf einer Seitenfläche liegen.
TIPP: Nutze die 1. Möglichkeit aus Beispiel b) auf Seite 131.
a) Grundfläche gleichschenkliges Trapez: $a = 3\,\text{cm}$; $c = 2\,\text{cm}$; $h_{\text{Trapez}} = 5\,\text{cm}$
b) Grundfläche Dreieck: $a = 4\,\text{cm}$; $b = 3\,\text{cm}$; $c = 2{,}5\,\text{cm}$
c) Grundfläche rechtwinkliges Dreieck: $a = 40\,\text{mm}$; $b = 30\,\text{mm}$; $\gamma = 90°$
d) Grundfläche gleichschenkliges Dreieck: $a = b = 0{,}75\,\text{dm}$; $\gamma = 90°$
e) Grundfläche gleichseitiges Dreieck: $a = 3\,\text{cm}$

3 Körper im Alltag
a) Beschreibe die abgebildeten Gegenstände (Körperform, Form der Grundfläche, Lage, Material, Verwendung im Alltag).
b) Skizziere freihand Schrägbilder einiger dieser Körper auf Karopapier.

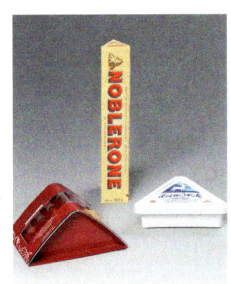

4 Zeichne Schrägbilder der Pyramiden mit quadratischer Grundfläche.

Seitenlänge der Grundfläche	a)	3 cm	b)	40 mm	c)	0,25 dm	d)	0,034 m
Höhe der Pyramide		5 cm		60 mm		0,38 dm		0,048 m

5 Zeichne zu den folgenden Pyramiden je ein Schrägbild und ein Netz. Nutze, wenn nötig, dafür eine maßstäbliche Darstellung.
a) quadratische Pyramide: $a = 3\,\text{cm}$; $h_{\text{Körper}} = 4\,\text{cm}$; Höhe einer Seitenfläche $h_a = 4{,}3\,\text{cm}$
b) rechteckige Pyramide: $a = 20\,\text{m}$; $b = 30\,\text{m}$; $h_{\text{Körper}} = 35\,\text{m}$; Seitenkante $s = 39\,\text{m}$
c) Dreieckspyramide: $a = 3\,\text{cm}$; $b = 3\,\text{cm}$; $c = 3\,\text{cm}$; $h_{\text{Körper}} = 5\,\text{cm}$; Seitenkante $s = 5{,}5\,\text{cm}$
d) Zeichne ein Netz und ein Schrägbild der Pyramide aus Aufgabe a) mithilfe einer Dynamischen Geometriesoftware. Schreibe eine Anleitung dazu.

6 Was meinst du zu den abgebildeten „Körpern"?
Sind sie richtig dargestellt?

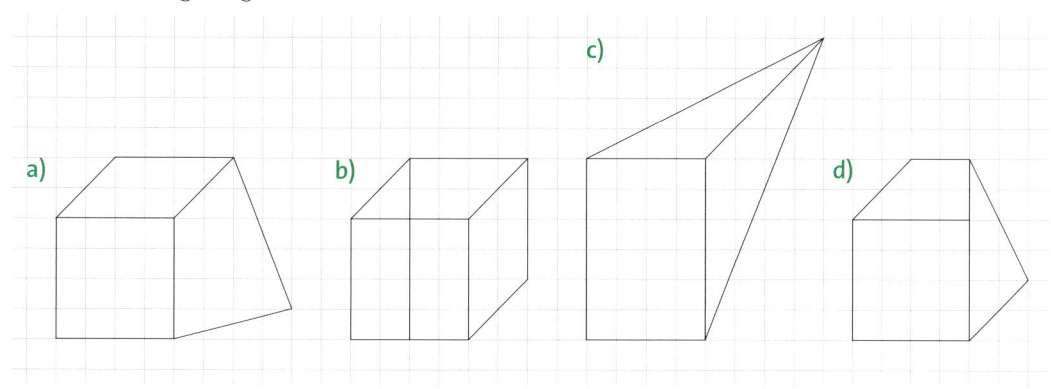

a)   b)   c)   d)

7 Wie sehen Körper aus, die zu diesen Ansichten passen? Skizziere ihre Schrägbilder.

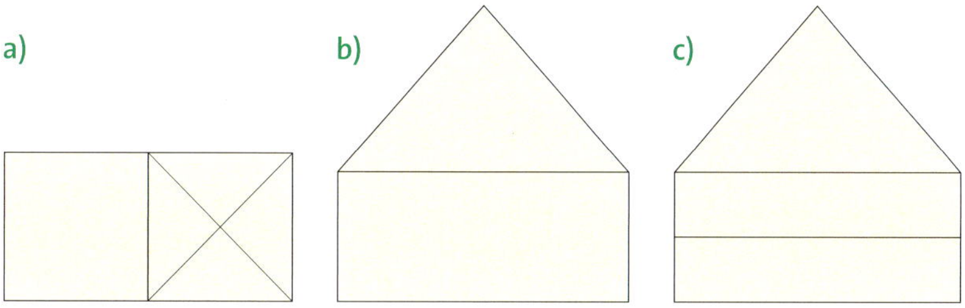

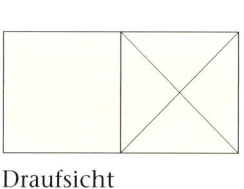

a) Draufsicht   b) Vorderansicht   c) Vorderansicht

AUFGABE DER WOCHE
Die größe Pizza der Welt hat eine Fläche von 1098 m². Wie vielen normalen Pizzen entspricht das?

8 Nimm eine Streichholzschachtel und miss ihre Kantenlängen. Zeichne dann mindestens zwei verschiedene Schrägbilder der Streichholzschachtel.

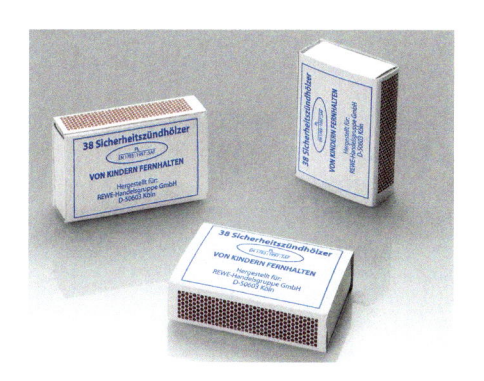

9 Zeichne im Maßstab 1:2 ein Dreiecksprisma mit einer Grundfläche wie dein Geodreieck. Wähle selbst eine Körperhöhe.
Denke daran, die verdeckten Kanten gestrichelt zu zeichnen.

BIST DU FIT?

1. Schreibe die Zahlen ausführlich und ordne sie der Größe nach.
a) 10^3 b) 10^7 c) 10^6 d) 10^5 e) 10^8

2. Schreibe folgende Zahlen als Zehnerpotenzen und ordne sie der Größe nach.
a) 100 000 000   b) 10 000 000 000 000
c) 1 000 000   d) 0,000 01   e) 0,000 000 01

3. Schreibe kurz mit Zehnerpotenzen.
a) 785 000 000 km   b) 0,000 036 m

4. Schreibe ausführlich als Zahl.
a) $13 \cdot 10^3$ b) $189 \cdot 10^5$
c) $8,79 \cdot 10^2$ d) $67 \cdot 10^9$
e) $4,3 \cdot 10^4$ f) $0,21 \cdot 10^6$

5. Berechne.
a) $24 \cdot 10^5 + 16 \cdot 10^6$
b) $1,6 \cdot 10^8 \cdot 2 \cdot 10^2$
c) $10^9 + 10^9$
d) $6,65 \cdot 10^4 + 4 \cdot 10^7$
e) $3 \cdot 10^8 : (0,4 \cdot 10^7)$

Körper darstellen

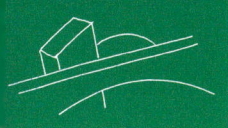

6 Schrägbilder von Zylindern und Kegeln ▶ WISSEN

Um Zylinder und Kegel im Schrägbild zu zeichnen, wird meist der Verzerrungswinkel α = 90° verwendet.

BEISPIEL a): Einen **Zylinder** mit d = 1,7 cm; h = 1,8 cm im Schrägbild skizzieren.

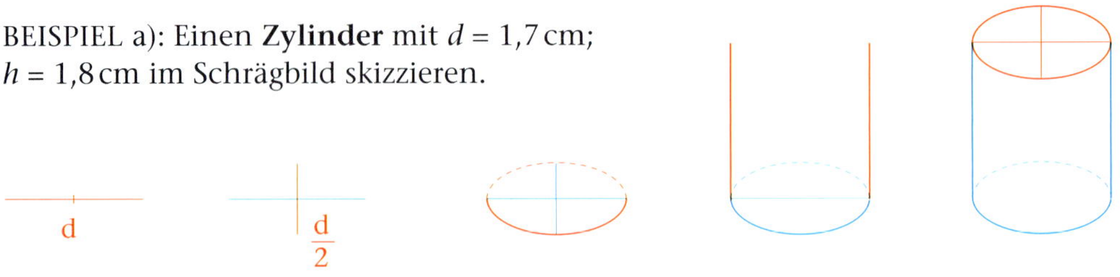

1. Durchmesser d zeichnen und Mittelpunkt markieren.
2. Im Mittelpunkt eine Senkrechte zeichnen (halb so lang wie d).
3. Die Grundfläche freihand skizzieren.
4. Die Höhe des Zylinders in Originallänge antragen.
5. Die Deckfläche skizzieren (wie die Grundfläche).

BEISPIEL b): Einen **Kegel** mit d = 1,7 cm; h = 1,8 cm im Schrägbild skizzieren.

1. Grundfläche skizzieren wie in den Schritten 1. bis 3. im BEISPIEL a).
2. Im Mittelpunkt der Grundfläche die Höhe in Originallänge antragen.
3. Die Mantellinien zur Spitze des Kegels zeichnen.

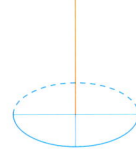

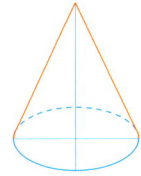

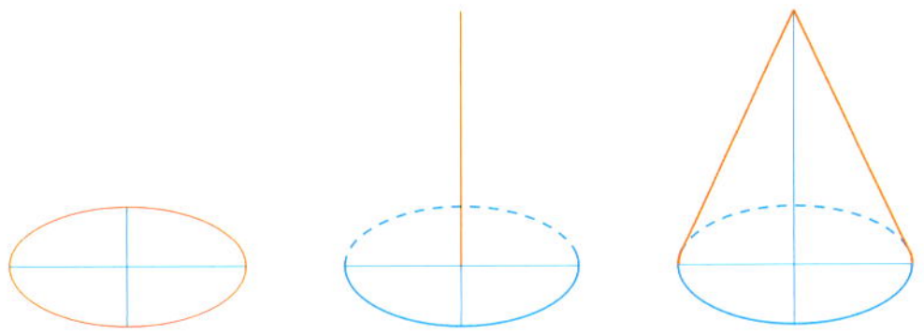

▶ **ÜBEN**

1 Skizziere jeweils einen Zylinder und einen Kegel im Schrägbild.
a) d = 6 cm; h = 4 cm
b) r = 2 cm; h = 4 cm

2 Skizziere Kegel im Schrägbild.
a) Radius 3 cm; Höhe 5 cm
b) Durchmesser 8 cm; Höhe 5 cm

3 Skizziere zusammengesetzte Körper aus einem Zylinder und einem aufgesetzten Kegel.
a) Zylinder, Kegel: je d = 6 cm; $h_{Zylinder}$ = 3 cm; h_{Kegel} = 4 cm
b) Zylinder, Kegel: je r = 4 cm; h_{Kegel} = 5 cm; h_{gesamt} = 9 cm

4 Man kann das Schrägbild eines Kegels auch in das Schrägbild eines Zylinders einzeichnen. Vergleiche dieses Vorgehen mit dem BEISPIEL b).

5 Skizziere Schrägbilder der beiden Körper.
a) b)

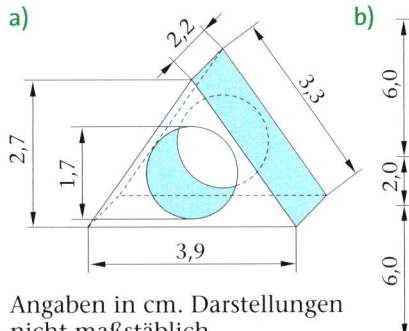

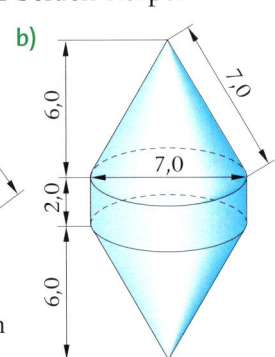

Angaben in cm. Darstellungen nicht maßstäblich.

6 Wie sehen Körper aus, die zu diesen Ansichten von oben (Draufsicht) passen? Skizziere ihre Schrägbilder und beschreibe sie.
a) b) 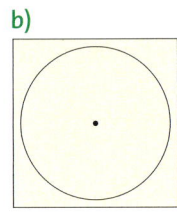 c)

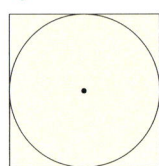

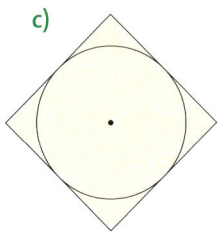

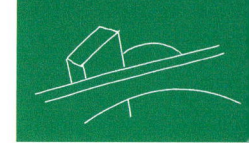

➕ Körper im Schnitt ▶ WEITERDENKEN

Wenn du ein Prisma mit einem Sechseck als Grundfläche senkrecht zur Grundfläche zerschneidest, erhältst du ein Rechteck als Schnittfläche.

In der Mathematik werden Körper meist gedanklich zerschnitten. Dies kann zum Beispiel auch parallel zur Grundfläche oder diagonal geschehen. So entstehen Schnittdarstellungen.

Zu jeder Schnittdarstellung gibt es verschiedene passende Körperdarstellungen:

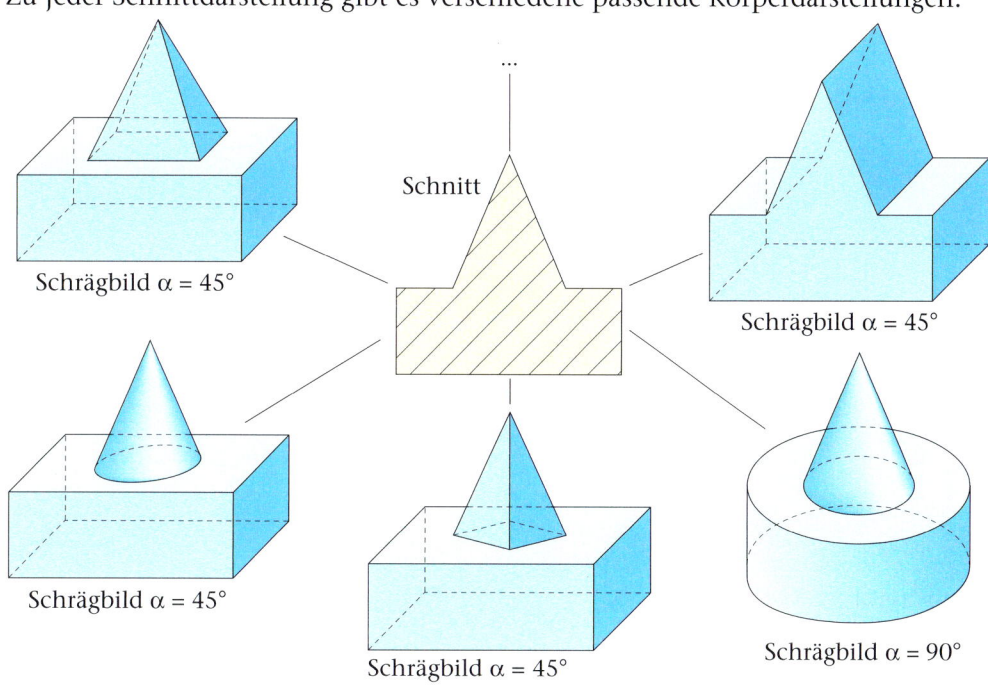

Schrägbild α = 45°

Schnitt

Schrägbild α = 45°

Schrägbild α = 45°

Schrägbild α = 45°

Schrägbild α = 90°

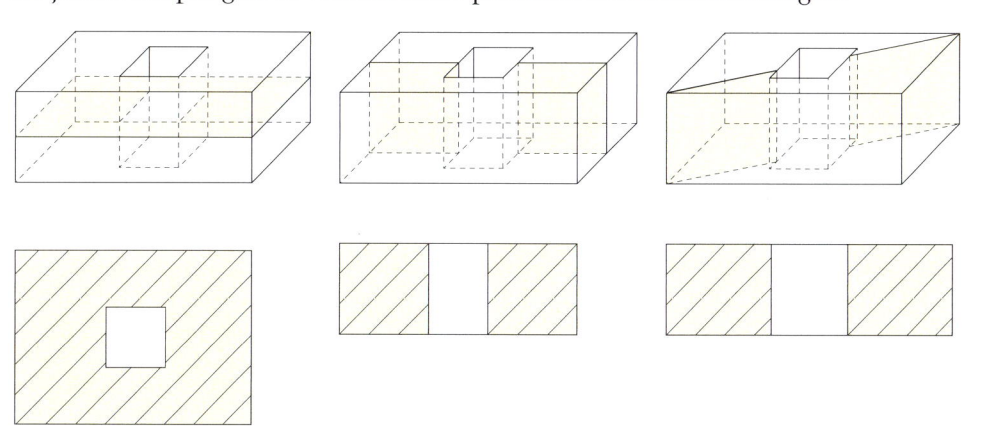

AUFGABE DER WOCHE
Welchen Weg legt Licht in einer Nanosekunde zurück?

Zu jedem Körper gibt es verschiedene passende Schnittdarstellungen:

Körper darstellen

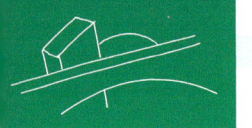

▶ **ÜBEN**

1 Zeichne zu jedem Körper die Darstellung eines Schnittes parallel zur Grundfläche.

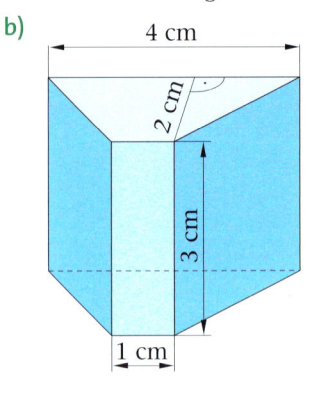

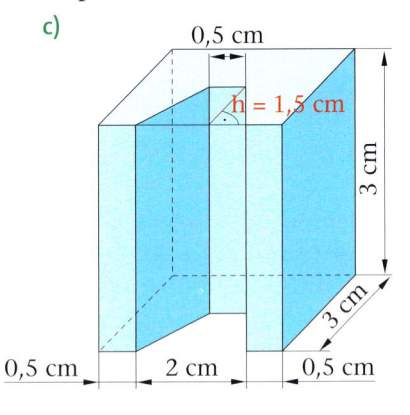

a) b) c)

2 Zeichne zu jedem Körper eine Schnittdarstellung …
- senkrecht zur Grundfläche und parallel zur Vorderkante,
- parallel zur Grundfläche durch die Körpermitte.

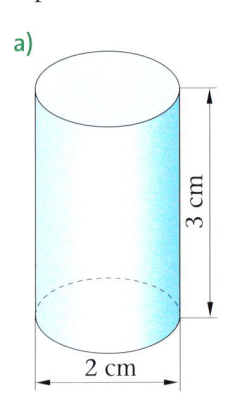

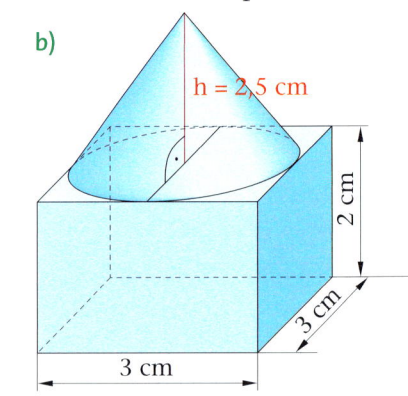

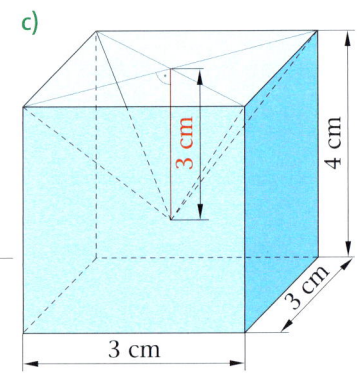

a) b) c)

3 Nenne vier Körper, bei denen ein Rechteck als Schnittfigur auftreten kann. Beschreibe jeweils, wie der Körper dafür „zerschnitten" werden muss (durch die Mitte, parallel oder senkrecht zur Grundfläche bzw. einer Seitenfläche …).

4 Skizziere zu jeder Schnittdarstellung zwei passende Körper im Schrägbild. Vergleiche deine Skizzen mit denen deiner Nachbarin oder deines Nachbarn.

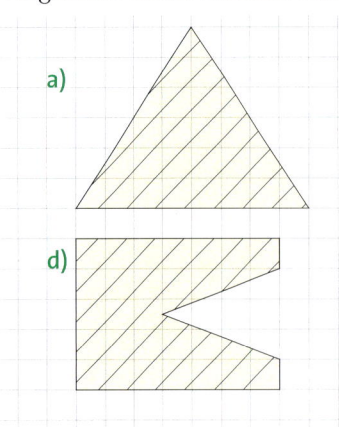

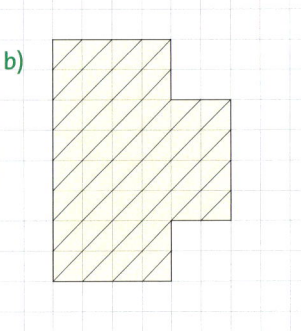

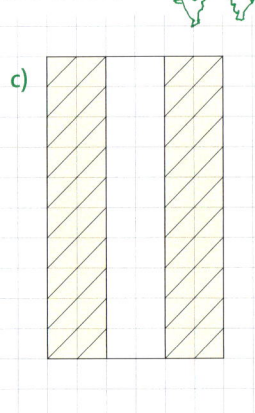

a) b) c)

d)

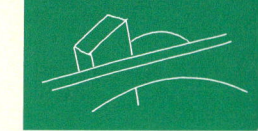

▶ MATHEMEISTERSCHAFT

1 Skizziere auf Karopapier, wie dieser Körper von vorne (von oben, von der Seite) aussieht.
Zeichne für jeden Würfel ein Kästchen.
(3 Punkte)

2 Würfel darstellen
a) Zeichne zwei verschiedene Netze eines Würfels mit der Kantenlänge $a = 3$ cm. *(4 Punkte)*
b) Zeichne ein Schrägbild des Körpers aus Aufgabe a). *(3 Punkte)*

3 Netze
Was für Körper sind durch die Netze dargestellt? Gib auch ihre Maße an.
(4 Punkte)

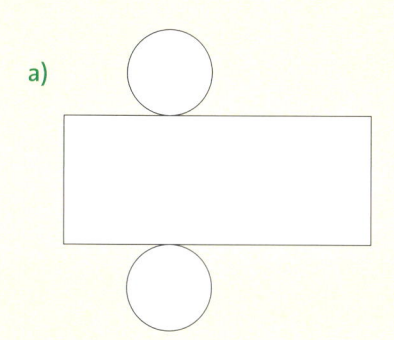

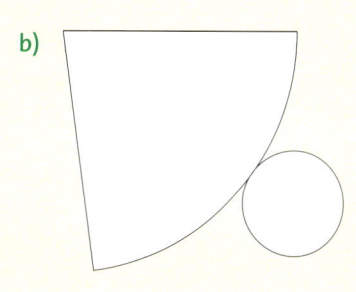

4 Zeichne ein Schrägbild einer Pyramide mit quadratischer Grundfläche (Kantenlänge 2,5 cm) und der Körperhöhe 4 cm. *(4 Punkte)*

5 In der Abbildung ist das Netz einer Verpackung dargestellt im Maßstab 1:2.
a) Was für ein Körper entsteht, wenn du das Netz zusammenfaltest?
(2 Punkte)
b) Gib die Maße der Grundfläche in Originalgröße an. *(2 Punkte)*

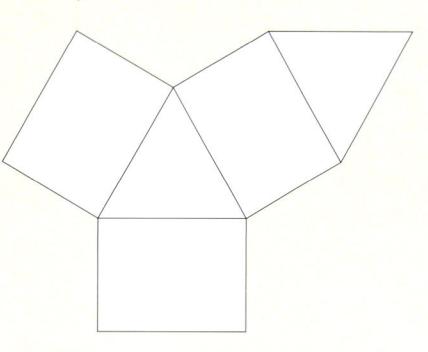

6 Für welches der beiden folgenden Päckchen wird am wenigsten Einwickelpapier (am wenigsten Geschenkband) benötigt?
(Maße: jeweils $a = 40$ cm; $b = 25$ cm; $c = 18$ cm.)
① ②
(6 Punkte)

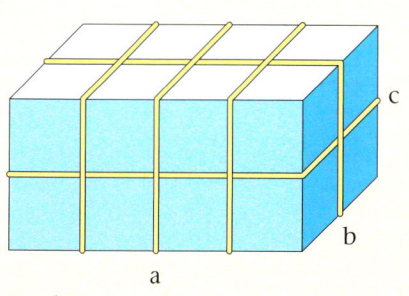

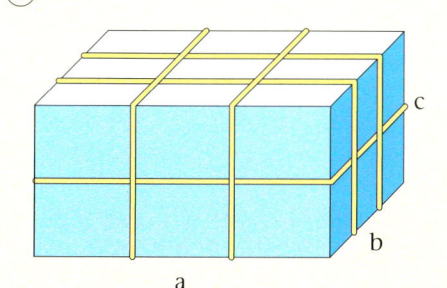

Körper darstellen

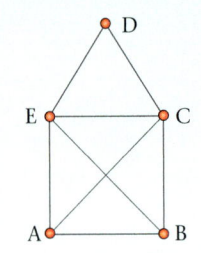

➕ Das Haus des Nikolaus ▶ THEMA

Du kennst sicher das „Haus vom Nikolaus".

Du kannst es in einem Zug zeichnen, ohne den Stift abzusetzen. Dafür gibt es verschiedene Möglichkeiten. Eine davon ist:
ABCDECAEB.

1 Es gibt noch 43 andere Möglichkeiten, das Haus in einem Zug zu zeichnen. Finde mindestens drei davon.
(TIPP: Unter dem Mediencode 138-1 kannst du dir alle Möglichkeiten ansehen.)

2 Versuche, die folgenden Figuren wie das Haus des Nikolaus zu zeichnen.

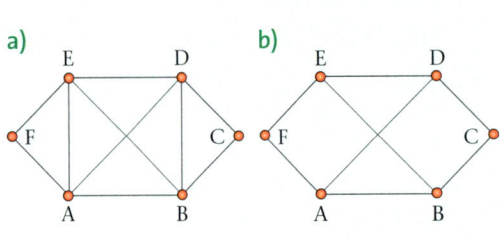

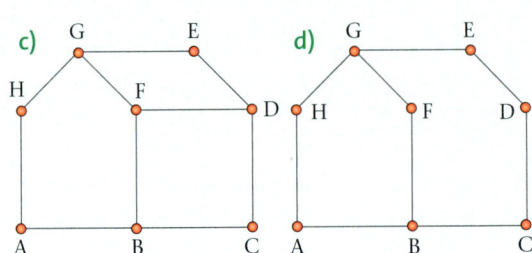

a) b) c) d)

3 Im Bild ist das Haus vom Nikolaus verdoppelt (linker Teil). Kann man es immer noch in einem Zug zeichnen? Was ist, wenn man eine Wand herausnimmt (rechter Teil)?

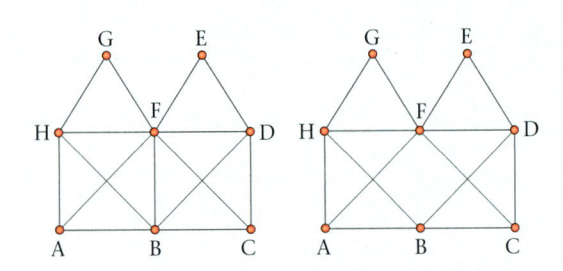

4 Kannst du diese Figuren auch in einem Zug zeichnen? Wenn du es schaffst, dann schreibe die Lösung auf.

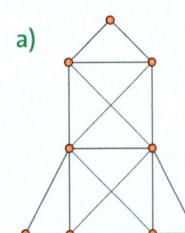

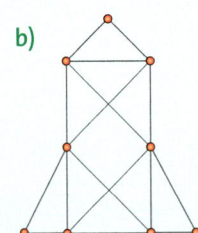

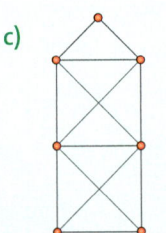

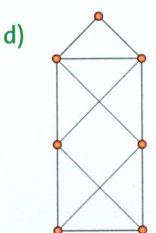

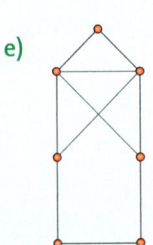

a) b) c) d) e)

Allgemein gibt es für Figuren wie das Haus vom Nikolaus drei Möglichkeiten:
1. Man kann an jedem Punkt anfangen, um die Figur in einem Zug zu zeichnen.
2. Man kann nur an bestimmten Punkten anfangen, um die Figur in einem Zug zu zeichnen.
3. Man kann die Figur nicht in einem Zug zeichnen, egal, wo man anfängt.

5 Entscheide für die folgenden Figuren, ob du sie in einem Zug zeichnen kannst.

a) b) 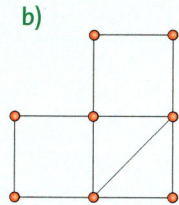 c) 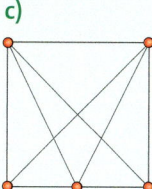 d) 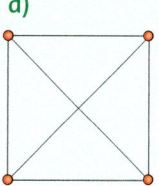 e)

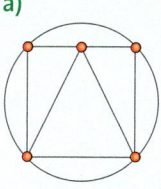

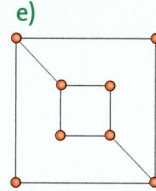

Ob man Figuren wie das Haus des Nikolaus in einem Zug zeichnen kann, dafür gibt es eine allgemeine Erklärung. Es werden die Punkte betrachtet, in denen sich Linien treffen und in denen man die Richtung beim Zeichnen wechselt. Diese Punkte heißen **Knoten**.

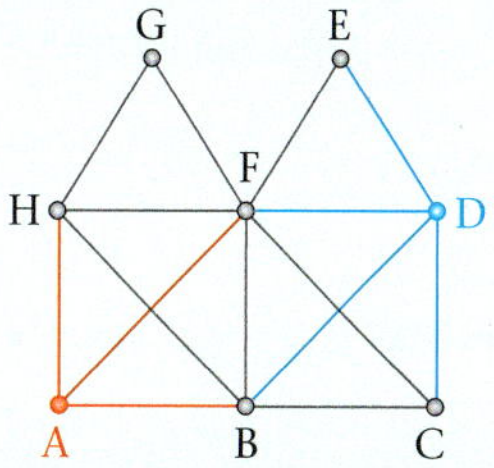

BEISPIELE:
- Im Bild rechts ist D ein Viererknoten, denn es führen vier Linien zu diesem Punkt (gerader Knoten).
- Im Bild rechts ist A ein Dreierknoten, denn es führen drei Linien zu diesem Punkt (ungerader Knoten).

Willst du eine Figur in einem Zug zeichnen, so musst du bei jedem Knoten ankommen und wieder wegkommen. Es müssen also zwei Linien zu ihm führen (oder eine andere gerade Anzahl).
Zwei Ausnahmen kann es geben: Die Knoten, an denen du zu zeichnen beginnst und an denen du endest, können „ungerade" sein.

Wenn eine Figur also ungerade Knoten hat, dann müssen es zwei sein. Sonst kann man sie nicht in einem Zug zeichnen. Beim Doppelhaus vom Nikolaus ist dies der Fall: Es hat vier ungerade Knoten.

6 Nun kannst du sofort entscheiden, welche der folgenden Figuren in einem Zug gezeichnet werden können.

a) b) 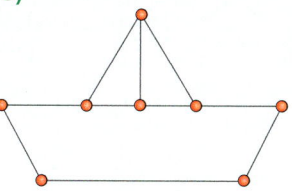 c)

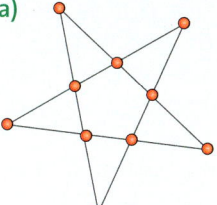

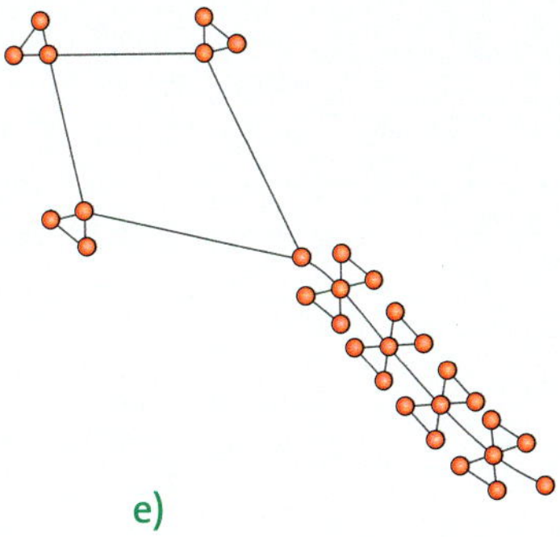

7 Arbeite wie in Aufgabe 6.

a) b) 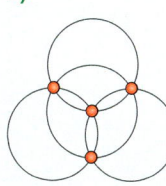 c) 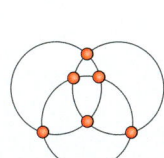 d) 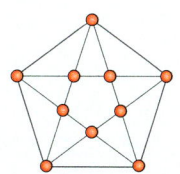 e)

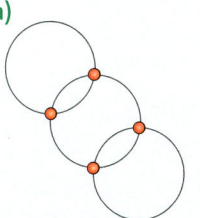

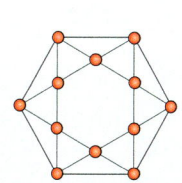

8 Entwirf eine komplizierte Figur und frage deine Freunde, ob sie diese in einem Zug zeichnen können.

Körper berechnen

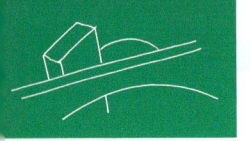

1 Volumen berechnen ▶ WIEDERHOLUNG

Würfel	Quader	Prisma	Zylinder
Grundfläche Quadrat $G = a \cdot a = a^2$	Grundfläche Rechteck $G = a \cdot b$	Grundfläche Dreieck, Viereck, Fünfeck, …	Grundfläche Kreis $G = \pi \cdot r^2$

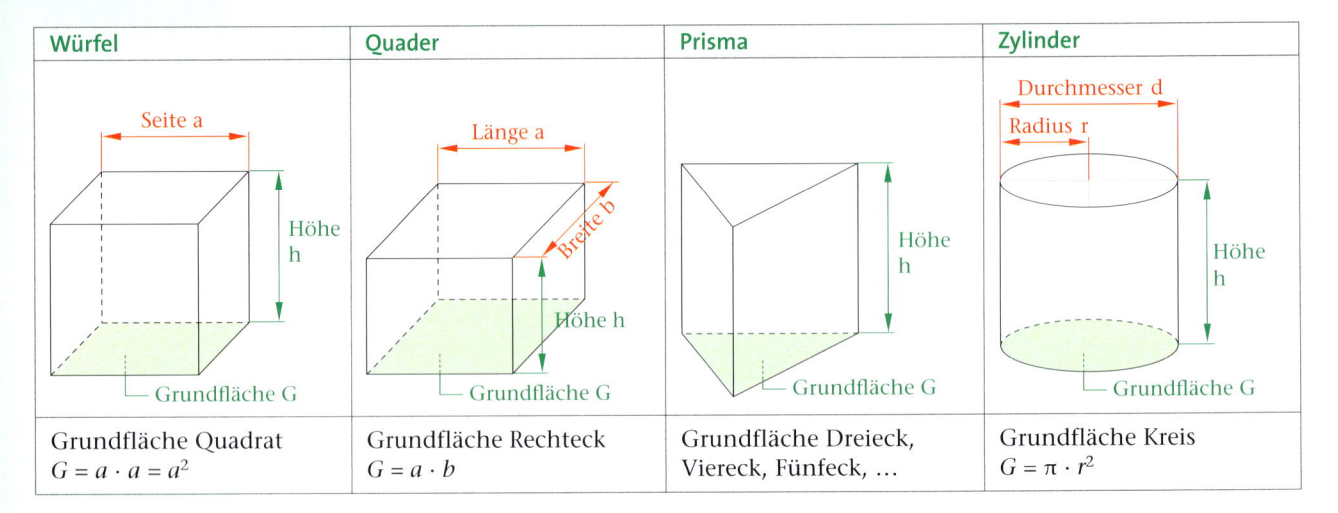

Für alle Würfel, Quader, Prismen und Zylinder gilt:
Volumen = Grundfläche · Höhe des Körpers $V = G \cdot h$

▶ **ÜBEN**

1 Berechne die Rauminhalte der abgebildeten Körper (alle Angaben in cm).

a) b) 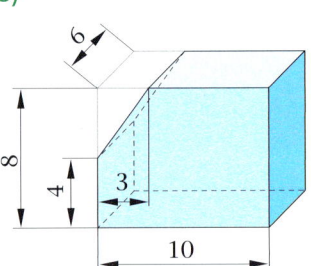 c) d)

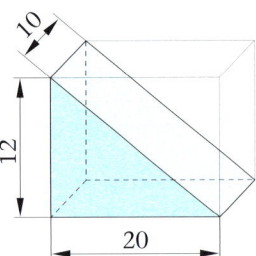

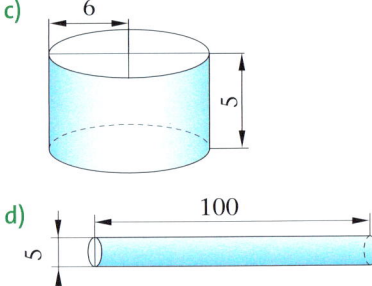

2 Ordne den Körpern passende Volumenformeln zu (Bezeichnungen wie üblich).
a) Prisma, Grundfläche Quadrat   (1) $V = a^2 + h$ (2) $V = a \cdot h_a \cdot h$
b) Prisma, Grundfläche Parallelogramm   (3) $V = a \cdot a \cdot a$ (4) $V = a \cdot a \cdot h$
c) Prisma, Grundfläche rechtwinkliges Dreieck (5) $V = a \cdot b \cdot h$ (6) $V = a \cdot \frac{h_a}{2} \cdot h$
d) Quader   (7) $V = a^2 \cdot h$ (8) $V = a \cdot b \cdot a$

3 Planschbecken
Ein rundes Kinderplanschbecken (Innenmaße: Durchmesser 1,28 m; Höhe 0,24 m) soll zu zwei Dritteln gefüllt werden. Das Wasser fließt mit einer Geschwindigkeit von zwei Litern pro Sekunde aus dem Schlauch. Wie lange dauert das Befüllen?

4 „Big Hydra" heißt das schwerste Drahtseil der Welt. Es wird von Schiffen im Golf von Mexiko benutzt, um Rohrleitungen auf den Meeresboden hinabzulassen. Die Kabelrolle ist 4,40 Meter hoch und 7,70 Meter breit. Das Seil ist 14 Zentimeter dick und etwa 4050 Meter lang.
a) Welche Kantenlänge hätte ein Würfel mit dem gleichem Volumen wie das Seil?
b) Ein Kubikmeter Seil wiegt 5,36 Tonnen. Wie schwer ist das gesamte Seil?

2 Oberflächen berechnen ▶ WIEDERHOLUNG

Quader	Prisma	Zylinder
$O = 2 \cdot a \cdot b + 2 \cdot a \cdot c + 2 \cdot b \cdot c$	$O = 2 \cdot$ Grundfläche $+$ Mantelfläche $O = 2 \cdot G + M$	$O = 2 \cdot$ Grundfläche $+$ Mantelfläche $O = 2 \cdot \pi \cdot r^2 + 2 \cdot \pi \cdot r \cdot h$

Oberflächeninhalt eines Körpers = Summe aller Seitenflächeninhalte

▶ ÜBEN

1 Berechne die Oberflächeninhalte der Prismen.
a) $G = 55\,mm^2$; $M = 90\,mm^2$
b) $G = 4600\,dm^2$; $M = 70\,m^2$

2 Berechne die Oberflächeninhalte der Quader.
a) $a = 4\,cm$; $b = 2\,cm$; $c = 5\,cm$
b) $a = 1,7\,m$; $b = 0,9\,m$; $c = 2\,m$
c) $a = 4\,m$; $b = 0,5\,m$; $c = 0,1\,m$

3 Berechne die Oberflächeninhalte der Zylinder.
a) $r = 4\,cm$; $h = 6,5\,cm$
b) $d = 32\,m$; $h = 32\,m$

4 Wie viel Quadratzentimeter Tapete sind bei dieser Rolle von außen sichtbar?
(HINWEIS: Die Höhe der Rolle musst du schätzen.)

5 Skizziere Netze der Körper und berechne ihre Oberflächeninhalte. Miss, wenn nötig, Größen in den Zeichnungen.
a) Alle Angaben in cm.
b)
c)

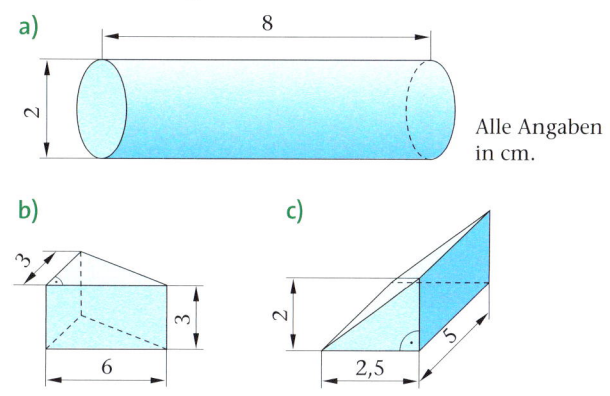

6 Die Kantenlängen von zwei Würfeln unterscheiden sich um 2 cm, ihre Oberflächen um $144\,cm^2$. Wie lang sind die Kanten der Würfel?

7 Ein Quader hat eine quadratische Grundfläche mit der Seitenlänge a. Der Körper ist doppelt so hoch (halb so hoch) wie breit. Wie lautet die Formel für den Oberflächeninhalt?

8 Zeichne ein Netz des Würfels mit dem Oberflächeninhalt $24\,cm^2$.

9 Kann man aus $1000\,cm^2$ Karton einen Würfel mit dem Volumen 1 Liter herstellen?

Körper berechnen

Die Pyramiden von Gizeh

Beim dem Wort „Pyramide" denkt fast jeder sofort an die monumentalen Bauwerke in Ägypten. Meist sind die drei Pyramiden von Gizeh gemeint, die zwischen 2600 und 2475 v. Chr. errichtet wurden. Zu dieser Zeit herrschten in Ägypten die Pharaonen: Könige, die sich selbst als Götter verehren ließen.

Die Cheopspyramide liegt mit der Chafrenpyramide und der Mykerinospyramide auf einer fast geraden Linie. Die vier Grundseiten der Cheopspyramide sind genau nach den vier Himmelsrichtungen ausgerichtet, die Diagonalen schließen in ihrer Verlängerung genau das Nildelta ein.

Die alten Ägypter verfügten über ein großartiges mathematisches Wissen. Viele Maße des Baus beruhen auf genau gewählten Zahlenverhältnissen.

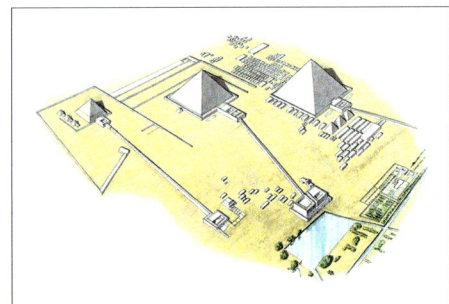

Ursprüngliche Maße der Pyramiden von Gizeh:

▸ Mykerinospyramide: 65,55 m hoch, Grundfläche 102 m × 105 m

▸ Chafrenpyramide: 143 m hoch, Grundfläche 215 m × 215 m

▸ Cheopspyramide: 147 m hoch, Grundfläche 230 m × 230 m

Um eine exakte Pyramide zu bauen, musste man zuerst die Grundfläche genau abstecken. Es ist nicht bekannt, wie dies geschah. Die Verwendung eines riesigen Geodreiecks scheidet aus: Es zu bauen, wäre unmöglich gewesen.

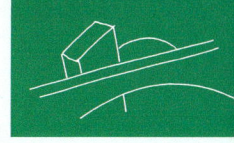

Die Pyramiden dienten als Grabstätten. Die dreieckigen Seitenflächen, die in einer Spitze zusammenlaufen, stellen die Sonnenstrahlen dar, die auf den Pharao niederscheinen.

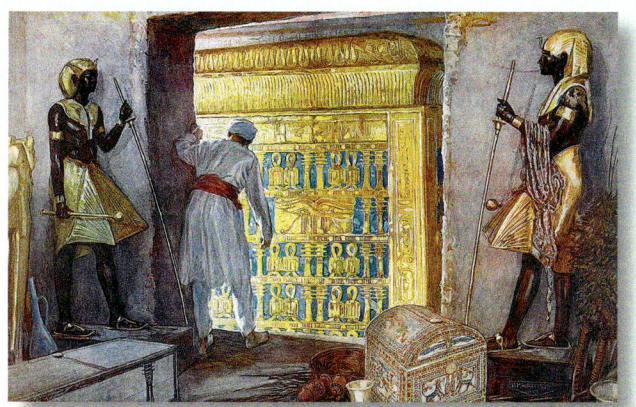

Der Pyramidenbau wäre ohne einen durchdachten Materialnachschub nicht möglich gewesen. Gigantische Quader aus Kalkstein wurden mit Schiffen durch einen extra angelegten Kanal befördert. Doch wie wurden die 2,8 Tonnen schweren Blöcke bis zur Spitze transportiert? Vieles spricht für eine Rampe, die später wieder abgebaut wurde.

Ein griechischer Geschichtsschreiber schrieb 2000 Jahre später, dass der Pharao Cheops seine Untertanen zwang, beim Pyramidenbau zu helfen. Zehnmal zehntausend Mann sollen die Cheopspyramide errichtet haben – 20 Jahre lang, jeweils während der dreimonatigen Überschwemmungszeit im Niltal. Heute schätzen Forscher die Zahl der Arbeiter auf 36 000, die ganzjährig im Einsatz waren.

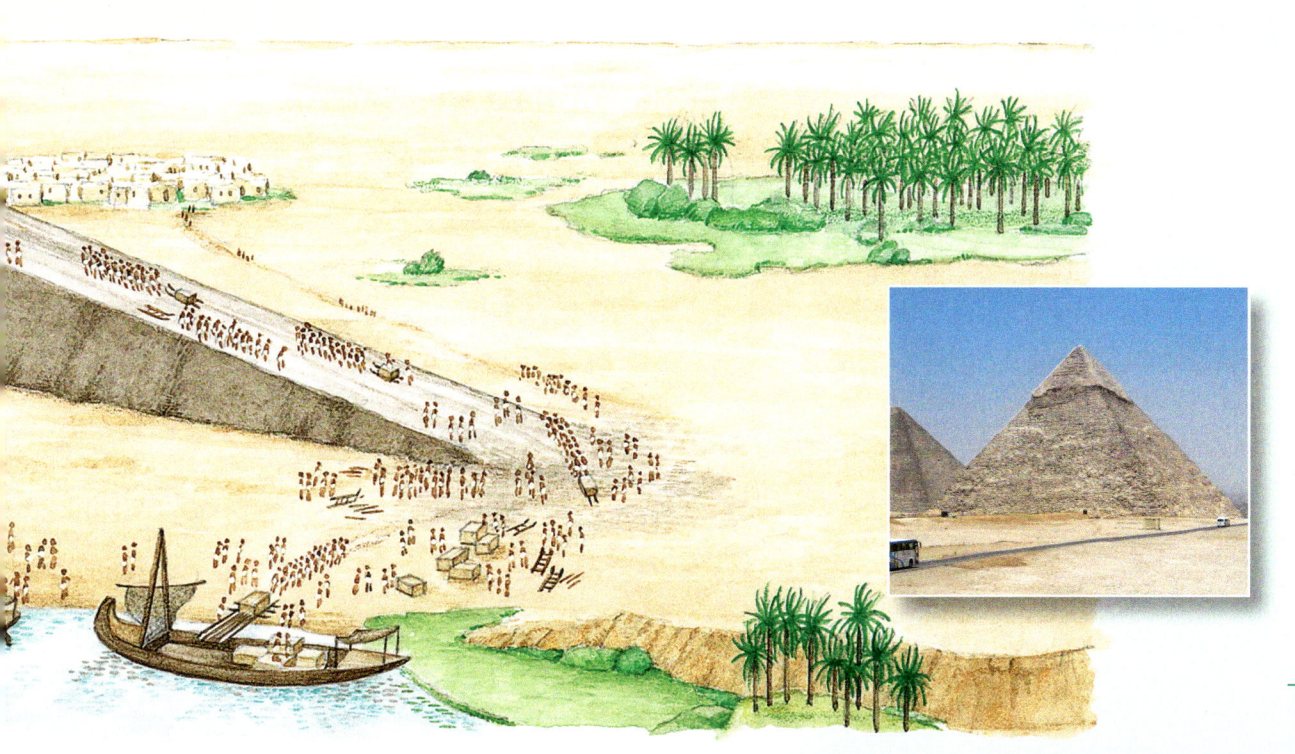

Körper berechnen

Pyramiden berechnen ▶ ERFORSCHEN

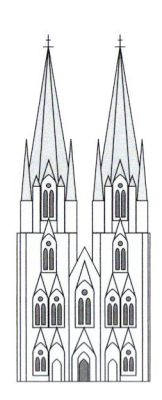

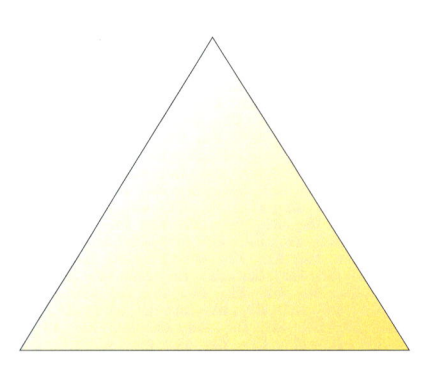

Skizze zu einem Pyramidenmodell

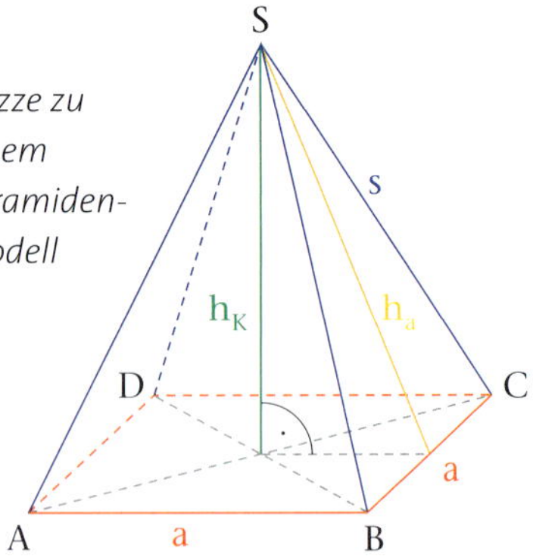

Die Cheopspyramide und der Kölner Dom im Vergleich

h_K: Höhe der Pyramide
h_a: Höhe einer Seitenfläche
 s: Seitenkantenlänge
 a: Seitenkante der quadratischen Grundfläche (Grundkante)

1 Vergleiche die Höhe der Cheopspyramide mit der des Kölner Doms.

2 Ein Pyramidenmodell bauen
a) Baue aus Karton ein Flächenmodell der Cheopspyramide mit ihren ursprünglichen Maßen. Verwende den Maßstab 1 : 2500. Beachte die Skizze oben rechts.
b) Berechne den Materialverbrauch in cm² (ohne Abfall und Klebelaschen).

3 Christo und Jeanne Claude sind als Künstler berühmt. Zu ihren Kunstwerken zählen bekannte Bauten, die für einige Wochen verhüllt wurden. Im Jahr 1995 verhüllten Christo und Jeanne Claude den Reichstag in Berlin mit über 100 000 m² Tuch aus Polypropylen. Stelle dir vor, die Verhüllung der Cheopspyramide wäre ein solches Kunstprojekt. Wie viel Material würde mindestens benötigt? Verwende dein Modell aus Aufgabe 2.

4 Eine Rechteckpyramide bauen
a) Stelle das Flächenmodell einer Rechteckpyramide her. Die Grundfläche soll die Maße $a = 4\,\text{cm}$ und $b = 5\,\text{cm}$ haben. Die Seitenkanten sollen 6 cm lang sein.
b) Berechne die Flächeninhalte aller Teilflächen.
c) Wie viele dieser Pyramiden kannst du aus einem Blatt Papier (DIN A3) herstellen? Berücksichtige auch die Klebelaschen.

TIPP
Statt Trinkhalmen kannst du auch farbige Holzstäbchen verwenden.

5 Fertige aus Trinkhalmen Kantenmodelle einer Pyramide an, in die du sogenannte Stützdreiecke einfügst. Du benötigst …
• 8 cm lange Halme (rot),
• 10 cm lange Halme (blau),
• je einen schwarzen, grünen und gelben Halm (passend zugeschnitten). 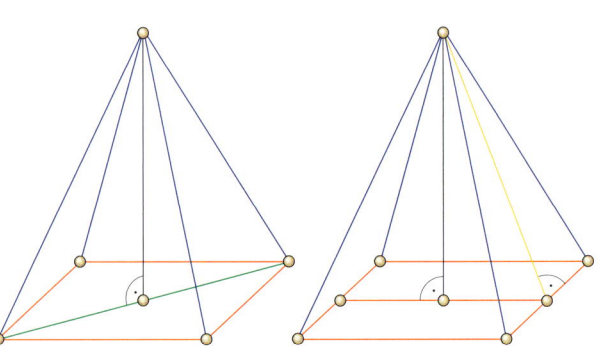
Verbinde die Halme mit Knete.
a) Miss nach: Wie lang müssen der grüne, der schwarze und der gelbe Halm sein?
b) Wo findest du an deiner Pyramide rechtwinklige Dreiecke? Beschreibe.

6 Die Cheopspyramide ist heute 137 m hoch. Ihre Grundfläche misst 227 m × 227 m. Welche Maße hätte ein Flächenmodell mit den heutigen Größen (Maßstab 1 : 2500)? Vergleiche mit dem Modell aus Aufgabe 2.

7 Das größte Museum der Welt, der Louvre, steht in Paris. Sein Eingangsbereich wird von einer gläsernen Pyramide überdacht. Die Architekten haben sie nach dem Vorbild der Cheopspyramide gestaltet.
a) Schätze mithilfe des Fotos die Höhe der gläsernen Pyramide. Recherchiere die tatsächliche Höhe (Lexikon, Internet) und vergleiche mit deiner Schätzung.

Eingang zum Louvre in Paris

b) Skizziere die gläserne Pyramide im Schrägbild. Wähle einen geeigneten Maßstab.

8 Fotografiert interessante Bauwerke in eurer Umgebung und stellt Plakate zum Thema „Bauwerke und geometrische Körper" zusammen. Achtet dabei besonders auf die Formen der Dächer.

9 Viele Kirchtürme gleichen zusammengesetzten Körperformen. Der Turm rechts zum Beispiel besteht aus einem Quader mit aufgesetzter Pyramide.
a) Stellt ein Modell eines solchen Turmes aus Karton her und berechnet den Materialverbrauch (ohne Verschnitt und Klebelaschen). TIPP: Zeichnet zuerst die Netze der Teilkörper auf. Berechnet die Flächeninhalte der Teilflächen vor dem Zusammenkleben.
b) Stellt eure Modelle in der Klasse vor. Welche Modelle gefallen euch besonders gut? Warum? Gibt es in eurer Umgebung ähnliche Kirchtürme?

10 Bei der Untersuchung der Zahlenverhältnisse an der Cheopspyramide könnt ihr interessante Entdeckungen machen.
a) Berechnet das Quadrat der Höhe der Cheopspyramide und vergleicht mit dem Flächeninhalt einer Seitenfläche. (Nutzt zur Ermittlung des Flächeninhalts einer Seitenfläche euer Modell aus Aufgabe 2.) Was fällt euch auf?
b) Vergleicht den Umfang der Grundfläche und den Umfang des Kreises mit dem Radius h_K.
c) Dividiert den Umfang der Grundfläche durch die Höhe der Pyramide. Könnt ihr einen Zusammenhang zur Kreiszahl π herstellen? Probiert es auch mit dem Verhältnis der Grundkante a zur Höhe der Pyramide.

Kirchturm auf der Insel Helgoland

Körper berechnen

3 Die Oberflächen von Pyramiden ▶ WISSEN

Lars hat ein Netz einer Pyramide gezeichnet. Er meint, dass er jetzt leicht den Oberflächeninhalt berechnen kann.
Zuerst berechnet er die Grundfläche (blau) und dann die Seitenflächen (gelb, lila).

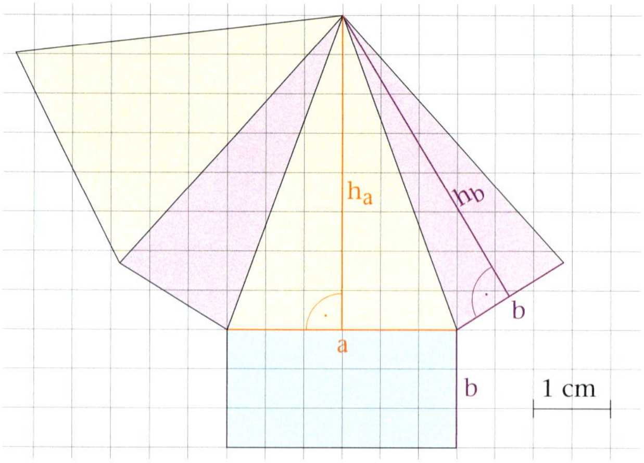

1. **Grundfläche** (blau): Rechteck
Länge = 3 cm; Breite = 1,5 cm

$G = 3\,\text{cm} \cdot 1{,}5\,\text{cm}$
$G = 4{,}5\,\text{cm}^2$

HINWEISE
1. Zur Unterscheidung der Dreieckshöhen benutzt man kleine Buchstaben: h_a ist die Höhe auf die Seite a.
2. Unterscheide immer genau zwischen der Höhe der Pyramide und der Höhe einer Seitenfläche.

2. Je zwei **Seitenflächen** (Dreiecke) sind bei dieser Pyramide gleich groß.

Die Grundseite a eines gelben Dreiecks ist 3 cm lang. Die zugehörige Höhe $h_a = 4\,\text{cm}$ misst Lars in der Zeichnung.

$M_{\text{gelb}} = \dfrac{a \cdot h_a}{2}$

$M_{\text{gelb}} = \dfrac{3\,\text{cm} \cdot 4\,\text{cm}}{2} = 6\,\text{cm}^2$

Die Grundseite b eines lila Dreiecks ist 1,6 cm lang. Die zugehörige Höhe $h_b = 4{,}2\,\text{cm}$ misst Lars in der Zeichnung.

$M_{\text{lila}} = \dfrac{b \cdot h_b}{2}$

$M_{\text{lila}} = \dfrac{1{,}6\,\text{cm} \cdot 4{,}2\,\text{cm}}{2} \approx 3{,}4\,\text{cm}^2$

3. Abschließend **addiert** Lars die fünf **Teilflächen**:

$O = G + 2 \cdot M_{\text{gelb}} + 2 \cdot M_{\text{lila}}$
$ = 4{,}5\,\text{cm}^2 + 2 \cdot 6\,\text{cm}^2 + 2 \cdot 3{,}4\,\text{cm}^2$
$ = 23{,}3\,\text{cm}^2$

4. *Ergebnis*: Die Pyramide hat einen Oberflächeninhalt von 23,3 cm².

> So berechnest du den **Oberflächeninhalt einer Pyramide**:
> 1. Berechne den Inhalt der Grundfläche.
> 2. Berechne den Inhalt der Mantelfläche (sie besteht aus den dreieckigen Seitenflächen).
> 3. Addiere die Inhalte der Grundfläche und der Mantelfläche.
>
> **Formel:**
> $O = G + M$

▶ ÜBEN

1 Berechne den Oberflächeninhalt der Pyramide im Bild rechts.

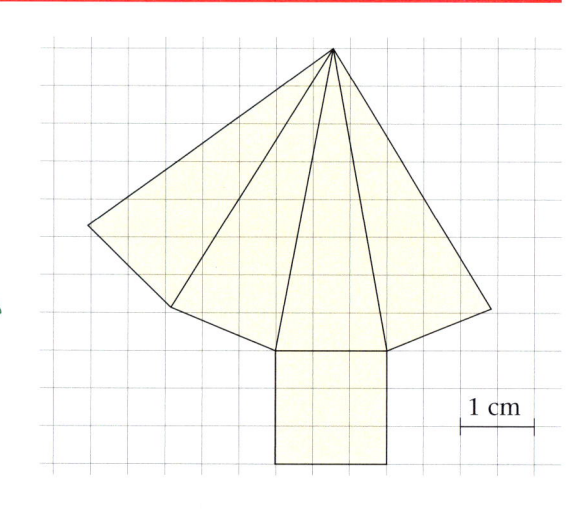

2 Zeichne ein Netz einer Pyramide. Deine Nachbarin oder dein Nachbar berechnet den Oberflächeninhalt.

3 Berechne die Oberflächeninhalte der Pyramiden rechts.

a) 15 cm, 21 cm

b) 18 cm, 18,3 cm, 19 cm, 15 cm

4 Eine Pyramide hat ein Sechseck als Grundfläche ($G = 100\,\text{cm}^2$). Eine Seitenfläche misst $24\,\text{cm}^2$. Gib den Oberflächeninhalt der Pyramide an.

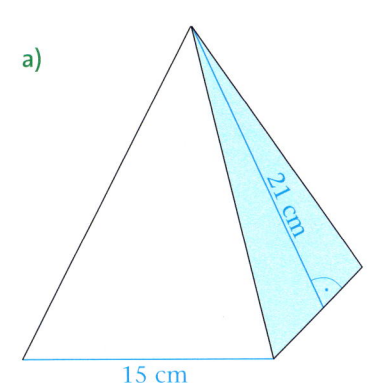

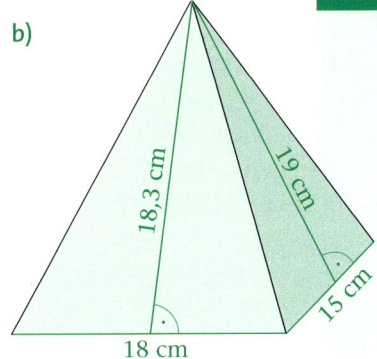

5 Berechne die Oberflächeninhalte der Pyramiden (Grundfläche quadratisch).

Seite der Grundfläche a	a) 25 mm	b) 3 cm	c) 3,6 cm	d) 16 mm
Höhe einer Seitenfläche h_a	40 mm	5 cm	48 mm	25 mm

6 Ein Quader und eine Pyramide haben die gleiche Grundfläche (Quadrat mit $a = 4\,\text{cm}$) und die gleiche Höhe ($h_K = 6\,\text{cm}$). Welcher der beiden Körper hat die kleinere Oberfläche? Begründe.

7 Pyramidenförmige Bauklötzchen haben eine quadratische Grundfläche mit $a = 5\,\text{cm}$, die Höhe der Seitenflächen misst jeweils 8 cm.
Die Klötzchen erhalten einen farbigen Überzug, der pro Quadratzentimeter Farbe 0,7 ct kostet. Wie teuer wird das Färben von 1000 Klötzchen?

8 Betrachte die blaue Pyramide aus Aufgabe 3 a). Eine Kosmetikfirma nutzt eine solche Pyramide aus Karton als Geschenkverpackung.
a) Die Firma bestellt 2500 dieser Verpackungen. Wie viel Karton wird für die Herstellung mindestens benötigt?
b) Ein Quadratmeter des Kartons wiegt 300 g. Das Lieferfahrzeug kann noch 1,5 t laden.

9 Ein Sonnenschirm soll eine quadratische Grundfläche von 2 m mal 2 m haben.

a) Berechnet den Materialverbrauch (ohne Verschnitt) für verschiedene Höhen der Seitenflächen.
b) Stellt Modelle im Maßstab 1 : 25 her. Welches Modell würdet ihr auswählen?

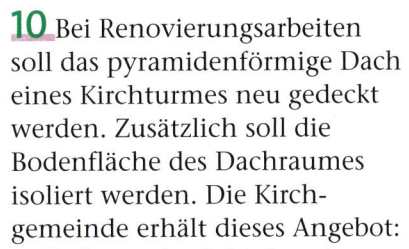

10 Bei Renovierungsarbeiten soll das pyramidenförmige Dach eines Kirchturmes neu gedeckt werden. Zusätzlich soll die Bodenfläche des Dachraumes isoliert werden. Die Kirchgemeinde erhält dieses Angebot:
- Verlegen des Schiefers einschließlich Material: 140 €/m²
- Aufbringen der Isolierung für den Dachboden einschließlich Material: 90 € pro m²
- Maße: Grundkanten Dach je 5,2 m; Höhe Seitendreieck je 3,8 m

11 Das Dach eines Gartenpavillons soll mit einem grauen Belag versehen werden.

Gib die benötigten Maße an, schätze ihre Größe und überschlage den Materialverbrauch.

Körper berechnen

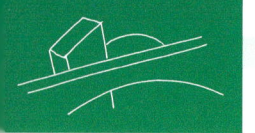

4 Der Satz des Pythagoras an Pyramiden ▶ WISSEN

Ein beliebter Treffpunkt für Jung und Alt in Karlsruhe ist die Pyramide auf dem Marktplatz. Sie ist das Grabmal des Markgrafen Karl Wilhelm von Baden-Durlach. Er war der Gründer von Karlsruhe.

Die Kantenlängen dieser Pyramide können leicht gemessen werden, die Höhe der Pyramide dagegen kann man nicht direkt messen. Sie kann mit dem Satz des Pythagoras berechnet werden.

1. Schritt: Suche an der Pyramide ein rechtwinkliges Dreieck, das die gesuchte Körperhöhe enthält. (Solche Dreiecke nennt man **Stützdreiecke**.)

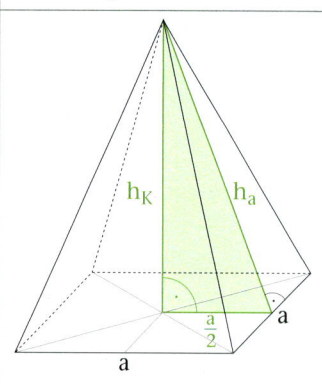

Die Körperhöhe h_K, die Hälfte der Grundkante $\frac{a}{2}$ und die Höhe des Dreiecks h_a bilden ein rechtwinkliges Dreieck.	Die Körperhöhe h_K, die Hälfte der Diagonalen der Grundfläche $\frac{d}{2}$ und die Seitenkante s bilden ein rechtwinkliges Dreieck.

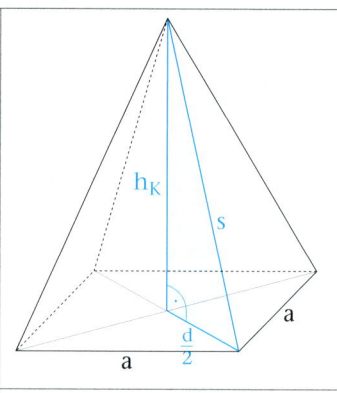

2. Schritt: Stelle eine Gleichung nach dem Satz des Pythagoras auf.

h_K ist eine Kathete im rechtwinkligen Dreieck. Es gilt: $h_K^2 + (\frac{a}{2})^2 = h_a^2$ $h_K^2 = h_a^2 - (\frac{a}{2})^2$ $h_K = \sqrt{h_a^2 - (\frac{a}{2})^2}$	h_K ist eine Kathete im rechtwinkligen Dreieck. Es gilt: $h_K^2 + (\frac{d}{2})^2 = s^2$ $h_K^2 = s^2 - (\frac{d}{2})^2$ $h_K = \sqrt{s^2 - (\frac{d}{2})^2}$

3. Schritt: Setze die bekannten Längen ein.

Für die Karlsruher Pyramide ist $a = 6{,}05\,\text{m}$ und $h_a = 7{,}45\,\text{m}$. Es gilt: $h_K^2 + (\frac{a}{2})^2 = h_a^2$ $h_K^2 + (\frac{6{,}05\,\text{m}}{2})^2 = (7{,}45\,\text{m})^2$ $h_K^2 = (7{,}45\,\text{m})^2 - (3{,}025\,\text{m})^2$ $h_K = \sqrt{(7{,}45\,\text{m})^2 - (3{,}025\,\text{m})^2}$	Für die Karlsruher Pyramide ist $a = 6{,}05\,\text{m}$ und $s = 8{,}04\,\text{m}$. Die Länge der Diagonalen d ist noch nicht bekannt. Sie wird ebenfalls mit dem Satz des Pythagoras berechnet: $d^2 = a^2 + a^2$ $d^2 = (6{,}05\,\text{m})^2 + (6{,}05\,\text{m})^2$ $d = \sqrt{(6{,}05\,\text{m})^2 + (6{,}05\,\text{m})^2} \approx 8{,}56\,\text{m}$ Also gilt: $h_K^2 + (\frac{d}{2})^2 = s^2$ $h_K^2 + (\frac{8{,}56\,\text{m}}{2})^2 = (8{,}04\,\text{m})^2$ $h_K = \sqrt{(8{,}04\,\text{m})^2 - (4{,}28\,\text{m})^2}$

Du erhältst: Höhe der Pyramide $h_K \approx 6{,}81\,\text{m}$.

▶ ÜBEN

1 Berechne die Körperhöhen der quadratischen Pyramiden.

a) 10 cm, 6 cm
b) 8,5 cm, 48 mm
c) 7,2 m, 4,0 m

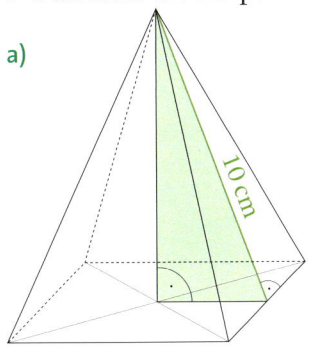

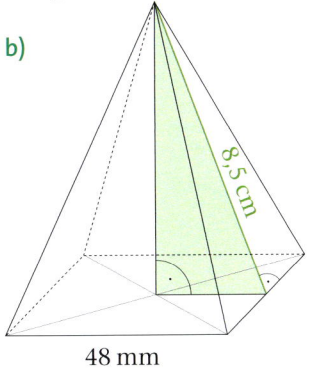

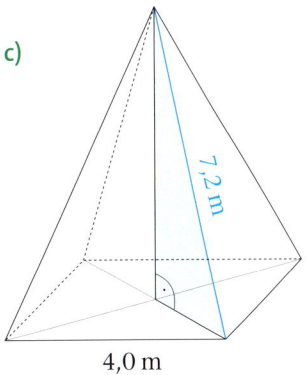

2 Berechne jeweils die Länge der roten Linie.

a) 12,5 cm, 8,2 cm
b) 2,9 cm, 3,8 cm
c) 10,5 cm, 61 mm

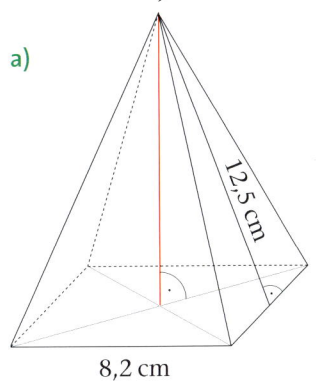

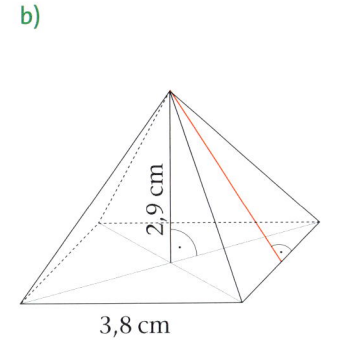

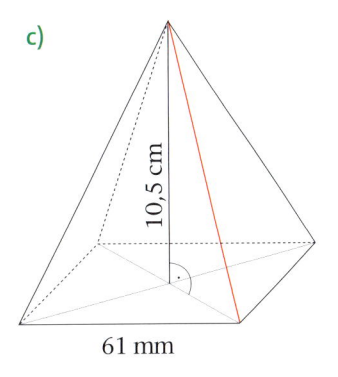

3 Ein Kegel hat einen Durchmesser von 4 cm und ist 6 cm hoch.
a) Fertige eine Skizze an und trage die bekannten Maße ein.
b) Wie lang ist seine Mantellinie s? TIPP: Markiere zuerst in der Skizze ein Stützdreieck. Rechne dann mit dem Satz des Pythagoras.

4 Berechnungen an einem Netz
a) Zeichne das Netz in Originalgröße. Miss die Höhen der Seitendreiecke in deiner Zeichnung.
b) Bestätige dein Messergebnis durch eine Rechnung. Verwende den Satz des Pythagoras.
c) Schätze, wie hoch die zusammengeklappte Pyramide wird.
   Überprüfe deine Schätzung, indem du das Netz ausschneidest und zur Pyramide faltest.
d) Berechne nun die Körperhöhe.
   TIPP: Skizziere ein Schrägbild und trage darin die bekannten Maße ein.

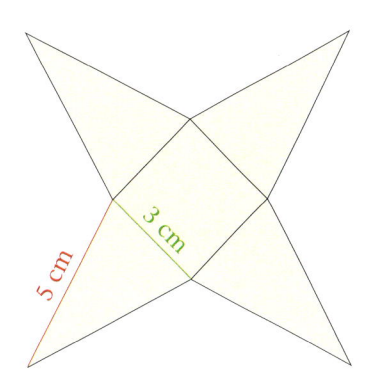

5 Der Eingang des Louvre in Paris wird von einer Glaspyramide überdacht (siehe Seite 145). Die Grundkante a der Pyramide ist rund 35 m lang. Die Seitenkante s ist rund 33 m lang. Berechnet die Körperhöhe und vergleicht mit eurer Schätzung aus Aufgabe 8, Seite 145.

AUFGABE DER WOCHE

Mit welcher Wahrscheinlichkeit fällt eine Kaffeebohne auf ihre gekerbte (auf ihre abgerundete) Seite? Führe ein Zufallsexperiment durch.

Körper berechnen

6 In Heringsdorf auf der Insel Usedom steht die längste Seebrücke Deutschlands. An ihrer Spitze befindet sich ein Restaurant: Auf einem ovalen Glasbau steht eine Dachpyramide. Ihre Grundkanten und ihre Körperhöhe messen je 15 m.
a) Berechne die Höhe der Seitendreiecke.
b) Die Oberfläche der Dachpyramide soll erneuert werden. Wie groß ist die zu behandelnde Fläche?

7 Ein pyramidenförmiges Zelt hat eine quadratische Grundfläche mit $a = 2$ m. Die Seitenkante s ist 2,50 m lang.
Kann Stefan, der 1,85 m groß ist, in der Mitte des Zeltes aufrecht stehen?

8 Wie groß ist die Oberfläche einer Pyramidenerdbeere?

9 Rechteckpyramide
a) Zeichne ein Netz der Rechteckpyramide mit den Maßen $a = 3$ cm; $b = 2$ cm; $s = 4$ cm.
b) Berechne die Seitenhöhen h_a und h_b. Kontrolliere deine Rechnungen durch Messen in der Zeichnung aus a).
c) Berechne die Körperhöhe der Pyramide auf verschiedenen Wegen.

TIPP
zu den Aufgaben 9 und 10: Beachte die Methode „Zeichnungen und Skizzen".

10 Ein Würfel und eine Pyramide haben die gleiche Grundfläche (Quadrat mit $a = 4$ cm) und die gleiche Höhe ($h = 4$ cm).
a) Welcher Körper hat die kleinere Oberfläche? Wie groß ist der Unterschied zum Körper mit der größeren Oberfläche?
b) Verändere die Maße. Prüfe, ob das Ergebnis aus a) auch für diese Maße zutrifft.

METHODE ▶ Zeichnungen und Skizzen

Eine wichtige Hilfe beim Lösen einer Aufgabe, in der es um Körper oder Flächen geht, sind Skizzen. Was solltest du beim Skizzieren beachten?

- Die Maße müssen nicht die gleichen sein wie im Text. Du musst also keine maßstabsgetreue Zeichnung anfertigen.
- Skizziere groß genug, damit du Maße und Bezeichnungen hineinschreiben kannst.
- Benutze verschiedene Farben. Verwende z. B. blau für gegebene Größen, rot für gesuchte Größen.
- Schreibe dir zunächst alle gegebenen Größen auf. Verwende dafür Variable (z. B. h_K für die Körperhöhe, r für den Radius). Das braucht weniger Platz.
- Achte bei den Größen auf die Einheiten. Rechne, wenn nötig, in gleiche Einheiten um.
- Viele Aufgaben kannst du mit dem Satz des Pythagoras lösen. Suche rechtwinklige Dreiecke und markiere die rechten Winkel in der Skizze.

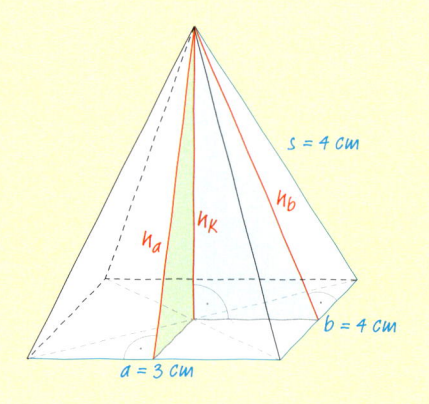

So könnte eine Skizze zu Aufgabe 9 aussehen.

Kegel ▶ ERFORSCHEN

1 Kegel formen

a) Zeichne einen Viertelkreis, einen Halbkreis und einen Dreiviertelkreis mit je 8 cm Radius. Zeichne jeweils auch Klebelaschen ein (siehe Bild rechts). Schneide aus und forme unten offene Kegel.

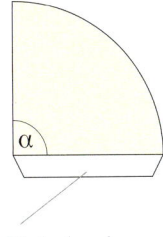

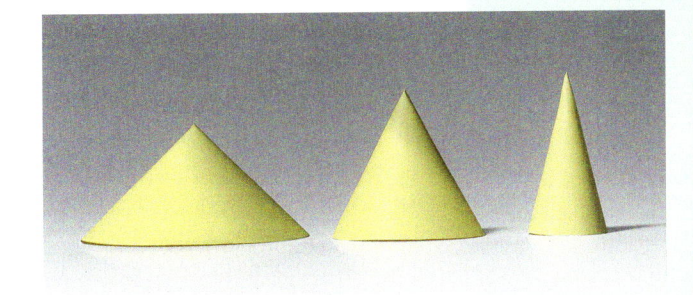

b) Miss jeweils die Grundkreisradien und trage die Werte in die folgende Tabelle ein.

Winkel α	90°	180°	270°
Radius des Kreisausschnittes	8 cm	8 cm	8 cm
Radius des Grundkreises des Kegels			

c) Schaue dir die Wertetabelle genau an. Was stellst du fest?

d) Kannst du mithilfe des Ergebnisses aus Aufgabe c) den Grundkreisradius eines Kegels abschätzen, den Lucia aus einem Kreisausschnitt mit s = 8 cm und α = 225° baut? Überprüfe anhand eines eigenen Modells.

2
An den Kegeln aus Aufgabe 1 lassen sich auch Zusammenhänge zwischen der Höhe des Kegels und dem Radius des Grundkreises untersuchen.

a) Messt die Höhen der Kegel aus Aufgabe 1. Tragt die Werte zusammen mit den entsprechenden Werten für die Grundkreisradien in die Tabelle ein.

Radius des Kreisausschnittes	8 cm	8 cm	8 cm
Winkel α	90°	180°	270°
Radius des Grundkreises des Kegels			
Körperhöhe			

b) Beschreibt die Zusammenhänge, die ihr in der Wertetabelle erkennt.

c) Stellt den Zusammenhang *Radius Grundkreis (in cm) → Höhe des Kegels (in cm)* in einem Koordinatensystem dar.
Überlegt gemeinsam, ob und wie man die einzelnen Punkte durch eine Linie verbinden darf. Skizziert den weiteren Verlauf der Kurve, wie ihr ihn vermutet.

d) *Lucia* möchte wissen, wie hoch ein Kegel mit der Mantellinie s = 8 cm und dem Grundkreisradius 7 cm ist. Sie schlägt vor: „Den Mittelpunktswinkel des Kreisausschnitts kann ich berechnen. Ich rechne $360° \cdot \frac{2 \cdot \pi \cdot 7}{2 \cdot \pi \cdot 8} = 315°$. Dann bastele ich mir ein Modell und messe daran die Höhe."
Lars sagt: „Ich kann die Kegelhöhe auch berechnen, weil sie Teil eines rechtwinkligen Dreiecks ist."
Ermittelt die gesuchte Höhe des Kegels wie Lucia oder Lars und tragt den Punkt in das Koordinatensystem aus c) ein. Vergleicht mit dem skizzierten Verlauf der Kurve.

INFO
zu Aufgabe 7d):
$\alpha = \frac{b}{u} \cdot 360°$ ist die allgemeine Formel für den Mittelpunktswinkel.

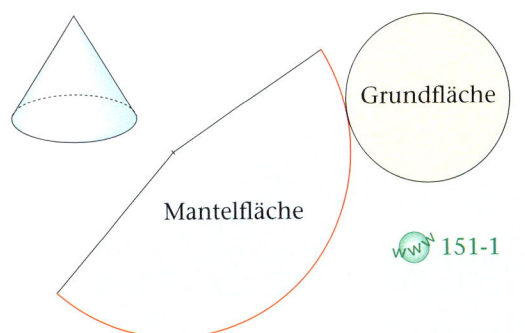

3
Versuche den Oberflächeninhalt des rechts abgebildeten Kegels möglichst genau zu bestimmen. Das Netz findest du unter dem Mediencode 151-1.

Körper berechnen

5 Die Oberflächen von Kegeln ▶ WISSEN

Sara hat ein Netz eines Kegels gezeichnet. Sie will den Oberflächeninhalt des Kegels berechnen.

Wie bei Pyramiden besteht die Oberfläche des Kegels aus der **Grundfläche** und der **Mantelfläche**. Die Mantelfläche ist ein Kreisausschnitt.

Die Grundfläche lässt sich mit der Formel für den Kreis leicht berechnen. Wie aber lässt sich die Mantelfläche M berechnen, wenn r und s bekannt sind?

Sara weiß: Die Bogenlinie b des Kreisausschnitts ist genauso lang wie der Umfang u des Grundkreises: $u = b$.
Sie zerlegt den Kegelmantel und setzt ihn auf andere Weise wieder zusammen:

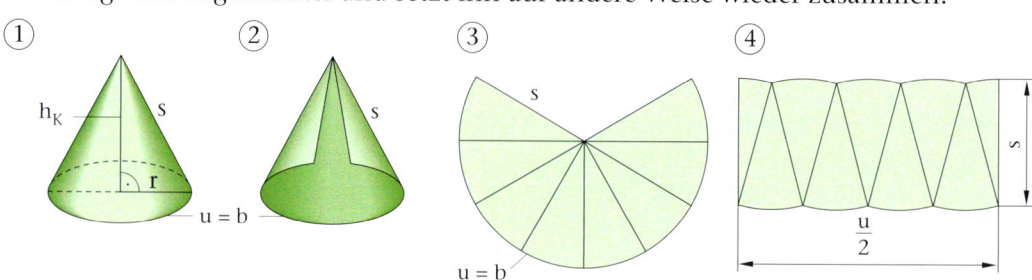

Sara erhält so bei ④ eine Fläche, die näherungsweise ein Rechteck ist. Teilt man den Kreisausschnitt aus ③ in immer mehr und daher immer kleinere Teile, so entspricht die Fläche, die man bei ④ erhält, immer genauer einem Rechteck.

ERINNERE DICH
Umfang eines Kreises:
$u = 2 \cdot \pi \cdot r$

Flächeninhalt eines Kreises:
$A = \pi \cdot r^2$

Sara kann deshalb die Formel für Rechtecke anwenden: $\quad M = \frac{u}{2} \cdot s$

Sie setzt für u die Formel für den Kreisumfang ein: $\quad M = \frac{2 \cdot \pi \cdot r}{2} \cdot s$

Durch Kürzen erhält sie: $\quad M = \pi \cdot r \cdot s$

So berechnest du den **Oberflächeninhalt eines Kegels**:

Oberflächeninhalt eines Kegels = Grundfläche + Mantelfläche
$O = G + M$
$O = \pi \cdot r^2 + \pi \cdot r \cdot s$

BEISPIEL

Gegeben: $r = 4\,\text{cm}$; $s = 6\,\text{cm}$
Gesucht: $O = ?$

$\begin{aligned} O &= \pi \cdot r^2 + \pi \cdot r \cdot s \\ &\approx 3{,}14 \cdot 16\,\text{cm}^2 + 3{,}14 \cdot 4\,\text{cm} \cdot 6\,\text{cm} \\ &= 50{,}24\,\text{cm}^2 + 75{,}36\,\text{cm}^2 \\ &= 125{,}6\,\text{cm}^2 \end{aligned}$

Ergebnis: Die Oberfläche misst $125{,}6\,\text{cm}^2$.

▶ ÜBEN

1 Berechne die Oberflächeninhalte der Kegel.
Entnimm die Maße den Zeichnungen.

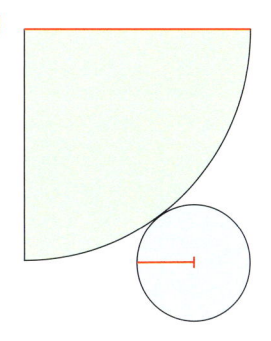

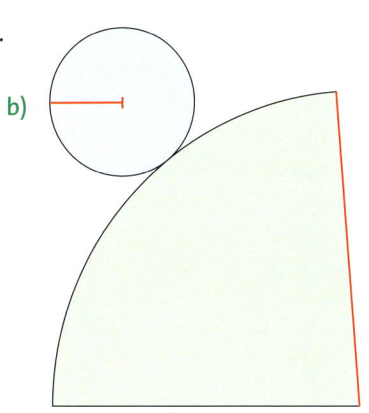

a)

b)

AUFGABE DER WOCHE
Wie schwer ist ein Reiskorn?

2 Berechne die Grundflächen, die Mantelflächen und die Oberflächen dieser Kegel.
Miss die benötigten Größen in den Zeichnungen (Schrägbilder α = 90°).

a)   b)   c)   d)

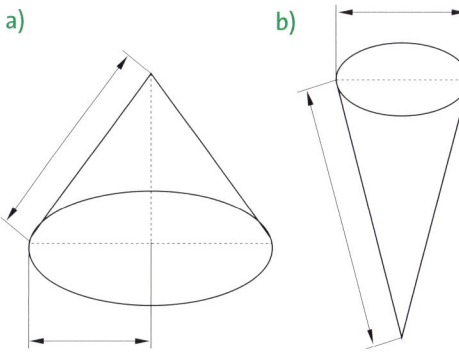

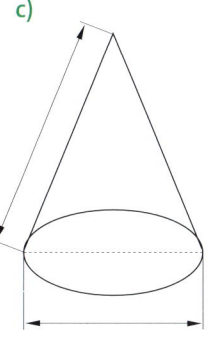

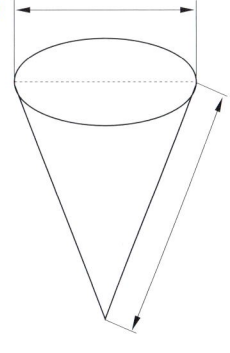

3 Mantelflächen

a) Berechne jeweils die Mantelfläche.

Radius	Mantel-linie	Mantel-fläche
4 cm	10 cm	
5 cm	8 cm	

Radius	Mantel-linie	Mantel-fläche
3,5 cm	8 cm	
2 cm	14 cm	

Radius	Mantel-linie	Mantel-fläche
15 cm	1,7 dm	
3 cm	8,5 dm	

b) Findest du jeweils die Maße eines Kegels, die in die freie Zeile passen?

4 Ein Kegel hat einen Durchmesser von 5 cm und eine Höhe von 10 cm.
a) Ermittle aus dem Durchmesser und der Höhe die Länge der Mantellinie s.
Beachte das Bild in der Randspalte.
b) Berechne den Flächeninhalt des Mantels, dann den Oberflächeninhalt des Kegels.

5 Das Gasometer in Oberhausen, ein ehemaliger Gasbehälter, ist eine vielbesuchte Ausstellungshalle. Für eine Ausstellung zum Thema „Wasser und Licht" wurde im Innern ein 50 m hoher Kegel installiert, über dessen Kunststoffoberfläche Wasser fließen konnte.
a) Die Mantellinie des Kegels war 92 cm länger als die Höhe. Berechne damit den Radius des Grundkreises und die Grundfläche des Kegels.
b) Wie groß war die Fläche, über die das Wasser fließen konnte?

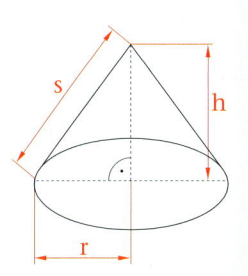

153

Körper berechnen

Volumen ermitteln ▶ LERNZIRKEL

Station 1: Wie viel Wasser verdrängt eine Pyramide?

Material
massive pyramidenförmige Körper (z. B. aus Holz oder Styropor, besondere Kerzen, …), Längenmaßstab, Messzylinder mit großer Öffnung, Wasser

a) Messt zunächst die Grundfläche und die Höhe der Pyramide. Tragt die Werte in eine Tabelle ein (siehe unten).
b) Taucht nun die Körper in den mit Wasser gefüllten Messzylinder ein. Lest ab, wie viel Wasser durch die Körper verdrängt wurde (siehe Fotos).

Vor dem Eintauchen 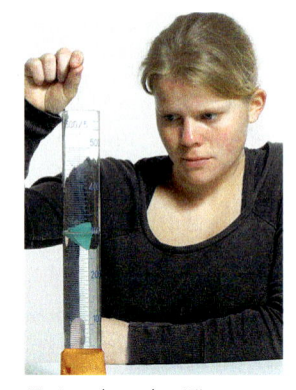   Eintauchen des Körpers 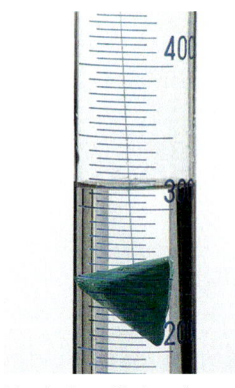   Nach dem Eintauchen

c) Berechnet das Volumen eines Quaders mit gleicher Grundfläche und Höhe und vergleicht mit dem Volumen des verdrängten Wassers.

Körper	Grundfläche	Höhe	Volumen des verdrängten Wassers	Volumen des Quaders mit gleicher Grundfläche und Höhe
Kerze	$G = …$	$h = …$	$V = …$	$V = …$
…				
…				

Station 2: Wie of kann der Quader gefüllt werden?

Material
Schüttkörper (Pyramide und Quader mit gleicher Grundfläche und Höhe), Wasser oder Dekosand

a) Schätzt: Wie oft passt das Wasser einer vollständig gefüllten Pyramide (im Bild unten links) in den Quader (im Bild unten rechts)?
b) Überprüft nun eure Schätzung aus a). Füllt dafür eine solche Pyramide vollständig mit Wasser. Schüttet es in den Quader. Wie oft müsst ihr dieses Vorgehen wiederholen, bis der Quader vollständig gefüllt ist?
c) Vergleicht die Grundfläche (die Höhe) der Pyramide und des Quaders.
d) Wie kannst du das Volumen einer Pyramide ermitteln, wenn du das Volumen des umgebenden Quaders kennst? Erkläre.

Station 3: Pyramide und Würfel

Unter dem Mediencode 155-1 findest du das Schrägbild eines Würfels zum Ausdrucken.

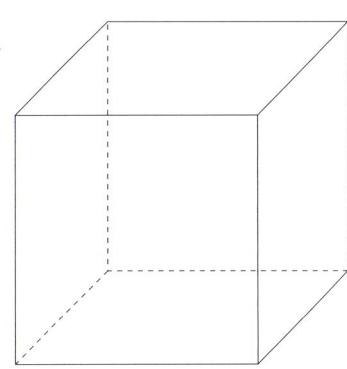

a) Zeichne alle Raumdiagonalen in das Schrägbild des Würfels ein.
b) Schau dir die entstandene Zeichnung genau an. Wie viele Pyramiden erkennst du? Was kannst du über die Größen der einzelnen Pyramiden sagen?
c) Das Volumen eines Würfels ist $V_{\text{Würfel}} = a^2 \cdot a$. Wie groß ist dann das Volumen einer einzelnen Pyramide? Schreibe eine Formel für V_{Pyramide}.
d) Welcher Zusammenhang besteht zwischen der Höhe der Pyramide h und der Kantenlänge a des Würfels? Schreibe als Term.
e) Ersetze a in der Formel für V_{Pyramide} aus c) durch den in d) bestimmten Term (mit h) und vereinfache.
Du erhältst eine Formel für die Berechnung des Pyramidenvolumens.

ww 155-1

Station 4: Ein Glas füllen

In das Glas passen 200 ml. In fünf Schritten wurde es mit gleichen Mengen (je 40 ml) gefüllt. Was beobachtest du? Schreibe einen kurzen Text zu deinen Beobachtungen.

Station 5: Wie oft kann der Zylinder gefüllt werden?

a) Schätzt, wie oft der Sand eines vollständig gefüllten Schüttkegels in den Schüttzylinder passt.
b) Füllt den Kegel vollständig mit Sand und schüttet diesen Sand in den Zylinder. Wiederholt den Vorgang so oft, bis der Zylinder gefüllt ist. Vergleicht mit der Schätzung aus a).
c) Vergleicht die Grundfläche (die Höhe) des Kegels und des Zylinders.
d) Erklärt: Wie kann man das Volumen eines Kegels ermitteln, wenn man das Volumen des umgebenden Zylinders kennt?

Material
Schüttkörper (Kegel und Zylinder mit gleicher Grundfläche und gleicher Höhe), Dekosand oder Wasser

Körper berechnen

6 Volumen von Pyramiden und Kegeln ▶ WISSEN

Sara und Lars bestimmen das Volumen einer Pyramide durch Schüttversuche. Sie experimentieren mit einer Pyramide und einem Würfel (gleiche Grundfläche, gleiche Höhe).

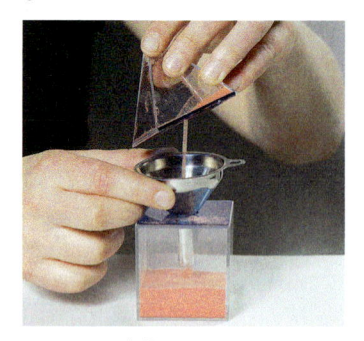

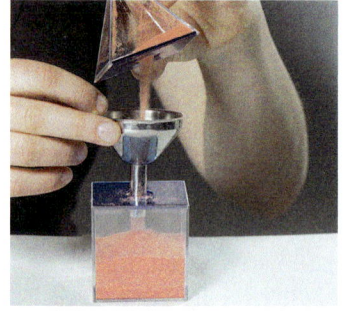

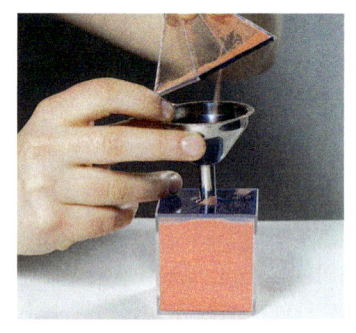

Erstes Umfüllen   *Zweites Umfüllen*   *Drittes Umfüllen*

Sie erhalten als Ergebnis: Drei Sandfüllungen der Pyramide füllen den Würfel genau einmal. Eine Sandfüllung der Pyramide füllt den Würfel genau zu einem Drittel.

So kannst du das **Volumen eines spitzen Körpers** berechnen: $V = \frac{1}{3} \cdot G \cdot h$
Volumen = $\frac{1}{3}$ · Grundfläche · Körperhöhe

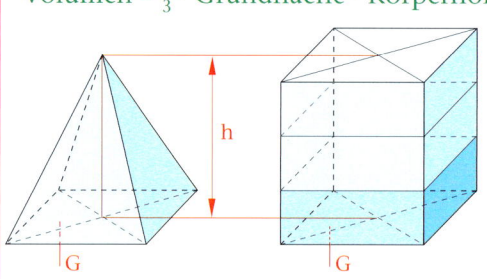

Wie bei **Pyramiden** die Grundfläche berechnet wird, hängt von ihrer Form ab.

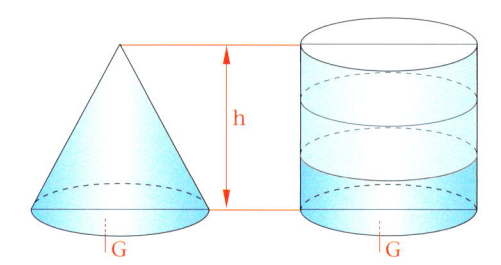

Bei einem **Kegel** ist immer ein Kreis die Grundfläche. Daher gilt für das Volumen eines Kegels die Formel:
$V = \frac{1}{3} \cdot \pi \cdot r^2 \cdot h$

BEISPIEL: Eine Pyramide hat ein Rechteck (5 cm lang; 3 cm breit) als Grundfläche. Die Pyramide ist 8 cm hoch.

Sara rechnet und schreibt:

gegeben:
- Grundfläche Rechteck
 $a = 5$ cm; $b = 3$ cm
- Körperhöhe $h = 8$ cm

gesucht: Volumen

1. Grundfläche berechnen
$G = a \cdot b$
$G = 5 \text{ cm} \cdot 3 \text{ cm}$
$G = 15 \text{ cm}^2$

2. Einsetzen in Formel
$V = \frac{1}{3} \cdot G \cdot h$
$V = \frac{1}{3} \cdot 15 \text{ cm}^2 \cdot 8 \text{ cm}$
$V = 40 \text{ cm}^3$

Ergebnis: Die Pyramide hat ein Volumen von 40 cm³.

ÜBEN

1 Berechne die Rauminhalte der folgenden Pyramiden (Grundfläche: Quadrat).

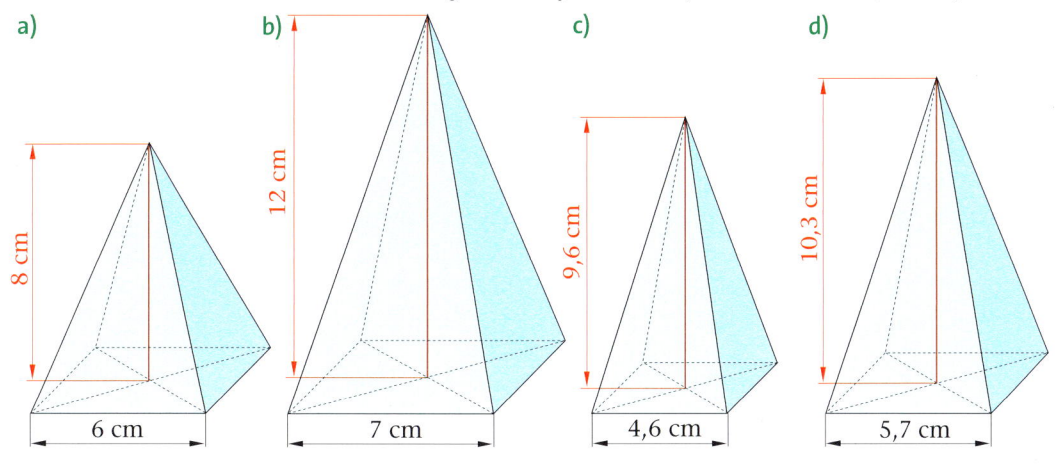

a) 8 cm; 6 cm
b) 12 cm; 7 cm
c) 9,6 cm; 4,6 cm
d) 10,3 cm; 5,7 cm

AUFGABE DER WOCHE
Finde mindestens sechs Teiler der Zahl 317 520.

2 Berechne jeweils das Volumen der Pyramide.
a) Grundfläche 4 cm²; Körperhöhe 3 cm
b) Grundfläche 9 cm²; Körperhöhe 15 cm
c) Grundfläche 16 cm²; Körperhöhe 20 cm
d) $G = 6{,}25$ cm²; $h = 8{,}4$ cm
e) $G = 12{,}96$ cm²; $h = 5{,}7$ cm
f) $G = 20{,}25$ cm²; $h = 7{,}2$ cm
g) Gib mögliche Beispiele für die Grundflächen an (Form, Maße).

3 Die Pyramiden haben jeweils eine quadratische Grundfläche. Vervollständige die Tabelle.

	a)	b)	c)	d)	e)	f)
Grundkante	3,6 cm	45 mm	1,40 m	0,05 m		
Grundfläche					1 m²	120 cm²
Körperhöhe	4,2 cm	2 dm	210 cm	1,5 dm		
Volumen					2 m³	200 cm³

4 Diese Pyramiden haben rechteckige Grundflächen. Berechne die Rauminhalte.
a) $a = 12$ cm; $b = 8$ cm; $h = 20$ cm
b) $a = 30$ cm; $b = 24$ cm; $h = 45$ dm
c) $a = 2$ m; $b = 15$ dm; $h = 360$ cm
d) $a = 420$ mm; $b = 0{,}24$ m; $h = 8$ dm
e) $a = 57$ cm; $b = 390$ mm; $h = 1{,}5$ m
f) Ordne die Pyramiden nach ihrer Größe.

5 Ordne den maßstäblich gezeichneten Eisbechern die passenden Größen zu.

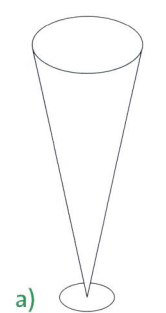

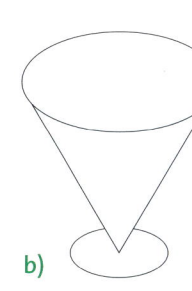

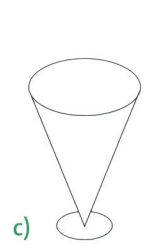

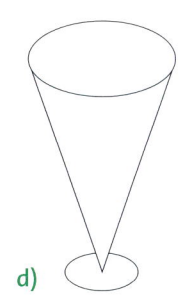

(1) $r = 7{,}5$ cm; $h = 18{,}5$ cm
(2) $r = 13$ cm; $h = 23$ cm
(3) $r = 10$ cm; $h = 28$ cm
(4) $r = 7{,}5$ cm; $h = 33$ cm

6 Berechne die Fassungsvermögen der Eisbecher aus Aufgabe 5.

Körper berechnen

7 Vervollständige die Tabelle für Kegel im Heft.

	a)	b)	c)	d)	e)	f)
Radius	2 cm	3,5 cm	36 mm	0,06 m	1,8 cm	
Grundfläche						
Körperhöhe	5 cm	6 cm	7,2 cm	253 mm		6 cm
Volumen					100 cm³	25,12 cm³

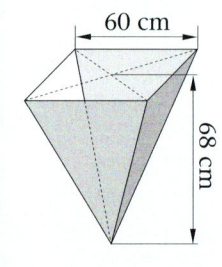

8 Kann dieser Trichter einer Mühle 0,6 m³ Getreide aufnehmen?

9 Ein Sandkegel mit einem Volumen von 1000 m³ hat einen Umfang von 88 m. Gib seine ungefähre Höhe an.

10 In Salinen wird salzhaltiges Meerwasser in Becken geleitet. Dort verdunstet das Wasser. Das Salz bildet Kristalle, die zu Haufen zusammengeschoben werden. Schätze Höhe und Radius der Salzhaufen in den Bildern. Berechne dann ihr Volumen.

Salzkegel: In einer Saline in Thailand

Salzkegel: In einer Saline in Portugal

11 Schätze zuerst: Darf die Salzmenge im Bild rechts mit einem Anhänger transportiert werden, auf den maximal 350 kg zugeladen werden können? Rechne nach mit den Ergebnissen aus Aufgabe 10.

12 Lars hat aus Plexiglas eine quadratische Pyramide mit einem Volumen von sechs Litern hergestellt. Die Grundkante der Pyramide misst 30 cm.
a) Welche Höhe hat die Pyramide?
b) Nun fertigt Lars einen Würfel mit dem gleichen Volumen. Für welchen Körper benötigt er mehr Plexiglas?

13 Berechne ...
a) das Volumen der Pyramide auf dem Karlsruher Marktplatz (siehe Seite 148),
b) das Volumen der Glaspyramide im Innenhof des Louvre (siehe Seite 145, 149).

14 0,75 Liter Mineralwasser reichen für sieben normal gefüllte Sektkelche. Für wie viele Gläser reicht diese Menge, wenn die Gläser nur bis zur halben Höhe gefüllt werden? Gebt zuerst einen Tipp ab und überprüft dann eure Vermutung.

15 Die Cheopspyramide ist im Laufe der Jahre „geschrumpft". Ursprünglich hatte die quadratische Grundfläche eine Seitenlänge von 230 m, die Pyramidenhöhe betrug 146,60 m. Die aktuellen Maße sind 227 m und 136,60 m.
Um wie viel Prozent hat sich das Volumen durch Verwitterung verringert?

TIPP
zu Aufgabe 14:
Ihr könnt selbst Gläser befüllen oder messen und rechnen.

16 Kalkstein hat eine Dichte von 2,75 t pro m³. Damit kannst du ungefähr die Anzahl der 2,3 t schweren Steine bestimmen, die beim Bau der Cheopspyramide verwendet wurden.

17 Bei seinem Ägyptenfeldzug im Jahre 1798 fand Napoleon Bonaparte einen anschaulichen Vergleich für das Volumen der Cheopspyramide: Mit den Steinen dieser Pyramide könne man einen 3 m hohen und 30 cm breiten Schutzwall um ganz Frankreich bauen. Kann dieser Vergleich stimmen?
Nutze die abgebildete Karte.

18 Ein Denkmal für den Mathematiker Blaise Pascal steht im Hof des Pascal-Gymnasiums in Grevenbroich (siehe Randspalte). Es ist aus Granit und hat eine Gesamthöhe von 2,50 m. Die Grundfläche ist ein gleichseitiges Dreieck mit einer Seitenlänge von 30 cm. Die Höhe der kleinen Pyramide an der Spitze beträgt 43 cm.
a) Skizziere die Grundfläche des Denkmals und berechne ihren Flächeninhalt.
b) Berechne das Gesamtvolumen des Denkmals.
c) Granit wiegt 2,9 kg/dm³. Wie schwer ist das Denkmal?

19 Der kegelförmige Dachraum eines alten Turms soll restauriert und zu einer Wohnung umgebaut werden.
a) Der Turmdurchmesser beträgt 6,50 m, die Höhe des Dachs beträgt 5,80 m. Berechne die benötigte Heizleistung in Kilowatt, wenn pro Kubikmeter umbautem Raum 280 Watt benötigt werden.
b) Mit welchen Baukosten muss gerechnet werden, wenn pro Kubikmeter umbauten Raum 125 € veranschlagt werden?
c) 1 m² des Daches zu decken, kostet 240 €. Wie viel kostet das gesamte Dach?

Das Pascal-Denkmal in Grevenbroich

BIST DU FIT?

1. Vervollständige die Preistabelle im Heft.

Menge (in kg)	0,5			4	8,5
Preis (in €)		3,80		15,20	

2. Ergänze zu einer proportionalen Zuordnung.

x	0,2	0,5	1	1,5	2	3
y			15			

3. Herr Schmidt räumt Regale ein. Pro Tag (acht Stunden Arbeitszeit) schafft er etwa 360 Fächer.
a) Wie viele Fächer schafft er in drei Stunden?
b) Herr Schmidt wird von zwei Kollegen unterstützt. In welcher Zeit schaffen sie 360 Fächer?

4. Drei Eimer Farbe kosten 59,70 €. Wie viel kosten acht Eimer?

5. John hat am Computer einen Text geschrieben. Bei 12 pt Zeilenabstand (= 4,23 mm) ist genau eine Seite gefüllt. Oben und unten lässt John jeweils 2 cm Rand.
a) Wie viele Zeilen passen etwa auf eine DIN-A4-Seite (29,7 cm hoch)?
b) Wie viele Millimeter entsprechen 1 pt?

Körper berechnen

➕ Mogelpackung? ▶ THEMA

1 Die beiden Verpackungen enthalten das gleiche Produkt (200 g Pralinen). Vergleiche ihr Volumen.

Verpackung A:
Grundfläche: $a = 11$ cm; $b = 11$ cm;
Höhe $h = 6$ cm

Verpackung B:
Grundfläche: $g = 30$ cm; $h_g = 26$ cm;
Höhe $h = 4$ cm

2 Welche der beiden Verpackungen aus Aufgabe 1 gefällt dir besser? Nenne Gründe. Überlege dir auch Gründe, die aus Sicht eines Schokoladen-Herstellers für eine der Verpackungsformen sprechen.

3 Verbraucherschützer berichten regelmäßig über **Mogelpackungen** oder Täuschungspackungen. Erkläre mit eigenen Worten, was du unter einer „Mogelpackung" verstehst. Vergleiche auch mit den gesetzlichen Bestimmungen (siehe rechts).

> *Bundesministerium für Umwelt:*
> **Verordnung über die Vermeidung und Verwertung von Verpackungsabfällen (Paragraph 12, Nr. 1)**
> Verpackungen sind so herzustellen und zu vertreiben, dass Verpackungsvolumen und -masse auf das Mindestmaß begrenzt werden, das für die Sicherheit und Hygiene des verpackten Produkts und für eine angemessene Akzeptanz des Verbrauchers erforderlich ist.

4 Verbraucherschützer halten eine Verpackung für „gemogelt" und unzulässig, wenn sie 30 Prozent oder mehr Luft enthält.
Überprüfe, wie viel Luft die beiden Verpackungen aus Aufgabe 1 enthalten.
(HINWEIS: Rechne mit einer Dichte von Schokolade von 0,8 bis 1,2 g/cm³.)

5 Bei einigen Produkten ist die Verpackung „nur" funktional: Mehl oder Kaffee sind unmittelbar von der Verpackung umgeben. Das tatsächliche und das sichtbare Volumen stimmen fast überein.
Süßwaren haben dagegen oft Verpackungen, die viel mehr Inhalt vortäuschen als sie tatsächlich enthalten. Hier ist es sinnvoll, auf das „Kleingedruckte" zu achten. Denn auf der Verpackung muss stehen, wie viel des Produktes tatsächlich darin enthalten ist.
Findet weitere Beispiele für diese beiden Typen von Verpackungen.

6 Mogelpackungen finden
a) Sucht in eurer Umgebung nach Mogelpackungen.
b) Findet Antworten:
  • Warum werden Mogelpackungen auf den Markt gebracht?
  • Wie werden Mogelpackungen hergestellt?
  • Wie können mit Mogelpackungen Preiserhöhungen verschleiert werden?

Kugeln berechnen ▶ ERFORSCHEN

1 Welchen Durchmesser und welchen Oberflächeninhalt hat eine Orange?

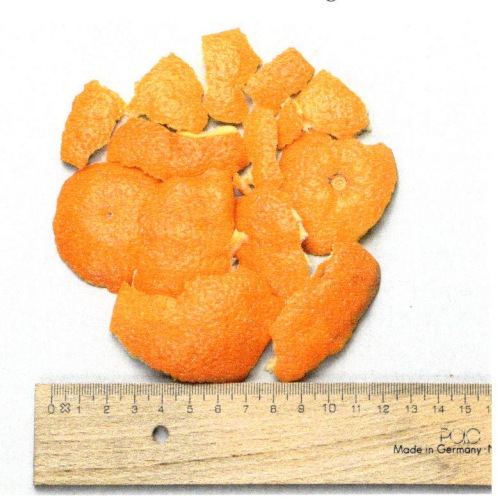

2 Hier siehst du eine Figur, mit der du eine Kugel bekleben kannst. Solche Figuren werden z. B. benutzt, um einen Globus mit einer gedruckten Karte zu bekleben. Unter dem Mediencode 161-1 findest du eine Kopiervorlage.

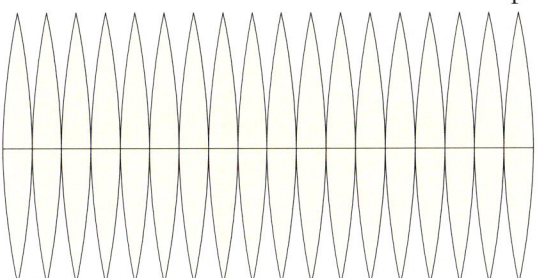

🌐 161-1

Maßstab 1 : 7

a) Welchen Durchmesser hat die Kugel, die mit diesem Netz beklebt werden kann?
b) Berechne näherungsweise ihren Oberflächeninhalt.

3 Der Fußball ist gar nicht rund?
a) Schau dir einen Fußball genau an. Aus welchen Flächen ist er zusammengesetzt? Wie viele Flächen gibt es jeweils davon?
b) Überlege, wie du aus Karton oder Pappe einen Fußball herstellen kannst. Du kannst dazu benutzen: Sechseck-Rosetten wie im Bild rechts, Fünfecke und starkes Klebeband. TIPP: Unter dem Mediencode 161-2 findest du eine Bastelvorlage.

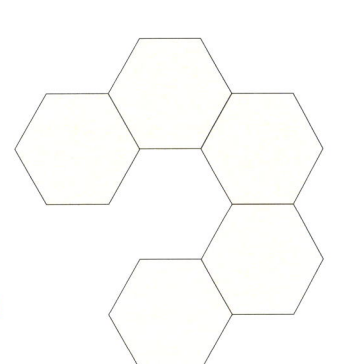

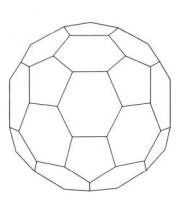

🌐 161-2

4 Wählt eine Kugel aus der Mathematiksammlung oder einen kugelförmigen Gegenstand aus.
a) Wie groß ist der kleinste Würfel, in den man die Kugel vollständig verpacken kann? Zeichnet ein Netz dieses Würfels.
b) Findet näherungsweise heraus: Wie viele Würfelflächen benötigt ihr, um die Kugeloberfläche vollständig zu bekleben?

Körper berechnen

7 Die Oberflächen von Kugeln ▶ WISSEN

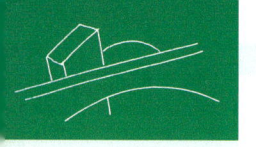

Schau dir den Riesenfußball links genau an. Dann siehst du, dass seine Oberfläche aus grauen Fünfecken und weißen Sechsecken zusammengesetzt ist. Mit diesem Bauprinzip wird annähernd die Form einer Kugel erreicht. Eine echte Kugel aber hat eine vollkommen gekrümmte Oberfläche. Es ist nicht möglich, ein exaktes Kugelnetz in der Ebene zu zeichnen.

Man kann den Oberflächeninhalt des Riesenfußballs näherungsweise ermitteln, indem man die Flächeninhalte der Fünfecke und Sechsecke addiert.

Dieser begehbare Riesenfußball stand im Jahr 2006 u.a. in Berlin, Dortmund und Köln.

Daniel geht einen anderen Weg. Er bedeckt die Oberfläche einer Kugel mit den Quadraten eines Würfelnetzes. Dabei wählt er die Maße so aus, dass die Kantenlänge des Würfels mit dem Durchmesser der Kugel übereinstimmt.

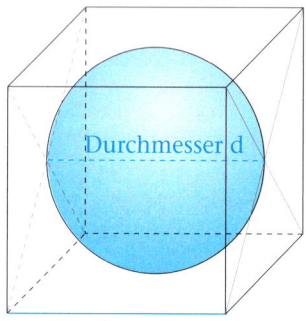

Durchmesser d

Kantenlänge $a = d$

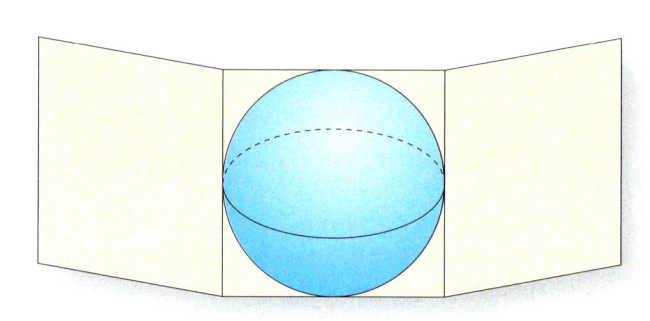

Es gelingt Daniel, mit drei Quadraten die Kugeloberfläche einigermaßen genau abzudecken. Die Kugeloberfläche ist annähernd dreimal so groß wie ein Quadrat.

$O_{Kugel} \approx 3 \cdot A_{Quadrat}$
$O_{Kugel} \approx 3 \cdot d^2 \quad | \; d^2 = (2 \cdot r)^2 = 4 \cdot r^2$
$O_{Kugel} \approx 3 \cdot 4 \cdot r^2$
$O_{Kugel} \approx 12 \cdot r^2$

So berechnest du den **Oberflächeninhalt einer Kugel**: $O = 4 \cdot \pi \cdot r^2$
$O = \pi \cdot d^2$

▶ **ÜBEN**

1 Berechne jeweils den Oberflächeninhalt der Kugeln mit den angegebenen Maßen.
a) $r = 20$ cm   b) $r = 3$ mm   c) $d = 0{,}72$ m
d) $r = 20$ mm   e) $d = 50$ m   f) $d = 12\,756$ km
g) Findest du Gegenstände, die zu diesen Maßen passen? Erkläre.

2 Übertrage die Tabelle in dein Heft und ergänze die fehlenden Angaben für Kugeln.

	a)	b)	c)	d)
r	5 cm			
d		8,02 m		
O			2826 mm²	456 m²

Die Kugeln in diesem Kugellager messen 3 mm im Durchmesser.

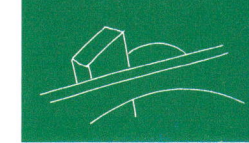

3 In einem Lexikon wird die Oberfläche der Erde mit 510 000 000 km² angegeben.
Wie groß ist der Radius einer Kugel, die diesen Oberflächeninhalt hat? Vergleiche mit dem mittleren Erdradius von 6371 km.

4 Berechne die Oberflächeninhalte der Kugeln mit den Radien 1 m, 2 m, 3 m, 4 m und 5 m. Stelle die Ergebnisse in einer Tabelle dar. Was stellst du fest?

5 Eine Kugel hat den Radius $r = 8$ cm.
a) Berechne den Oberflächeninhalt der Kugel.
b) Welchen Radius hat eine Kugel, deren Oberflächeninhalt halb (doppelt) so groß ist?

6 Der größte und vollkommenste Rundbau der antiken Baukunst ist das Pantheon in Rom. Besonders beeindruckend ist die Kuppel in Form einer Halbkugel (Durchmesser 43,3 m). Wie groß etwa ist die Oberfläche der Kuppel?

7 Bei Vollmond ist etwa die Hälfte der Oberfläche des Mondes ($d = 3476$ km) zu sehen.
a) Wie viel km² sind das?
b) Gib die Mondoberfläche in Prozent der Erdoberfläche (siehe Aufgabe 3) an.

8 Ein besonderes Ziel für botanisch Interessierte ist das Eden Projekt im Südwesten Englands. Dort wird in Gewächshäusern die Vielfalt der Pflanzen unseres Planeten gezeigt. Halbkugelförmige Kuppeln überdecken dort stützenfrei eine Fläche von insgesamt 22 000 m². Die gesamte Oberfläche der Dachkonstruktion misst etwa 30 000 m². Die einzelnen Kuppeln haben einen Durchmesser von bis zu 125 m.

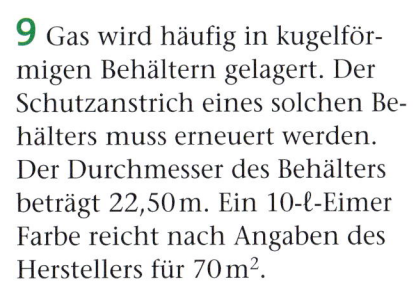

9 Gas wird häufig in kugelförmigen Behältern gelagert. Der Schutzanstrich eines solchen Behälters muss erneuert werden. Der Durchmesser des Behälters beträgt 22,50 m. Ein 10-ℓ-Eimer Farbe reicht nach Angaben des Herstellers für 70 m².

10 Die Erdkugel soll einen Gürtel bekommen. Versehentlich wird dieser 1 m zu lang geliefert. Wie viel Platz ist zwischen der Erdkugel und dem Gürtel?

BIST DU FIT?

1. Berechne schriftlich. Überschlage vorher.
a) 467,28 + 726,62   b) 9817,4 + 236,5   c) 10 422 − 986,5   d) 0,419 − 0,25

2. Berechne im Kopf.
a) −22 + 80   b) 67 − 100   c) −5 · 90   d) −800 : (−2)   e) 85 − (−15)

3. Multipliziere schriftlich. Überschlage vorher.
a) 56 · 3,1   b) 84 · 0,6   c) 907 · 2,5   d) 10,8 · 0,8   e) 72,1 · 2,7

4. Runde auf zwei Stellen nach dem Komma.
a) 0,826 5   b) 38,300 7   c) 6,422   d) 3,141 59   e) 1,414 2

Körper berechnen

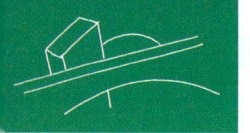

8 Volumen von Kugeln ▶ WISSEN

Alina und Sascha führen Füllversuche mit einer oben offenen Halbkugel und einem oben offenen Kegel durch. Die beiden Körper stimmen in ihren Radien und den Höhen überein.

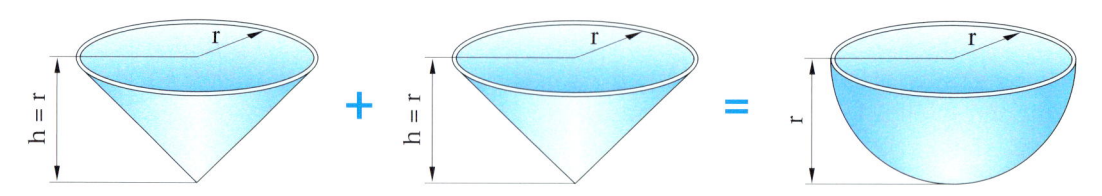

Alina und Sascha finden heraus: Zwei Füllungen des Kegels entsprechen einer Füllung der Halbkugel, vier Füllungen des Kegels daher der ganzen Kugel.

Jetzt wissen sie:

$V_{Kugel} = 4 \cdot V_{Kegel}$ | $V_{Kegel} = \frac{1}{3} \cdot \pi \cdot r^2 \cdot h = \frac{1}{3} \cdot \pi \cdot r^2 \cdot r$ (im Füllversuch oben)

$V_{Kugel} = 4 \cdot \frac{1}{3} \cdot \pi \cdot r^2 \cdot r$

$V_{Kugel} = \frac{4}{3} \cdot \pi \cdot r^3$

Mathematiker haben bewiesen, dass diese Formel für alle Kugeln gilt.

> So berechnest du das Volumen einer Kugel: $V = \frac{4}{3} \cdot \pi \cdot r^3$
>
> $V = \frac{1}{6} \cdot \pi \cdot d^3$

BEISPIELE

(1) Berechne das Volumen einer Kugel mit $r = 3\,cm$.

$V = \frac{4}{3} \cdot \pi \cdot r^3$
$V = \frac{4}{3} \cdot \pi \cdot (3\,cm)^3$
$V = 113{,}097\ldots cm^3$
$V \approx 113{,}1\,cm^3$

(2) Eine Kugel hat ein Volumen von $150\,cm^3$. Berechne ihren Radius.

$V = \frac{4}{3} \cdot \pi \cdot r^3$ | : Einsetzen, Seitentausch
$\frac{4}{3} \cdot \pi \cdot r^3 = 150\,cm^3$ | $: \frac{4}{3}$
$\pi \cdot r^3 = 112{,}5\,cm^3$ | $: \pi$
$r^3 = 35{,}809\ldots cm^3$ | $\sqrt[3]{\ }$
$r \approx 3{,}3\,cm$

▶ ÜBEN

1 Berechne die Rauminhalte der Kugeln mit den angegebenen Maßen.
a) $r = 4\,cm$ b) $d = 22\,cm$ c) $r = 8{,}3\,m$ d) $d = 55\,mm$ e) $d = 3476\,km$
f) Eines der Maße gibt die Größe des Mondes an. Wozu könnten die anderen Maße passen?

2 Berechne die Radien der Kugeln mit den angegebenen Volumina.
a) $V = 12\,cm^3$ b) $V = 35{,}78\,m^3$ c) $V = 0{,}45\,m^3$ d) $V = 25\,000\,m^3$

3 Wie groß ist der Durchmesser einer Kugel mit einem Liter Rauminhalt?

4 Welcher Körper hat den größeren Oberflächeninhalt: ein Würfel mit dem Rauminhalt $1\,m^3$ oder eine Kugel mit dem Rauminhalt $1\,m^3$?

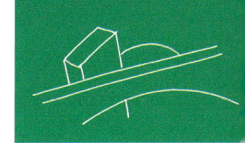

5 Laurin sucht eine Näherungsformel für das Kugelvolumen durch einen einfachen Versuch. Er füllt eine Kugel vollständig mit Sand. Anschließend füllt er den Sand in einen Würfel, dessen Kantenlänge gleich dem Kugeldurchmesser ist.
a) Finde eine Näherungsformel (siehe Fotos).
b) Berechne das Volumen der Kugeln aus Aufgabe 1 mit deiner Näherungsformel. Vergleiche mit den genauen Ergebnissen.

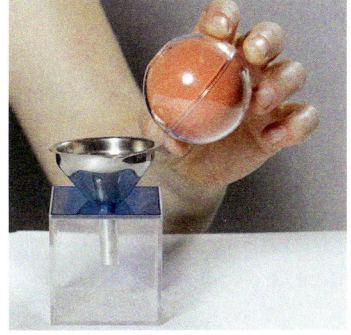

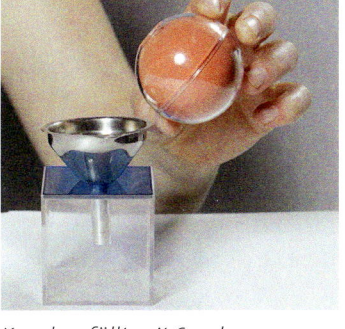

Kugel, gefüllt mit Sand   *Der Würfel nach dem Umschütten*

6 Die Erde hat nur annähernd die Form einer Kugel, da der Polradius nicht mit dem Äquatorradius übereinstimmt.
a) Berechne das Volumen der Erdkugel mit beiden Werten und vergleiche.
b) Der mittlere Radius der Erde wird mit 6 371 229 m angegeben. Die mittlere Dichte der Erde beträgt 5,517 t pro m³. Wie schwer ist die Erde nach diesen Angaben?

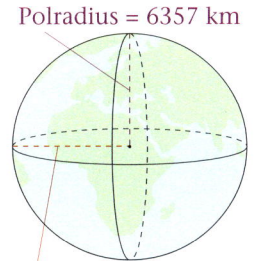

Polradius = 6357 km
Äquatorradius = 6378 km

7 Die abgebildeten „Giant Pool Balls" liegen am Aasee in Münster. Sie wurden vom Pop-Art-Künstler Claes Oldenburg geschaffen. Die drei Betonkugeln erinnern an riesige Billardkugeln. Der Betrachter erfährt die Umwelt dadurch aus der Perspektive einer Maus. Jede Kugel hat einen Durchmesser von 3,50 Metern. Wie viel wiegen die drei Kugeln zusammen? (Die Dichte von Beton beträgt 2,4 kg/dm³.)

8 In Gashochdruckbehältern wird Heizgas gelagert, das bei plötzlich ansteigendem Bedarf an die Verbraucher abgegeben wird. Der größte Kugelgasbehälter Deutschlands befindet sich in Wuppertal. Sein Außendurchmesser beträgt ca. 50 m, sein Innenvolumen ca. 55 000 m³.
a) Berechne die Wandstärke des Behälters.
b) Das Gas wird unter Überdruck gelagert. Bei Normaldruck hätte das gelagerte Gas ein 5,5-mal so großes Volumen. Wie viel Gas kann gespeichert werden?
c) Für eine mittelgroße Wohnung benötigt man für Heizung, Warmwasserbereitung und Kochen ca. 2400 m³ Gas pro Jahr. Wie viele Wohnungen könnten mit der gespeicherten Gasmenge ein Jahr lang versorgt werden?

9 Der weltgrößte Fußball (im Europapark Rust) hat eine Höhe von 43 m.
Wie viele normale Fußbälle mit einem Durchmesser von 22 cm könnten theoretisch mit der Luft dieses Riesenballs gefüllt werden?
(HINWEIS: Gehe davon aus, dass im Riesenball der gleiche Luftdruck herrscht wie in einem normalen Fußball.)

Körper berechnen

9 Vermischte Aufgaben ▶ ÜBEN

1 Werkstücke
a) Beschreibe, aus welchen Körpern diese Werkstücke zusammengesetzt sind. Wie könnten sie hergestellt worden sein?
b) Berechne jeweils das Volumen der Werkstücke.
c) Berechne auch die Oberflächeninhalte der Werkstücke.

(1) (2) 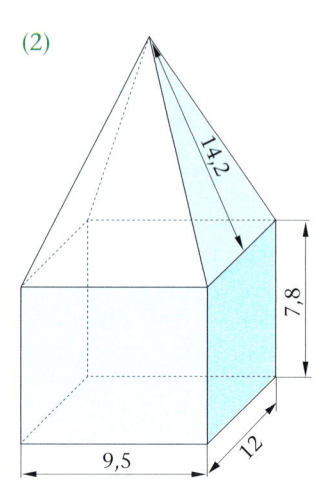 (3)

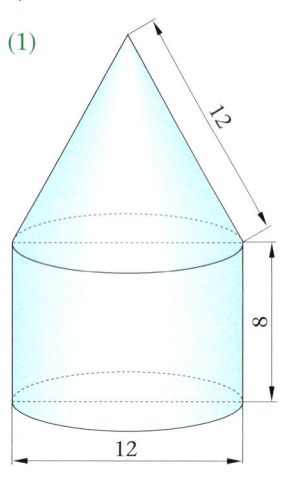

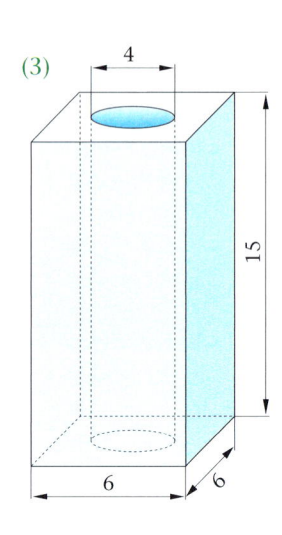

(4) 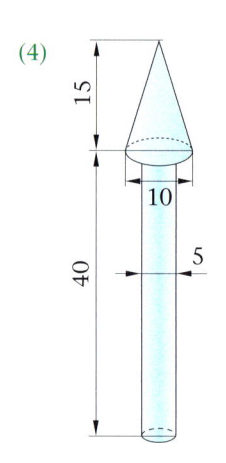 (5) 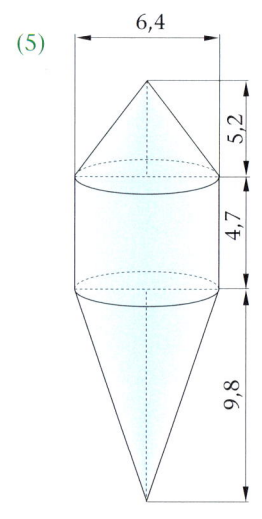 (6)

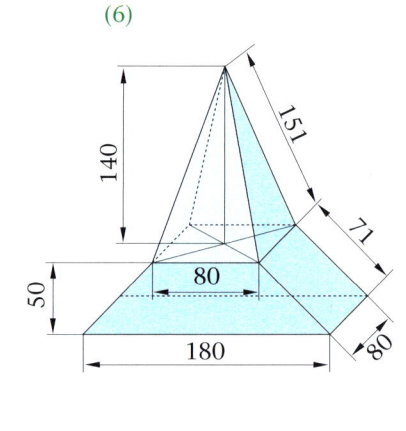

Alle Angaben in cm.

AUFGABE DER WOCHE

15 Striche in einer Reihe auf Papier. 2 Spieler. Abwechselnd werden ein, zwei oder drei Striche durchgestrichen. Verloren hat, wer den letzten Strich durchstreichen muss. Es gibt eine Gewinnstrategie …

2 Aus Messing

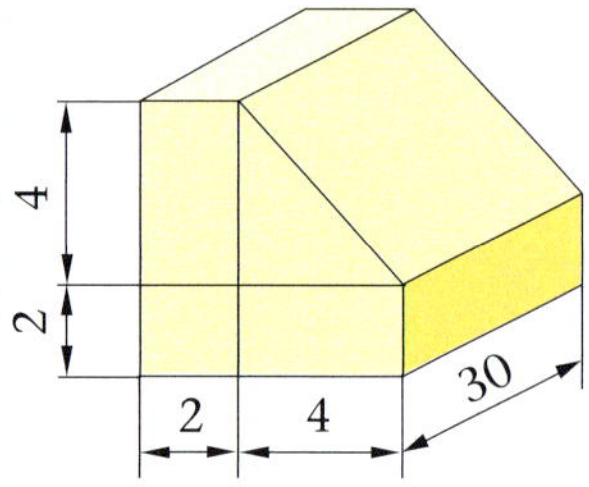

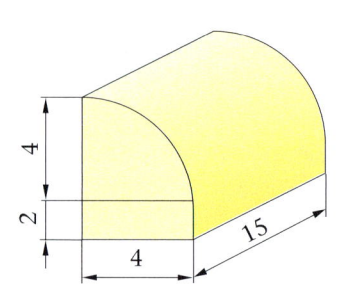

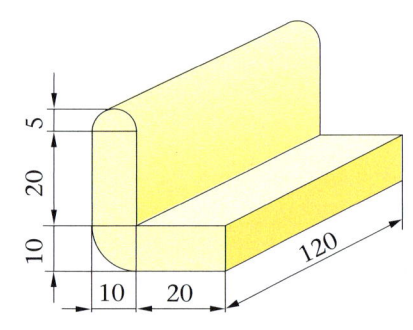

a) Berechne die Rauminhalte der Werkstücke aus Messing. (Alle Maßangaben in cm).
b) Wie schwer sind die Werkstücke? $1\,cm^3$ Messing wiegt 8,3 Gramm.
c) Ermittle die Oberflächeninhalte.

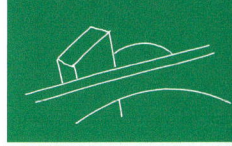

3 Berechne die Rauminhalte und die Oberflächeninhalte der folgenden Körper.

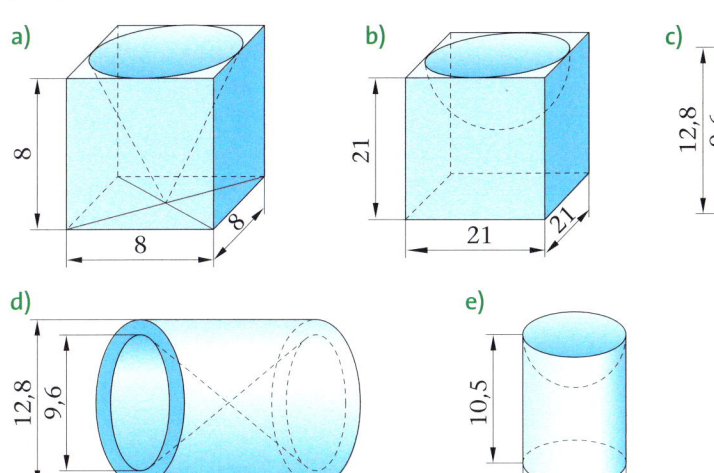

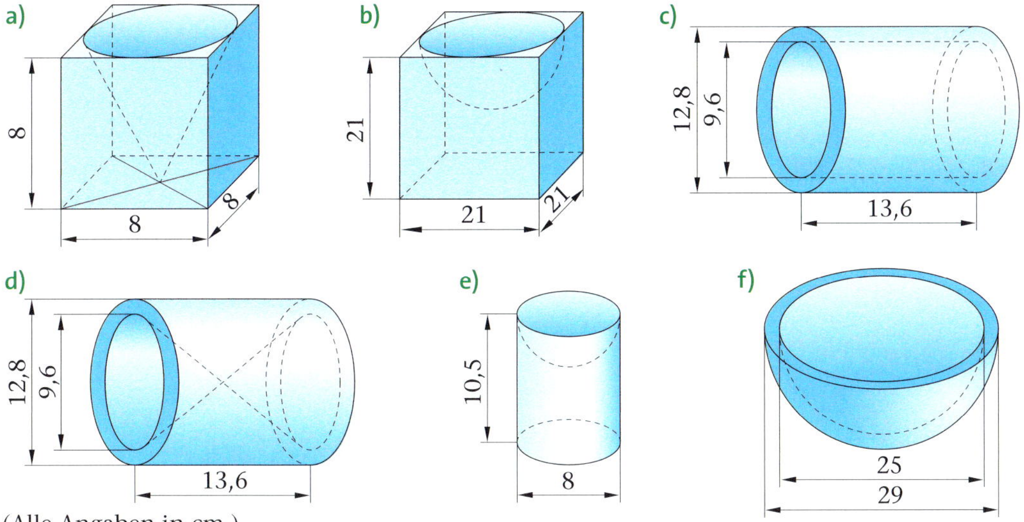

a) Würfel mit Kantenlänge 8
b) Würfel mit Kantenlänge 21
c) Hohlzylinder, Durchmesser außen 12,8, innen 9,6, Länge 13,6
d) Hohlzylinder, Durchmesser außen 12,8, innen 9,6, Länge 13,6
e) Zylinder, Höhe 10,5, Durchmesser 8
f) Halbkugelschale, Innendurchmesser 25, Außendurchmesser 29

(Alle Angaben in cm.)

HINWEIS
Bei dieser Aufgabe ist es nötig, jeweils Differenzen zu bilden.

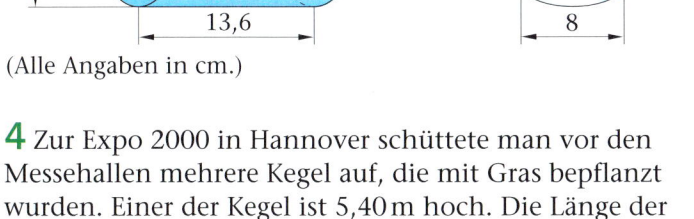

4 Zur Expo 2000 in Hannover schüttete man vor den Messehallen mehrere Kegel auf, die mit Gras bepflanzt wurden. Einer der Kegel ist 5,40 m hoch. Die Länge der Mantellinie s beträgt 6,20 m.
Berechne die Grasfläche, die gepflegt werden musste.
(Die Metallspitze ist im Verhältnis so klein, dass du diese Fläche vernachlässigen kannst.)

Auf der Weltausstellung Expo 2000 in Hannover

5 Die Grundfläche eines Kegels hat einen Durchmesser von 24 cm. Der Kegel ist 18 cm hoch.
a) Wie verändert sich sein Volumen, wenn du die Höhe verdoppelst (verdreifachst, halbierst, drittelst, …)?
b) Wie verändert sich das Volumen des Kegels, wenn du den Radius verdoppelst (verdreifachst, halbierst, drittelst, …)?

6 Das Wahrzeichen der Stadt Lübeck in Norddeutschland ist das Holstentor.
Die Größen der beiden Dachkegel werden mit $u_{Grundkreis} \approx 377{,}70$ m und $s \approx 21{,}80$ m angegeben.
Ist das möglich?

7 Wie groß ist das Fassungsvermögen eines Getreidesilos? Das Silo ist insgesamt 13,80 m hoch, davon entfallen 3,20 m auf den kegelförmigen Aufsatz. Der Durchmesser beträgt 12 m.

Das Holstentor in Lübeck

Ein Getreidesilo

Körper berechnen

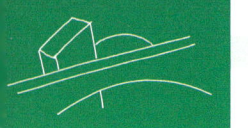

8 Eine Firma stellt Kerzen her.

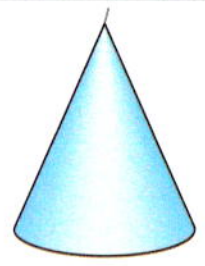 (Kegel)	Durchmesser: 7 cm Höhe: 20 cm	3,30 €	Alle Preise in der Tabelle inklusive Mehrwertsteuer
 (Zylinder)	Durchmesser: 7 cm Höhe: 20 cm	1,90 €	
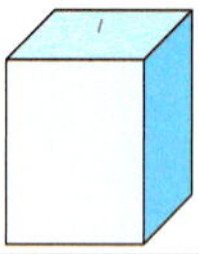 (Würfel/Quader)	Grundseiten: 7 cm × 7 cm Höhe: 10 cm	1,90 €	
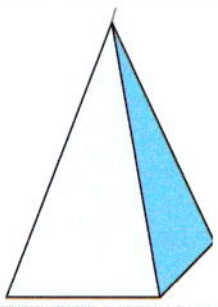 (Pyramide)	Grundseiten: 7 cm × 7 cm Höhe: 20 cm	3,30 €	

Bestellung:

Kerzenform	Anzahl
kegelförmig	250
zylinderförmig	400
quaderförmig	500
pyramidenförmig	250

a) Berechne den Warenwert für die Bestellung.
b) Der Kunde möchte wissen, wie viel die bestellten Kerzen insgesamt wiegen. Das Kerzenwachs hat eine Dichte von 0,85 g pro cm³.

9 Verändere bei den Kerzenformen in der Tabelle die Maße so, dass alle Kerzen gleich viel wiegen.

10 Diese Volieren in Berlin sind ein Anlaufpunkt für Touristen. In zwei mit Stahlnetzen bespannten Halbkegeln sind exotische Vögel zu Hause. Die Maße sind:
- große Voliere: $r = 6{,}63$ m; $h = 23{,}45$ m;
- kleine Voliere: $r = 6{,}48$ m; $h = 12{,}75$ m.

In beiden Volieren befinden sich quaderförmige Häuschen mit der Grundfläche 24,4 m² (große Voliere) und 16,98 m² (kleine Voliere). Die Häuschen sind je 2,8 m hoch. 
a) Welcher Raum steht den Vögeln jeweils zum Fliegen zur Verfügung?
b) Berechne jeweils die Außenfläche, die mit Stahlnetzen bespannt ist.

11 Der Goldschmied und Metallbildhauer Albert Sous baute einen runden Ausstellungsraum mit einer Kuppel aus Flaschen (Bild links). Der Radius der Kuppel beträgt 4,5 m.
Ermittle näherungsweise die Anzahl der verbauten Flaschen, wenn jede Flasche einen Radius von 3,8 cm hat.

12 Für die Expo 2000 errichtete Dänemark drei besondere Gebäude. Berechne die Außenflächen und die Rauminhalte.
- Halbkugel: $d = 15$ m
- Quader: $a = 10{,}5$ m; $b = 8{,}75$ m; $c = 7$ m
- Pyramide: $a = 14{,}75$ m; $h = 17$ m

▶ MATHEMEISTERSCHAFT

1 Berechne jeweils die Länge der rot markierten Strecke. Die Grundflächen der Pyramiden sind quadratisch.
(6 Punkte)

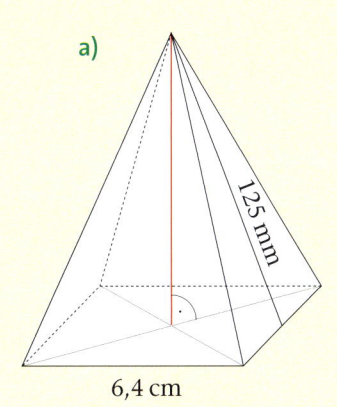

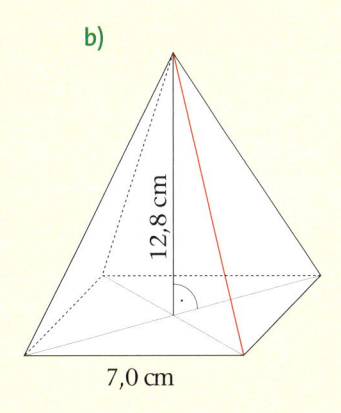

a) 125 mm; 6,4 cm

b) 12,8 cm; 7,0 cm

2 Berechne jeweils Volumen und Oberflächeninhalt der Körper. *(9 Punkte)*
a) Pyramide mit einem Quadrat als Grundfläche:
   $a = 50$ mm; $h = 120$ mm
b) Pyramide mit einem Rechteck als Grundfläche:
   $a = 4$ cm; $b = 3$ cm; $h = 10$ cm
c) Kegel: $r = 28$ mm; $h = 2$ cm

3 Berechne den Rauminhalt des zusammengesetzten Körpers rechts. *(4 Punkte)*

4 In eine kegelförmige Vase passen $1\frac{1}{2}$ Liter Wasser. Wie viel Wasser passt in ein zylinderförmiges Gefäß mit der gleichen Grundfläche und der gleichen Höhe? *(2 Punkte)*

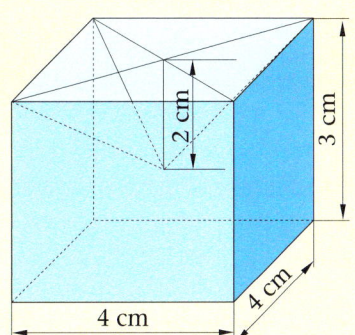

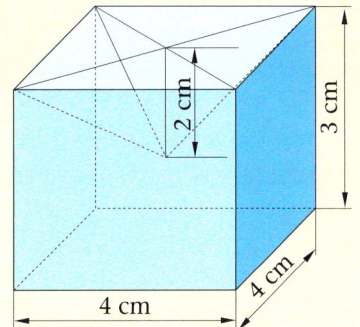

5 Berechne den Oberflächeninhalt und das Volumen einer Kugel mit $r = 6,4$ cm. *(4 Punkte)*

6 Welcher der beiden Körper ist schwerer (Angaben in mm)? *(8 Punkte)*

(HINWEIS: Beide Werkstücke sind aus dem gleichen Material hergestellt worden.)

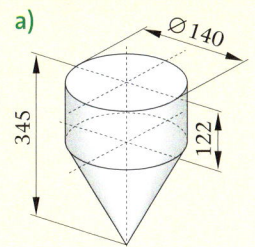

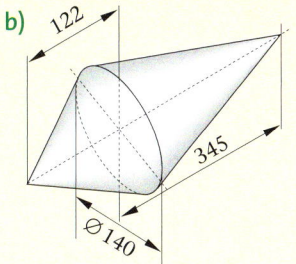

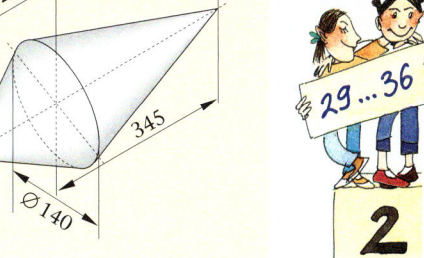

a) ⌀140; 345; 122
b) 122; 345; ⌀140

7 Im Bild siehst du das Netz einer Pyramide auf einem Stück Pappe. Wenn alle vier Dreiecke hochgeklappt werden, entsteht eine Pyramide.
a) Berechne den Oberflächeninhalt und das Volumen der Pyramide. *(4 Punkte)*
b) Wie hoch ist der Anteil des Abfalls in Prozent, wenn das Netz der Pyramide aus dem Stück Pappe ausgeschnitten wird? *(4 Punkte)*

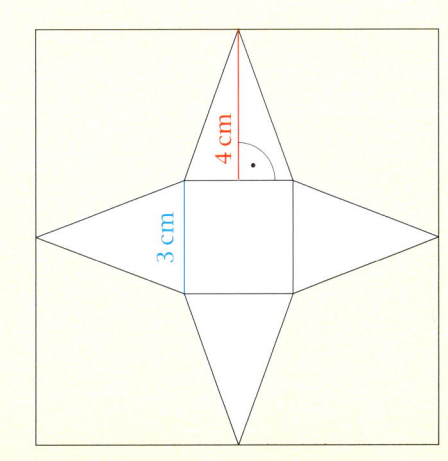

(4 cm; 3 cm)

37...41
29...36
20...28

Körper berechnen

➕ Leuchttürme ▶ THEMA

Leuchtturm Hohe Weg
Koordinaten:
53° 43' Nord,
8° 15' Ost
Höhe des Lichtsignals: 29 m
Höhe des Turmes: 36 m

Leuchttürme an den Küsten dienen der Schifffahrt als Orientierungspunkte und ermöglichen Positionsbestimmungen. Als ältester Leuchtturm gilt der Pharos von Alexandria, erbaut um 300 v. Chr. In Deutschland gibt es heute rund 220 Leuchttürme.

1 Welche Körperformen, Figuren und Symmetrien erkennst du an den Leuchttürmen? Beschreibe.

2 Ordne die vier Leuchttürme anhand ihrer Koordinaten den Punkten A bis D in der Karte zu.

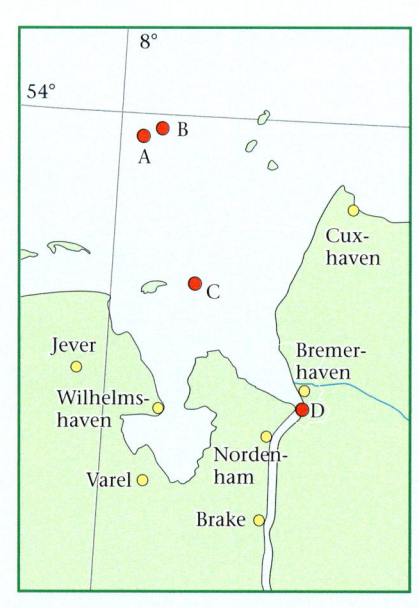

Leuchtturm Roter Sand
Koordinaten:
53° 51' Nord;
8° 05' Ost
Höhe des Lichtsignals: 24 m
Höhe des Turmes: 28 m

Leuchtturm Bremerhaven
Koordinaten: 53° 35' Nord; 8° 40' Ost
Höhe des Lichtsignals: 21 m und 34 m
Höhe des Turmes: 37 m

Leuchtturm Alte Weser
Koordinaten: 53° 52' Nord; 8° 08' Ost
Höhe des Lichtsignals: 33 m
Höhe des Turmes: 38 m

3 Zum Schätzen
a) Schätze die Durchmesser der Türme an ihrer Basis.
   (HINWEIS: An der Basis geht der eigentliche Turmaufbau in das Fundament über.)
b) Schätze die Fläche des unteren weißen (roten) Ringes am Leuchtturm Roter Sand.

4 Jeder Leuchtturm zeigt ein einzigartiges Leuchtsignal, an dem man ihn sicher erkennt. Die folgenden Lampen von Leuchttürmen drehen sich in 60 Sekunden einmal um ihren Mittelpunkt (Ansicht von oben, Drehrichtung rechts herum). Gelb bedeutet Licht, grau Dunkelheit.

a)   b) 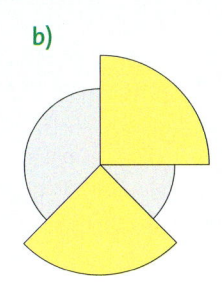   c) 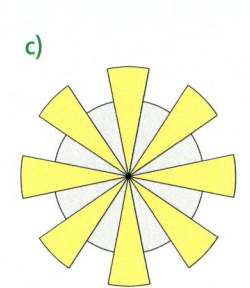   d)

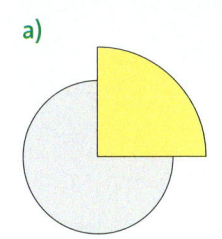

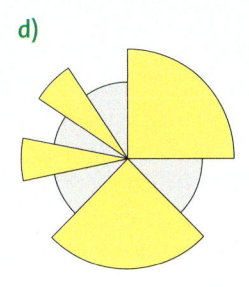

Beschreibe das Leuchtsignal, das man vom Meer aus sieht.

5 Wie verändern sich die Signale aus Aufgabe 4, wenn sich die Lampe in 90 Sekunden einmal um ihren Mittelpunkt dreht?

6 Skizziere das Leuchtsignal einer Lampe zu den folgenden Angaben. Gib auch Zeiten für eine Umdrehung an.
a) abwechselnd 10 Sekunden Licht, 10 Sekunden Dunkelheit
b) 12 Sekunden Licht, 24 Sekunden Dunkelheit, 6 Sekunden Licht, 18 Sekunden Dunkelheit

Körper berechnen

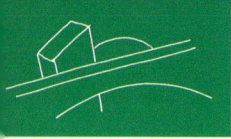

➕ Körper einmal anders ▶ THEMA

1 Denke dir ein Volumen. Konstruiere dann einen Körper, der möglichst nahe an dieses Volumen herankommt.

Füllgraphen

2 Christian und Elmira haben einen Körper, der aus zwei verschieden großen Quadern zusammengesetzt ist, mit 5 ml Wasser pro Sekunde vollständig gefüllt. In regelmäßigen Abständen haben sie die Füllhöhe gemessen und dazu das Schaubild rechts gezeichnet.
a) Befand sich der kleinere der beiden Quader oben oder unten?
b) Was kannst du über die Höhen der beiden Körper aus dem Diagramm ablesen?

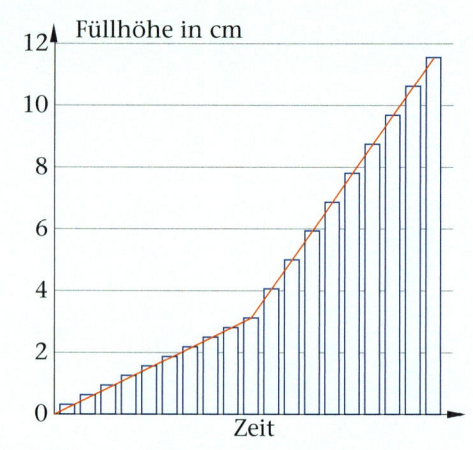

AUFGABE DER WOCHE
Wie viele Mathebücher zusammen sind so schwer wie ein Auto?

3 Welcher der folgenden Füllgraphen passt zu einer Pyramide, die auf ihrer Grundfläche steht?

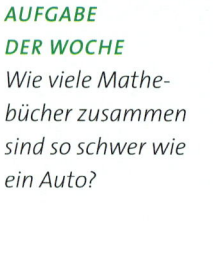

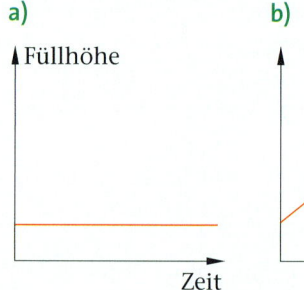

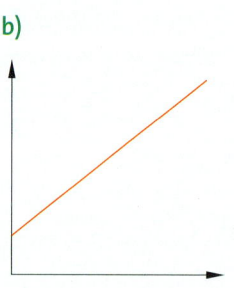

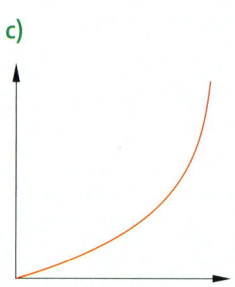

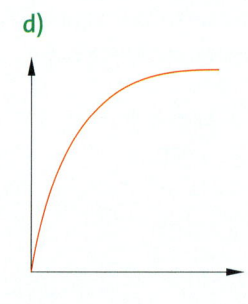

a)   b)   c)   d)

4 Wie könnten Körper zu den Graphen aus Aufgabe 3 aussehen, die nicht zu einer Pyramide passen?

5 Der Füllgraph eines Körpers auf Seite 166 wird so von Georgios beschrieben:
„Der Graph steigt bis etwa zur halben Höhe des Gefäßes gleichmäßig an. Danach ist er gekrümmt und steigt zum Ende hin immer stärker an."
a) Welchen Körper hat Georgios beschrieben?
b) Beschreibe selbst den Füllgraphen eines Körpers auf den Seiten 166 oder 167. Lasse deine Nachbarin oder deinen Nachbarn herausfinden, welchen Körper du beschrieben hast.
Ihr könnt die Beschreibung auch gemeinsam verbessern, wenn nötig.

6 Skizziere Füllgraphen zu den folgenden Körpern.

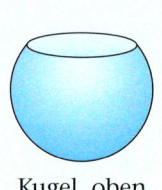

Halbkugel   Kegel   Kegelstumpf   Kugel, oben waagerecht abgeschnitten   Flaschenform

Platonische Körper

Die sogenannten Platonischen Körper haben als Seitenflächen deckungsgleiche regelmäßige Vielecke. Es gibt genau fünf Platonische Körper:
- Tetraeder (4 Dreiecke),
- Hexaeder oder Würfel (6 Quadrate),
- Oktaeder (8 Dreiecke),
- Dodekaeder (12 Fünfecke),
- Ikosaeder (20 Dreiecke).

Ab etwa 250 v. Chr. widmeten die Griechen den Platonischen Körpern besondere Aufmerksamkeit.

7 Trage in eine Tabelle ein: Anzahl der Flächen, Ecken und Kanten. Erkennst du Regeln?

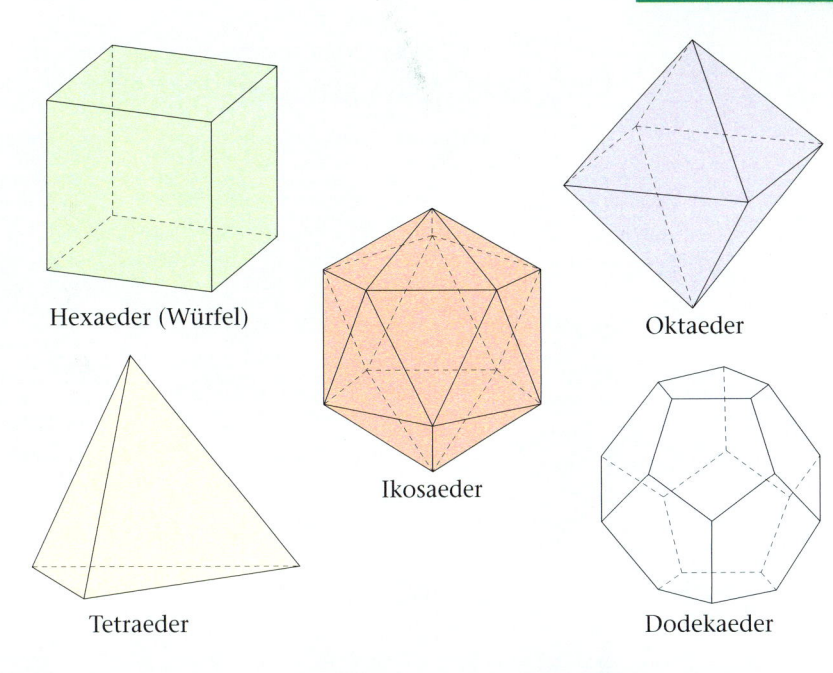

8 Unter dem Mediencode 173-1 findest du eine Vorlage mit den Platonischen Körpern. Verbinde darin die Mittelpunkte der Nachbarflächen bei Würfel und Oktaeder. Was stellst du fest?
Untersuche auch Tetraeder und Dodekaeder.

9 Finde Näherungsformeln für Oberflächeninhalt und Volumen von Tetraeder bzw. Oktaeder (jeweils in Abhängigkeit von der Kantenlänge a).

Ein Experiment mit Seifenblasen

Taucht man das Kantenmodell eines Tetraeders in Seifenlauge, so passiert etwas sehr Interessantes: Es bildet sich eine Figur aus Seifenhäutchen. Sie hat die kleinstmögliche Fläche einer derartigen Figur innerhalb des Tetraeders.

10 Wie viele Teilflächen hat die Figur aus Seifenhäutchen?

11 Der Punkt, in dem sich alle Flächen des Seifenhäutchens treffen, ist der Schwerpunkt des Tetraeders. Untersuche die Entfernung dieses Punktes von den vier Eckpunkten des Tetraeders.

12 Wiederhole das Experiment mit einem Würfel-Kantenmodell. Welche Form entsteht dabei?

Zuordnungen und Funktionen

Unterwegs im Straßenverkehr

In ein paar Monaten kann ich den Führerschein Klasse M machen.

Kann ich mir einen Roller überhaupt leisten?

José hätte gerne einen Roller.

Wie viel würde ein Führerschein Klasse M kosten?

Kann ich auch schon einen Führerschein Klasse A machen?

INFO
▶ Führerschein M:
Mindestalter 16 J.,
Kleinkrafträder
≤ 45 km/h;
≤ 50 cm³
▶ Führerschein A1:
Mindestalter 16 J.,
Krafträder
≤ 80 km/h;
≤ 125 cm³
▶ Führerschein A
(beschränkt):
Mindestalter 18 J.,
Krafträder ≤ 25 kW;
Leistung :
Leergewicht
< 0,16 kW/kg
(„leichte
Maschinen")

Annalisa (17 Jahre, Azubi) berichtet darüber, wie sie ihren Führerschein Klasse M gemacht hat: „Um einen Führerschein Klasse M zu machen, muss man mindestens 16 Jahre alt sein. Pflicht ist der Besuch von 12 Doppelstunden Unterricht in allgemeiner Theorie und von zwei Doppelstunden in kraftradspezifischer Theorie. Eine Mindeststundenzahl für die praktische Ausbildung gibt es nicht. Hinzu kommen ein Erste-Hilfe-Kurs und ein Sehtest.
Die Prüfung besteht aus einem theoretischen und einem praktischen Teil. Die praktische Prüfung dauert mindestens 30 Minuten.
Dabei sind die Fahraufgaben Abbremsen, Slalom und Ausweichen sowie eine von drei möglichen Übungen im Langsamfahren zu bewältigen.
Insgesamt habe ich 304 Euro bezahlt (einschließlich der Nebenkosten wie Unterrichtsmaterialien, Prüfungsgebühren).
Ich hätte auch schon einen Führerschein der Klasse A1 machen können. Unterricht und Prüfung hätten aber länger gedauert. Und ich hätte 1200 bis 1600 Euro mehr bezahlen müssen."

Annalisa: „Ein wichtiges Thema im Unterricht der Fahrschule ist die Sicherheit im Verkehr. Wie schnell kommt man mit dem Roller zum Stehen, wenn plötzlich eine Gefahr auftaucht? Ich fahre meist in der Stadt. Da kann es schnell passieren, dass plötzlich ein Auto aus einer Einfahrt kommt oder ausparkt. Mir ist es auch schon passiert, dass ein Auto vor mir ganz plötzlich gebremst hat. Deshalb achte ich immer darauf, den Sicherheitsabstand einzuhalten."

Die Schülerinnen und Schüler diskutieren in der Cafeteria über ihre Erfahrungen und Gedanken:

> Ich will heute nachmittag für meine Fahrschulprüfung lernen. Dass ich dafür sogar Formeln lernen muss, hätte ich nicht gedacht.

> Ich erinnere mich: doppelte Geschwindigkeit, vierfacher Bremsweg. Es sind ja meist Faustformeln, mit denen man schnell überschlagen kann.

> Wir haben bei der Fahrschule einen Reaktions- und Bremstest gemacht. Ich kann sehr schnell reagieren. Trotzdem waren meine Bremswege viel länger, als ich vorher geschätzt hatte.

> Du musst immer darauf achten, dass du Brems- und Anhalteweg nicht verwechselst.

Zuordnungen und Funktionen

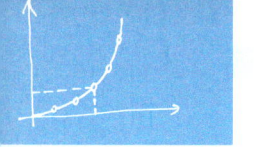

Zusammenhänge erforschen ▶ LERNZIRKEL

Station 1 *Kosten für die Fahrschule*

Fahrschule Easy Schöntal
Preisliste Führerschein Klasse M

Grundgebühr incl. 14 Doppel-
stunden Theorie . . . . 69,00 €
praktische Fahrstunde (45 min) . . . . . . je 28,00 €
Prüfungsgebühr . . . . 70,00 €
Unterrichtsmaterial . . . . 25,00 €

a) Leon hat den Führerschein Klasse M bei der ersten Prüfung geschafft. Welche der Kosten sind für ihn einmalig angefallen? Welche Kosten hingen vom Verlauf und der Dauer des Unterrichts ab?
b) Vervollständige die Tabelle zu Leons Fahrschulkosten im Heft.

Anzahl praktische Fahrstunden	5	8	10	12	15	20
Fahrschulkosten gesamt (in €)						

c) Stelle die Fahrschulkosten aus b) in einem Liniendiagramm dar.

Material
kleiner Messbecher oder Messzylinder

Station 2 *Untersucht die Wassermenge an einem tropfenden Wasserhahn.*

a) Nehmt einen Messbecher und stellt ihn unter einen tropfenden Wasserhahn. Wie lange dauert es, bis 50 ml (100 ml) Wasser darin sind?
b) Berechnet, wie viel Liter Wasser pro Tag (pro Woche, pro Jahr) an einem solchen Hahn verloren gehen. Überschlagt die Kosten dafür.
(1 m³ Trinkwasser kostet rund 1,80 €.)
c) Wie viel Milliliter misst ein Wassertropfen? Erklärt euren Lösungsweg.

Material
▶ eine dünne hohe Kerze
▶ 30-cm-Lineal

Station 3 *Untersucht, mit welcher Geschwindigkeit eine Kerze abbrennt.*

Messt in regelmäßigen zeitlichen Abständen die verbleibende Höhe der Kerze. Messt bei dünnen Kerzen jede Minute, bei dickeren Kerzen alle drei bis fünf Minuten.

a) Legt mit euren Messwerten eine Wertetabelle an.

Zeit (in min)	0				
Höhe (in cm)					

b) Zeichnet zur Wertetabelle ein Liniendiagramm. Tragt auf der x-Achse die Zeit und auf der y-Achse die Höhe ab.
c) Verbindet die Punkte durch eine Gerade. Was stellt ihr fest?
d) Versucht eine Gleichung anzugeben, die zur Wertetabelle und dem Graphen passt.

Station 4   *Reaktionsweg*

Annalisa ist mit ihrem Roller unterwegs. Plötzlich sieht sie auf der Fahrspur einen haltenden Lkw. Sie erkennt die Gefahr und reagiert möglichst schnell, indem sie die Bremse zieht. Die Bremswirkung tritt eine knappe halbe Sekunde später ein. Zwischen dem Erblicken des Lkw und dem Beginn des Bremsens liegt etwa 1 Sekunde. Das ist ein sehr guter Wert.

Annalisas Zeit: 1 Sekunde

| Sehen des Hindernisses, Erkennen der Gefahr | Reaktion auf Gefahr: beschließen zu bremsen | Reaktionszeit bis zum Betätigen der Bremse | Zeit zwischen dem Betätigen der Bremse und dem Beginn des Bremsvorgangs |

a) Wie weit Annalisa in 1 s fährt, kann sie mit der Formel $s = \frac{v}{3,6}$ abschätzen. Darin steht s für den Reaktionsweg (in m) und v für die Geschwindigkeit (in km/h).
b) Erstelle eine Wertetabelle (Schrittweite 10 km/h).

v (in km/h)	0	10	20	...	90	100
$s = \frac{v}{3,6}$ (in m)						

c) Zeichne zur Wertetabelle den Graphen (v auf der x-Achse; s auf der y-Achse).

Station 5   *Bremsweg*

Um den Bremsweg eines Fahrzeugs zu ermitteln, wird in Fahrschulen die Faustformel $s = \left(\frac{v}{10}\right)^2$ verwendet. Darin steht s für den Bremsweg (in m) und v für die Geschwindigkeit (in km/h).

a) Vervollständige die Tabelle im Heft.

v (in km/h)	0	10	20	...	90	100
$s = \left(\frac{v}{10}\right)^2$ (in m)						

b) Zeichne zur Tabelle einen Graphen. Trage v auf der x-Achse und s auf der y-Achse ab.
c) Der Anhalteweg ergibt sich durch die Addition von Reaktionsweg und Bremsweg ...

Nässe und Laub verlängern den Bremsweg.

Station 6   *Testet euer Reaktionsvermögen!*

Wie schnell könnt ihr reagieren? Dies lässt sich mit einem Versuch feststellen:
- Halte ein Lineal mit der Null nach unten. Die Markierung für „0 cm" befindet sich genau zwischen den etwa 5 cm weit geöffneten Fingern deiner Partnerin/deines Partners.
- Lasse das Lineal überraschend los. Deine Partnerin/dein Partner muss es so schnell wie möglich zwischen den Fingern greifen.

a) Um aus der Fallstrecke die Reaktionszeit zu ermitteln, könnt ihr die folgende Tabelle verwenden.

Länge am Lineal (in cm)	0	5	10	15	20	25	30
Reaktionszeit (in s)	0,00	0,10	0,14	0,17	0,20	0,22	0,24

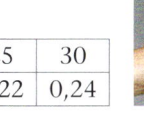

Material
▶ Lineal

b) Prüft, ob die Punkte aus der Tabelle im Schaubild auf einer Geraden liegen.
c) Bastelt ein eigenes Lineal mit einer Skala für die Reaktionszeiten 0,05 s; 0,10 s; 0,15 s ...

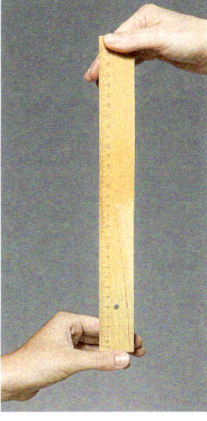

Zuordnungen und Funktionen

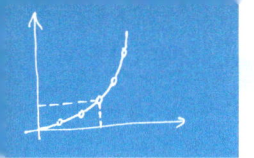

1 Tabellen, Graphen, Terme ▶ WISSEN

Dieses Diagramm zeigt drei **Graphen** für den Zusammenhang
Geschwindigkeit (in km/h) → Reaktionsweg (in m).
Je Reaktionszeit wurde ein Graph gezeichnet.

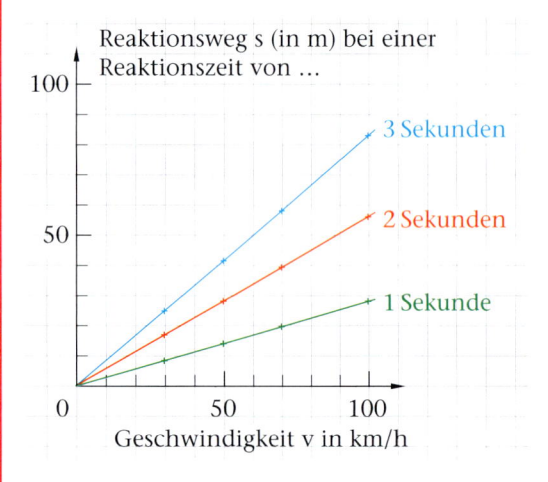

Dieses Diagramm zeigt den Graphen für den Zusammenhang
Geschwindigkeit (in km/h) → Bremsweg (in m)
(blaue Linie).

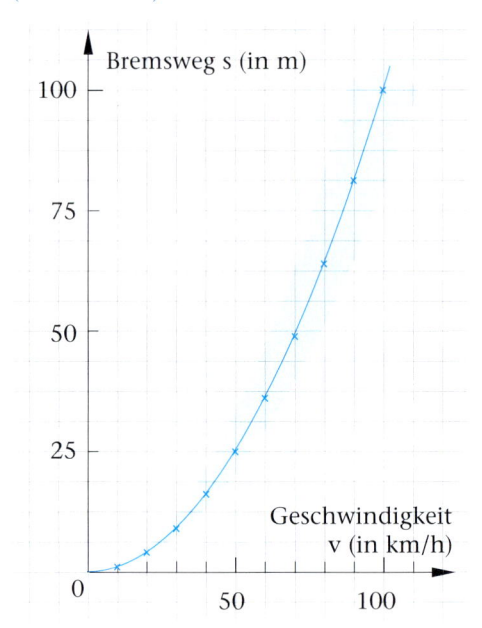

Der Graph für „2 Sekunden Reaktionszeit" lässt sich durch den **Term** $\frac{2 \cdot v}{3,6}$ beschreiben.

Die **Wertetabelle** dazu lautet:

v (in km/h)	0	30	50	70	100
s (in m)	0	17	28	39	56

Da der Bremsweg in der Praxis größer oder kleiner als der Rechenwert sein kann, wurde ein Streifen um den Graphen hellblau markiert. Dadurch ist das Diagramm aussagekräftiger.

▶ **ÜBEN**

1 Welche Situation passt zu welchem Liniendiagramm?
a) Leon kauft große Rosen. Auf dem Preisschild steht: „Stück 2,25 €".
b) Beim Taxifahren in X-Land kosten die ersten beiden Kilometer pauschal 1,50 €. Jeder weitere gefahrene Kilometer kostet 0,33 €.
c) Beim Taxifahren in Y-Stadt fallen je gefahrenen Kilometer 1,70 € an. Die Grundgebühr beträgt 2,50 €.

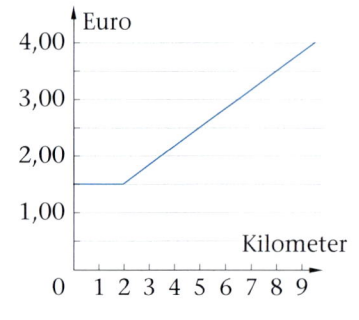

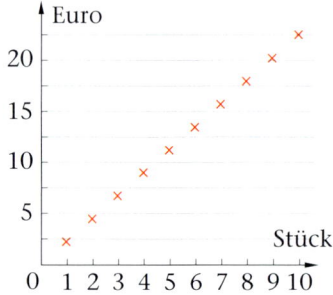

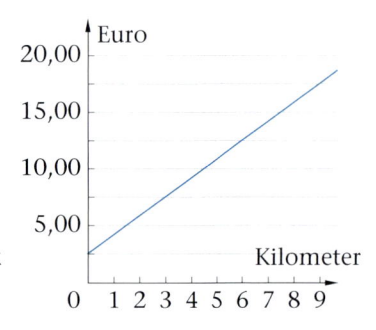

2 Stelle passende Terme auf für die Preise in Aufgabe 1 a) bis c).

3 Die Haare eines Menschen wachsen um durchschnittlich 0,33 mm pro Tag.
a) Erstelle eine Wertetabelle zum Haarwachstum.
b) Zeichne zur Wertetabelle ein Liniendiagramm. Trage auf der x-Achse die Zeit ab, auf der y-Achse die Haarlänge.
c) Wann wärst du Weltrekordler für die längsten Haare? 5,627 m sind zu übertreffen …

4 Handytarife

Seniye kommt pro Monat auf 60 Minuten, in denen sie andere anruft.	Seniyes Großvater nutzt sein Handy vor allem, um erreichbar zu sein. Er ruft selbst kaum an, höchstens 20 Minuten pro Monat.	Seniyes Cousin arbeitet als Händler. Er ruft täglich mindestens 60 Minuten lang an.

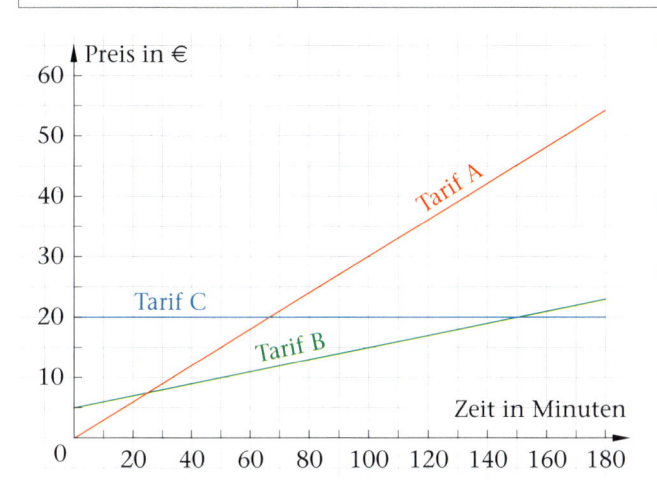

a) Welcher der Tarife A, B und C ist für Seniye (für ihren Onkel; für ihren Cousin) am günstigsten? Lies aus der Grafik links ab.
b) Lege eine Wertetabelle für den Tarif A an.
c) Stelle für die Tarife B und C Gleichungen auf.

Tarif A: Preis = Minuten · 0,30 €/min

Tarif B:
Zeit (in min)	0	20	40	60
Preis (in €)	5 €	7 €	9 €	11 €

5 Der Wasserstand des Rheins bei Bonn

a) Wann wurden die fünf höchsten Werte und die drei tiefsten Werte gemessen?
HINWEIS: Die Messungen wurden immer um 12 Uhr vorgenommen.
b) Wie groß ist der Unterschied zwischen dem Maximum und dem Minimum?
c) Woran liegt es, dass der Wasserstand des Rheins schwankt?
d) Was kannst du der Grafik noch entnehmen?

6 Am 25.7. um 12 Uhr betrug der Pegelstand 312 cm. Wegen starker Regenfälle wurde für die folgenden 48 Stunden ein Anstieg um 67 cm vorhergesagt.
a) Welcher Pegelstand wurde für den 27.7. um 12 Uhr erwartet?
b) Um wie viel Zentimeter stieg der Wasserstand durchschnittlich pro Stunde?

7 Im Rhein bei Bonn fließen im Mittel pro Sekunde 2080 m³ Wasser ab.

Zeit (s)	1	8	20	60
Menge (m³)	2080			

a) Ergänze die Tabelle im Heft.
b) Berechne, wie viel Wasser im Rhein pro Stunde (pro Tag, pro Monat) abfließt.
c) Finde eine Gleichung für die Wassermenge in Abhängigkeit von der Zeit.

Zuordnungen und Funktionen

2 Proportionale Zusammenhänge ▶ WISSEN

Annalisa sagt: „Ich habe fünf praktische Fahrstunden für insgesamt 140 Euro absolviert, um meinen Führerschein Klasse M zu machen."

Denis erzählt: „Ich habe meinen Führerschein bei einer anderen Fahrschule gemacht. Für sieben praktische Fahrstunden habe ich 182 Euro bezahlt."

Annalisa: „Ich glaube, du hast weniger pro Stunde bezahlt als ich."

Denis rechnet mit dem Dreisatz:

Fahrstunden	Preis
7	182 €
1	26 €
5	130 €

:7 ↘   :7 ↘
·5 ↘   ·5 ↘

Ergebnis: Für fünf Fahrstunden hätte Annalisa bei der Denis' Fahrschule nur 130 Euro bezahlt.

> Wenn zum Doppelten (zum Dreifachen, zur Hälfte, …) einer Größe auch das Doppelte (das Dreifache, die Hälfte …) der anderen Größe gehört, heißt eine Zuordnung **proportional**.
> Wenn zum Doppelten einer Größe die Hälfte der anderen Größe gehört (zum Dreifachen ein Drittel, zur Hälfte das Doppelte …), heißt eine Zuordnung **umgekehrt proportional**.
> Proportionale und umgekehrt proportionale Zuordnungen können mit dem **Dreisatz** berechnet werden.

▶ ÜBEN

1 Tanken
a) René tankt 6 Liter Normalbenzin.
b) Frau Gonzalez hat 45 Liter Diesel getankt.
c) Herr Wild tankt Superbenzin für 64 €.
d) Stelle für jeden Kraftstoff den Zusammenhang *Menge (in Litern) → Preis (in Euro)* in einem Schaubild dar.

2 Frau Gonzalez rechnet mit einem Verbrauch von 5,0 Litern Diesel pro 100 km. Der Tank ihres Autos fasst 46 Liter.
a) Wie weit kommt sie mit einer Tankfüllung?
b) Durch sparsames Fahren sinkt der Verbrauch auf 4,5 Liter. Wie verändert sich dadurch die Strecke, die sie mit einer Tankfüllung schafft?
c) Rechne auch mit dem aktuellen Dieselpreis.

3 Anna kauft 5 kg Nektarinen für 12,45 €. Neben ihr erwirbt eine Kundin 3 kg derselben Ware und bezahlt mit einem 10-€-Schein. Wie viel bekommt die Kundin zurück?

4 Fünf Sahnepuddinge kosten im Sonderangebot 2,70 €. Einzelne Sahnepuddinge kosten 59 ct. Jan will für den Nachtisch acht Sahnepuddinge kaufen.

5 Im Liniendiagramm ist der Zusammenhang *Volumen (in cm³) → Masse (in g)* dargestellt.
a) Wie viel wiegen 1 cm³ (2 cm³; 5 cm³) Eichenholz? Wie viel wiegen 20 cm³?
b) Welches Volumen haben 4 g Eichenholz?
c) Wie viel wiegen 1 cm³ (3 cm³; 6 cm³) Glas? Wie viel wiegen 150 cm³?
d) Welches Volumen haben 40 g Glas?
e) Erkläre: Warum ist der Graph für Glas steiler als der für Eichenholz?

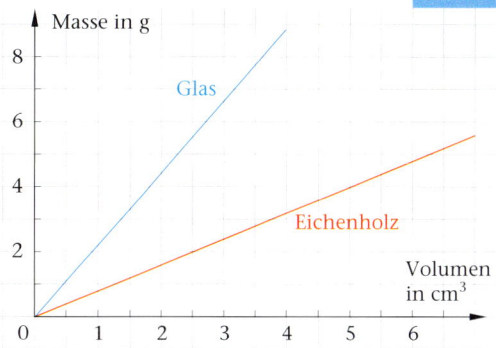

6 *Messing:* 8,4 g pro cm³; *Stahl:* 7,8 g pro cm³; *Aluminium:* 2,7 g pro cm³; *Holz:* 0,6 g pro cm³
a) Ordne diese Materialien den Würfeln in der Randspalte zu. Begründe.
b) Aus den vier Materialien sollen je 50 g schwere Würfel hergestellt werden.

7 Ein Schwimmbecken wird gefüllt. 65 m³ Wasser werden pro Stunde hineingepumpt. Das Becken misst 50 m × 20 m × 2 m.
a) Nach wie vielen Stunden ist das Becken gefüllt?
b) Nach welcher Zeit ist es zu einem Viertel (zur Hälfte; 10 cm; 1,80 m hoch) gefüllt?

8 Angebote für den Paketversand
- bis 2 kg: 3,90 €
- bis 10 kg: 6,90 €
- bis 20 kg: 9,90 €

Liegt hier Proportionalität vor? Begründe.

9 Liegt hier eine umgekehrt proportionale Zuordnung vor? Begründe.

x	0,1	0,4	1	3	6	10
y	300	75	30	10	5	3

10 Tahira zeichnet ein Rechteck mit $a = 5$ cm und $b = 3$ cm. Gib die Maße von drei anderen Rechtecken an, die den gleichen Flächeninhalt haben.

11 Denis braucht für die Fahrt von zu Hause zum Ausbildungsbetrieb 15 min. Er fährt durchschnittlich 30 km/h. Wie schnell müsste er durchschnittlich fahren, um den Weg in 8 min zu schaffen? Ist dieses Tempo realistisch?

12 Im Stadtgarten werden 7200 m² Rasen bewässert. Es sind Rasensprenger im Einsatz, von denen jeder 30 Minuten lang eine Fläche von 150 m² besprüht.

Vier Würfel, die gleich viel wiegen.

AUFGABE
Erkläre die Abweichungen zwischen dem Dreisatz bei proportionalen und bei umgekehrt proportionalen Zuordnungen.

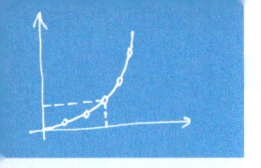

3 Lineare Funktionen ▶ WISSEN

Situation: **Fahrpreis beim Taxi**
Der Grundpreis beträgt 3 €.
Pro gefahrenen Kilometer müssen 1,50 € bezahlt werden.

Daraus folgt: *Der Fahrpreis y in Euro* hängt von der *Fahrstrecke x in km* ab.

Graph: y (Fahrpreis in €), x (Fahrstrecke in km)

Wertetabelle:

x	0	1	2	3	4
y	3,00	4,50	6,00	7,50	9,00

Funktionsgleichung: $y = 1{,}5 \cdot x + 3$
(ohne Einheiten)

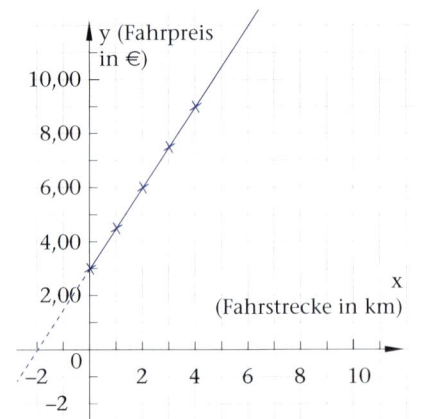

Der Graph dieser Zuordnung ist eine gerade Linie mit dem Anfangspunkt (0|3), da nicht weniger als 0 km gefahren werden können. Geht man davon aus, dass die Fahrstrecke unbegrenzt ist, ist der Graph ein Strahl (eine Halbgerade).

> Im Beispiel oben gehört zu jedem *x*-Wert (Rechtsachse) genau ein *y*-Wert (Hochachse). Zuordnungen aus Wertepaaren (*x*; *y*) mit dieser Eigenschaft nennt man **eindeutige Zuordnungen** oder **Funktionen**.
>
> Funktionen können durch eine Wortvorschrift, eine Wertetabelle, eine Funktionsgleichung oder einen Graphen dargestellt werden. Funktionen können mit Kleinbuchstaben *f*, *g*, *h* … bezeichnet werden.
>
> **Lineare Funktionen** sind besondere Funktionen. Sie haben eine Funktionsgleichung der Form $y = f(x) = m \cdot x + n$ (*m* und *n* sind beliebige, aber feste Zahlen). Die Punkte des Graphen liegen auf einer Geraden.
> Lineare Funktionen können **steigen** (siehe Beispiel oben) oder **fallen**. Ihre Funktionsgraphen können in vier Teilen des Koordinatensystems verlaufen, den Quadranten I bis IV.

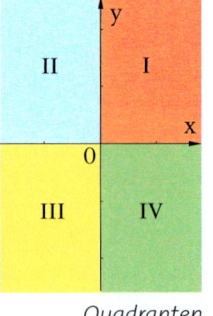

Quadranten im Koordinatensystem

▶ ÜBEN

1 Zeichne die Graphen der folgenden Funktionen in ein Koordinatensystem.

a)
x	−3	−2	−1	0	2	4
y	3	2	1	0	−2	−4

b)
x	−4	−2	0	2	4	6
y	−1	0	1	2	3	4

Was fällt dir auf, wenn du die Punkte miteinander verbindest?

2 Lege für die folgenden linearen Funktionen Wertetabellen wie in Aufgabe 1 an. Zeichne dann die Graphen der Funktionen in Koordinatensysteme.
a) $y = 2x$ b) $y = 3x - 2$ c) $y = -1{,}5x$ d) $y = 2x + 2$ e) $y = 0{,}5x + 3$

3 Zeichne lineare Funktionen, die durch die angegebenen Punkte gehen.
a) (0|4); (2|6)   b) (−2|4); (2|−4)   c) (−1|2); (2|8)   d) (0|−3); (5|7)   e) (−2|0); (4|12)
f) Versuche, Funktionsgleichungen für diese Funktionen anzugeben.

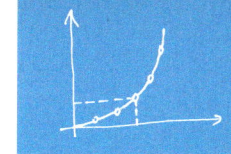

4 Erstelle zu den Wortvorschriften eine passende Funktionsgleichung.
a) Jede Zahl wird verfünffacht und anschließend um 8 vermindert.
b) Das Achtfache jeder Zahl wird um 20 verkleinert.
c) Jede Zahl wird halbiert und dann um 7 reduziert.

5 Formuliere zu den Funktionsgleichungen passende Wortvorschriften.
a) $y = 6 \cdot x + 10$
b) $y = 40 \cdot x - 200$
c) $y = 2{,}5 \cdot x - 4{,}5$
d) $y = \frac{1}{4} \cdot x + 25$
e) $y = 15 \cdot x$
f) $y = 5 \cdot x - 18$

6 Ordne den Funktionsgraphen jeweils die passenden Gleichungen zu. Begründe.

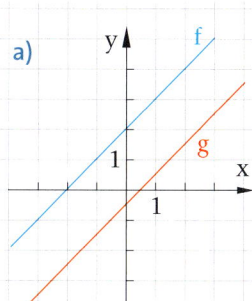

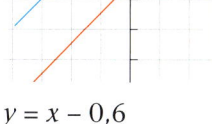

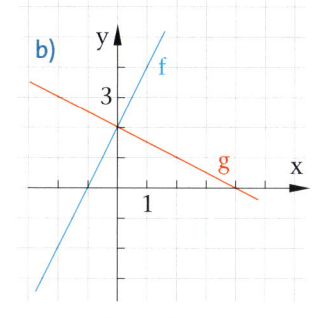

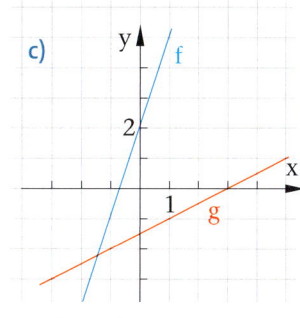

a) $y = x - 0{,}6$
   $y = x + 2$

b) $y = -0{,}5x + 2$
   $y = 2x + 2$

c) $y = 3x + 2$
   $y = 0{,}5x - \frac{3}{2}$

AUFGABE DER WOCHE
Welche Strecke könntest du an einem Tag zurücklegen?

7 Bestimme die fehlenden Koordinaten so, dass die Punkte auf dem Graphen der linearen Funktion mit der Gleichung $y = 2x + 3$ liegen.
a) $A(1\,|\,\blacktriangle)$
b) $B(\blacktriangle\,|\,1)$
c) $C(-6\,|\,\blacktriangle)$
d) $D(\blacktriangle\,|\,7)$

8 Die Funktion mit der Gleichung $y = 4{,}90 + 0{,}09\,x$ beschreibt Renés Handytarif (ohne Einheiten). Was bedeuten die Zahlen in dieser Gleichung?

9 Jan hat 255 € auf seinem Sparbuch. Da er sich einen Fernseher für 350 € kaufen möchte, spart er jeden Monat 15 €.
a) Beschreibe den Sparvorgang mit einer Funktionsgleichung. Zeichne dann dazu einen Graphen.
b) Von seiner Oma bekommt Jan zum Geburtstag 40 € geschenkt.

10 Eine 18 cm hohe Kerze brennt pro Stunde 1,5 cm ab.
a) Wie hoch ist die Kerze nach 2 Stunden (nach 3 Stunden)?
b) Nach welcher Brenndauer ist die Kerze 9 cm hoch?
c) Gib für die Kerzenhöhe y nach x Stunden eine Funktionsgleichung an.
d) Zeichne den Graphen der Funktion.
e) Wann ist die Kerze abgebrannt?

11 Familie Brüggemann hat sich nach Strompreisen erkundigt. Die Familie verbraucht 450 bis 500 kWh Strom pro Monat.

Stadtwerke Schöntal
- 18,5 Cent pro kWh
- 6,30 € Grundgebühr pro Monat

Energünstig
- 18,2 Cent pro kWh
- 12,90 € Grundgebühr pro Monat

Ökostrom
- 18,8 Cent pro kWh
- 7,50 € Grundgebühr pro Monat

12 Finde Sachsituationen zu den Funktionsgleichungen.
a) $y = 0{,}22x + 6{,}90$
b) $y = 22{,}5 - 3x$

Zuordnungen und Funktionen

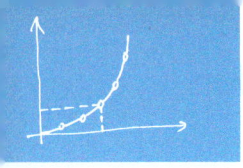

4 Besondere Punkte linearer Funktionen ▶ WISSEN

Situation: **Abbrennen einer Kerze**
Die Kerzenhöhe y in cm hängt von der Brenndauer x in h ab.

Wertetabelle:

x	0	1	2	3	4
y	6	4,5	3	1,5	0

Funktionsgleichung $y = -1{,}5 \cdot x + 6$
(ohne Einheiten)

Graph:

Da die Kerze die Anfangslänge 6 cm hat, hat der Graph den Anfangspunkt (0|6).
Nach vier Stunden ist die Kerze abgebrannt. Der Punkt (4|0) ist der Endpunkt des Graphen.

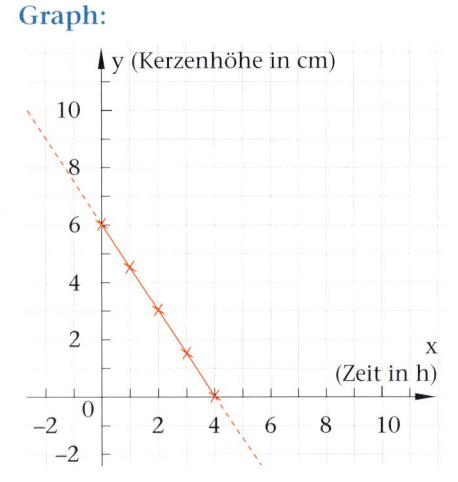

> Die x-Koordinate des Punktes, in dem der Graph einer linearen Funktion die x-Achse schneidet, heißt **Nullstelle** der linearen Funktion.
> Die Nullstelle einer linearen Funktion kann man aus dem Graphen ablesen oder durch Lösen der Gleichung $f(x) = 0$ ermitteln.
>
> Die y-Koordinate des Punktes, in dem der Graph einer linearen Funktion die y-Achse schneidet, heißt **Achsenabschnitt** der linearen Funktion.
> Der Achsenabschnitt einer linearen Funktion kann man aus dem Graphen ablesen oder durch Berechnen von $f(0)$ ermitteln.

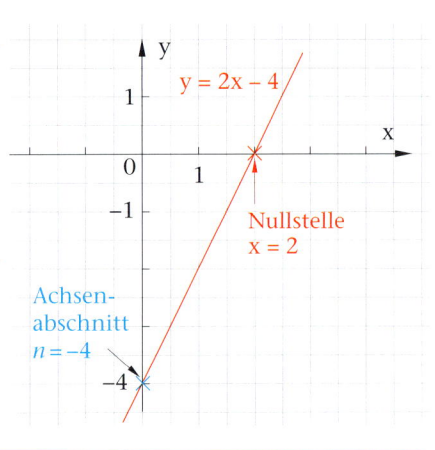

BEISPIELE Nullstelle und Achsenabschnitt der linearen Funktion mit der Gleichung $y = 2x - 4$.

a) *Nullstelle*:
$2x - 4 = 0 \qquad | + 4$
$2x = 4 \qquad | : 2$
$x = 2$
Die Funktion hat eine Nullstelle bei $x = 2$.

b) *Achsenabschnitt*:
$2x - 4 \qquad |$ Einsetzen von 0 für x
$= 2 \cdot 0 - 4$
$= 0 - 4 = -4$
Der Achsenabschnitt der Funktion ist $n = -4$.

▶ ÜBEN

1 Lies jeweils die Nullstelle und den Achsenabschnitt der linearen Funktionen ab.

a) b) c) d)

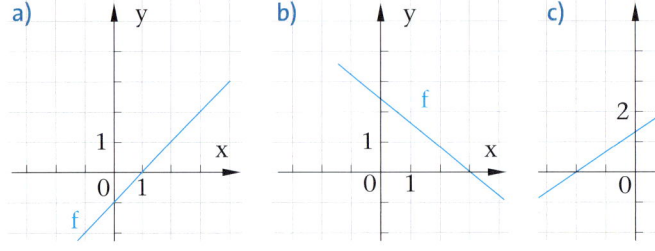

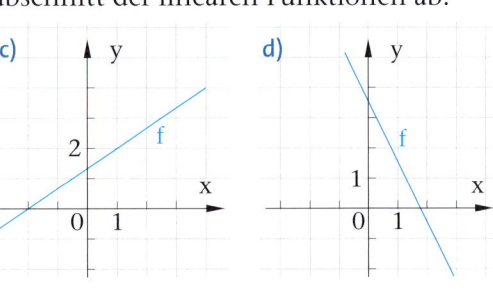

AUFGABE DER WOCHE

Wie kann man 126 Sitzplätze für eine Open-Air-Veranstaltung sinnvoll anordnen? Mache eine Skizze.

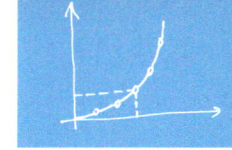

2 Lies die Nullstellen der Funktionen im Bild zu Aufgabe 6, Seite 183, ab.

3 Berechne die Nullstellen der Funktionen mit den folgenden Gleichungen.
a) $y = 5x + 10$
b) $y = 2,5x + 0,5$
c) $y = -2x - 4$
d) $y = -\frac{1}{4}x + \frac{3}{4}$
e) $y = \frac{2}{3}x - 6$
f) $y = 3x$
g) $y = -0,8x + 4,3$
h) $y = 2,8x - 20$
i) Überprüfe deine Lösungen, indem du die Graphen der Funktionen in ein Koordinatensystem zeichnest und die Nullstellen abliest.

4 Gib die Gleichung einer linearen Funktion mit der Nullstelle $x = 4$ an. Gibt es mehr als eine Lösung?

5 Das Schaubild rechts zeigt Graphen zu den Preisen von drei Stromanbietern (1), (2) und (3).
a) Lies die monatlichen Grundgebühren ab.
b) Welcher der drei Anbieter ist bei einem monatlichen Verbrauch von 60 kWh der günstigste? Begründe deine Entscheidung anhand des Schaubilds rechts.
c) Ermittle jeweils näherungsweise den Preis für eine Kilowattstunde (kWh) Strom.
d) Überschlage damit die jährlichen Stromkosten bei einem Verbrauch von 1500 kWh.

6 Die Orte Ahausen, Cekirchen und Bestadt liegen an einer Bahnstrecke. Ein Regionalzug startet in Bestadt. Ein Güterzug startet zur gleichen Zeit in Cekirchen. Ihre Fahrpläne können grafisch veranschaulicht werden.
Was kannst du der Grafik entnehmen?

7 Sara hat die Nullstelle der Funktion mit der Gleichung $y = 9x - 6$ berechnet. Ihr Ergebnis ist $x = 0,667$. Daniel überprüft Saras Lösung durch Einsetzen in die Funktionsgleichung: $9 \cdot 0,667 - 6 = 0,003$.
Er sagt: „Dein Ergebnis kann nicht stimmen."

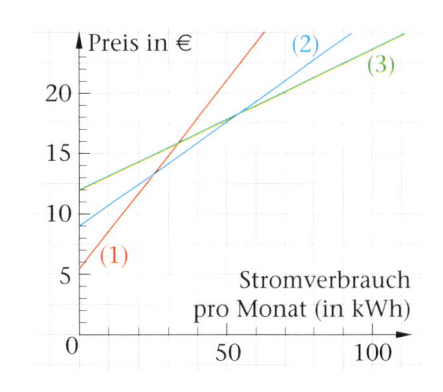

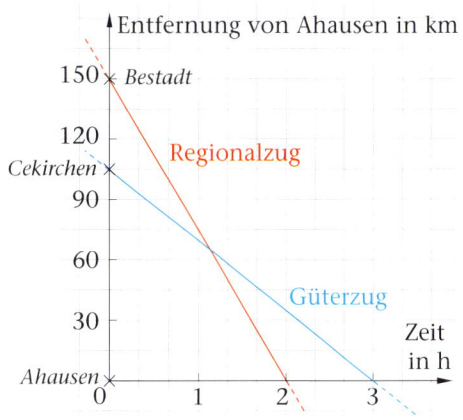

BIST DU FIT?

1. Gegeben sind die Punkte $A(3|1)$, $B(7|2)$ und $C(5|5)$.
a) Zeichne das Dreieck ABC in ein Koordinatensystem (1 Einheit = 1 cm).
b) Berechne den Umfang und den Flächeninhalt des Dreiecks.
   (Durch Messen erhältst du die Größen, die zum Berechnen nötig sind.)
c) Miss die Innenwinkel des Dreiecks.
d) Benenne die Dreiecksart nach den Seitenlängen (nach den Winkelgrößen).

2. Zeichne Figuren mit den folgenden Maßen. Berechne jeweils Umfang und Flächeninhalt.
a) Rechteck: $a = 5,5$ cm; $b = 13,5$ cm
b) Quadrat: $g = 7,2$ cm
c) Trapez: $a = 7$ cm; $c = 4$ cm; $h = 3$ cm
d) Parallelogramm: $g = 76$ mm; $h = 42$ mm
e) Bei welchen Figuren ist mehr als eine zeichnerische Lösung möglich? Begründe.

Zuordnungen und Funktionen

➕ Andere Zuordnungen ▶ WEITERDENKEN

1 Ordne die Zusammenhänge a) bis d) den Graphen ① bis ④ zu.

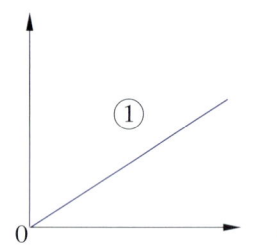

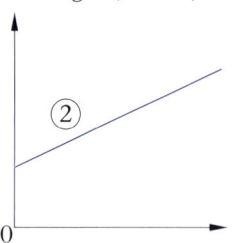

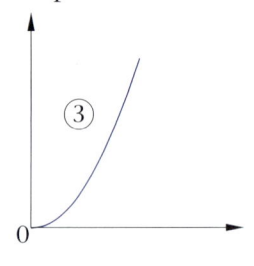

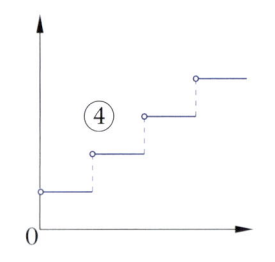

a) Gefahrene Entfernung → Kosten für ein Mofa
b) Zeit → Entfernung bei konstanter Geschwindigkeit
c) Parkzeit → Parkkosten (0,50 € pro Stunde)
d) Geschwindigkeit → Bremsweg

2 Sascha hat auf dem Schulweg zweimal getrödelt, sich zweimal beeilt und einmal ganz Pause gemacht. Gib jeweils die Zeiten dazu an.

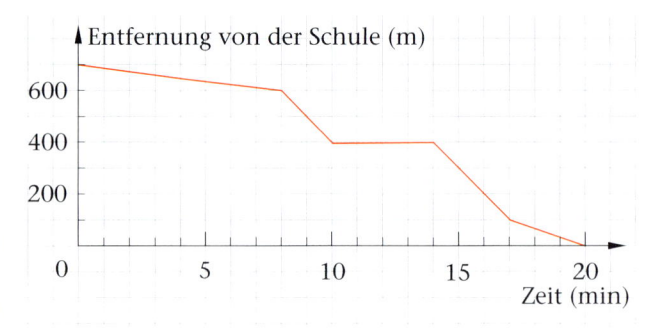

3 Entwirf einen Graphen für den Zusammenhang zwischen Zeit und Geschwindigkeit auf deinem Schulweg.
Welche Bedeutung haben die Schnittpunkte mit der x-Achse und der y-Achse bei deinem Graphen? Erkläre.

4 Die Deutsche Bahn arbeitet mit grafischen Fahrplänen.
a) Beschreibe die Fahrt des ICE und des Regionalzuges von A nach C.
b) Wann ist der ICE 10 km von A entfernt?
c) Ist die Zuordnung Länge der Fahrstrecke (in km) → Uhrzeit eine lineare Funktion? Begründe.

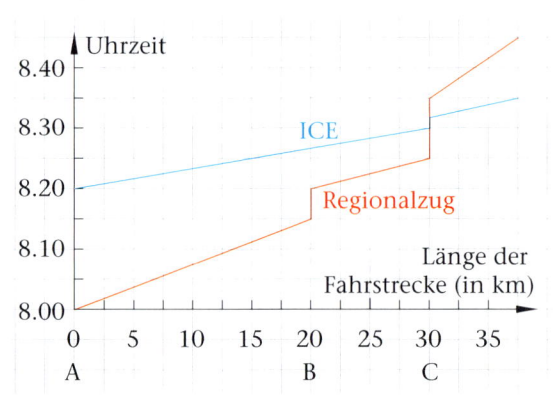

5 Welche der folgenden Graphen gehören zu linearen Funktionen? Begründe.

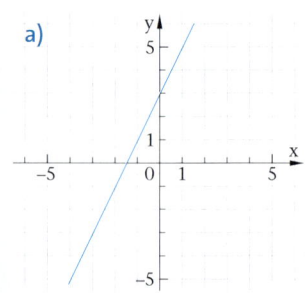

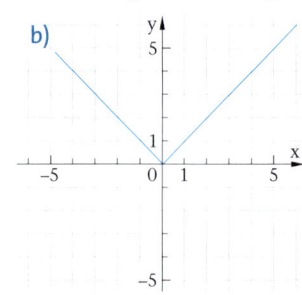

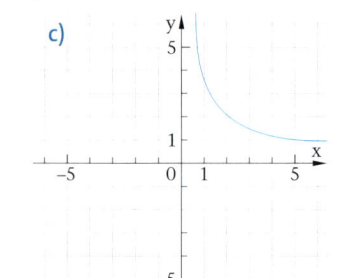

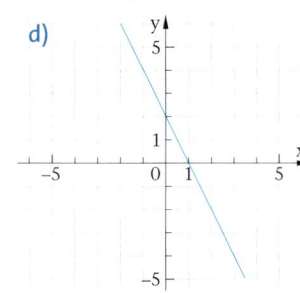

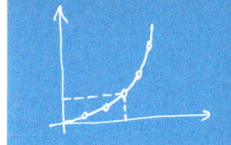

6 Die Funktion mit der Gleichung $y = 6$ nennt man konstant. Erkläre diesen Namen.

7 Erkläre mithilfe von Beispielen, welcher Zusammenhang zwischen dem Radius eines Kreises und seinem Umfang (seinem Flächeninhalt) besteht.
Zeichne für die Zuordnungen *Radius (in cm) → Umfang (in cm)* und
Radius (in cm) → Flächeninhalt (in cm²)
auch passende Graphen.

8 Eva macht ein Betriebspraktikum bei einer Telefongesellschaft. Morgen soll sie beim Verkauf von Internetsticks helfen. Damit können die Kundinnen und Kunden auch unterwegs das Internet nutzen.
Eva schaut die Angebote an und überlegt sich dann, eine Grafik zu erstellen. Damit will Eva die Kundinnen und Kunden besser beraten.

Für schlaue Füchse:
19,95 € Grundgebühr pro Monat
inklusive 300 MB Datentransfer.
Danach nur 49 ct pro MB Datentransfer.

Flatrate-Tarif:
24,95 € pro Monat
Unbegrenzte Datenübertragung!

a) Lege zum Tarif „Für schlaue Füchse" eine Wertetabelle an:

Datenmenge (in MB)	200	250	300	350	400
Kosten (in €)					

INFO
Tera = 10^{12} Kilobyte
Giga = 10^9 Kilobyte
Mega = 10^6 Kilobyte

b) Stelle die Kosten für beide Tarife in einem Koordinatensystem dar.
(x-Achse: von 0 bis 400 MB; 1 cm entspricht 50 MB;
y-Achse: von 0 bis 80 €; 1 cm entspricht 10 €.)
c) Welchen Tarif würdest du empfehlen?
d) Welches Angebot wäre für dich günstiger?
e) Teile die Graphen in passende Abschnitte ein und stelle dazu jeweils passende Funktionsgleichungen auf.

BIST DU FIT?

1. Aus dem Gefäß rechts wird verdeckt eine Kugel gezogen. Ermittle die Wahrscheinlichkeit, dass es …
a) ein O ist, b) kein T ist,
c) ein M oder ein R ist, d) kein M, O oder T ist.

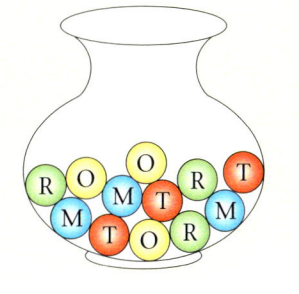

2. Die Glücksräder werden gedreht. Welche Ergebnisse sind möglich? Sind die Ergebnisse gleich wahrscheinlich? Begründe.
a)   b) 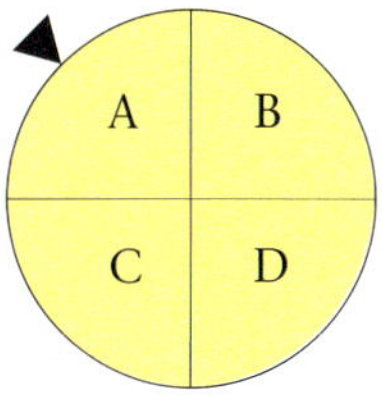   c)

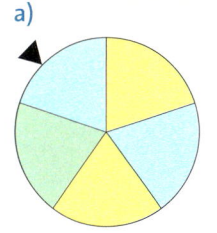

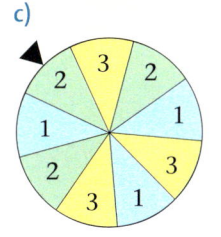

3. Zeichne ein eigenes Glücksrad, bei dem die Farbe grün die Wahrscheinlichkeit $\frac{1}{4}$ hat, gelb $\frac{5}{8}$ und blau $\frac{1}{8}$.

Zuordnungen und Funktionen

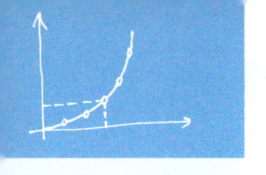

6 Zuordnungen in verschiedenen Sachsituationen ▶ ÜBEN

1 Flugzeugstart
a) Ein Flugzeug startet in Frankfurt (111 m über dem Meeresspiegel) und gewinnt pro Flugminute 360 m an Höhe. Wie viele Minuten nach dem Start erreicht es die Reisehöhe von 11 000 m über dem Meeresspiegel?
(Von da an fliegt es in gleicher Höhe weiter.)
b) Wie lange braucht das Flugzeug zum Erreichen der Reiseflughöhe, wenn es in Quito, der Hauptstadt von Ekuador, startet? Der Flughafen Quito liegt in 2811 m Höhe über dem Meeresspiegel.
c) Zeichne für beide Orte den Zusammenhang *Flugdauer (in min) → Flughöhe (in m)* in ein Koordinatensystem.

2
Ein Meter entspricht 3,28095 englischen Fuß. Ein **Fuß** ist eine Längeneinheit, die in der Luftfahrt und im angloamerikanischen Sprachraum benutzt wird.
a) Lege eine Wertetabelle zur Umrechnung *Meter → Fuß* an.

Meter	0	1000	2000	...	12 000
Fuß					

b) Stelle den Zusammenhang *Meter → Fuß* in einem Koordinatensystem dar.
c) Lies am Graphen ab: In welcher Höhe (in Fuß) liegt Quito? Wie viel Fuß entspricht eine Reisehöhe von 11 000 m?

3
Vor der Landung eines Flugzeuges in New York wird die Temperatur mit 35 Grad Fahrenheit angegeben. Für die Umrechnung kannst du die Funktionsgleichung $y \approx \frac{5}{9}x - 18$ verwenden. Darin steht x für die Temperatur in Grad Fahrenheit und y für die Temperatur in Grad Celsius.

4
Für welchen der vier Handytarife würdest du dich entscheiden? Berücksichtige dabei deine Telefongewohnheiten:
- Rufst du häufig die Mailbox ab?
- Wie viele SMS sendest du pro Monat?
- Telefonierst du häufig ins Festnetz? Wie viele Minuten sind es pro Tag/pro Monat?
- Wie viele Minuten telefonierst du pro Tag/pro Monat in Mobilnetze?
- Wie viel Geld hast du pro Monat für die Handynutzung zur Verfügung?

	Blau	Grün	Gelb	Orange
Vertrag/Prepaid	2 Jahre	Prepaid	1 Jahr	1 Jahr
Grundgebühr/Monat	4,95 €	0,00 €	0,00 €	30,00 €
Taktung	60/1	60/60	60/60	–
SMS/Stück	0,09 €	0,05 €	0,05 €	0,00 €
Festnetz (min)	0,03 €	0,04 €	0,04 €	0,00 €
Handynetz intern (min)	0,09 €	0,02 €	0,03 €	0,00 €
Andere Handynetze (min)	0,15 €	0,19 €	0,15 €	0,00 €
Mailboxabruf	0,00 €	0,19 €	0,00 €	0,00 €

5 Preise für Festnetzgespräche
a) Welcher der folgenden Graphen passt zum Tarif Orange aus Aufgabe 4?
b) Welcher Graph passt zum Anbieter Blau?
c) Welcher Graph passt zum Anbieter Grün?

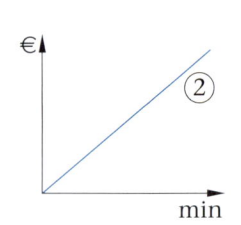

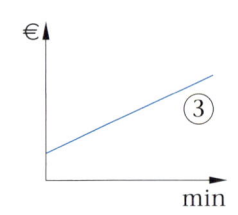

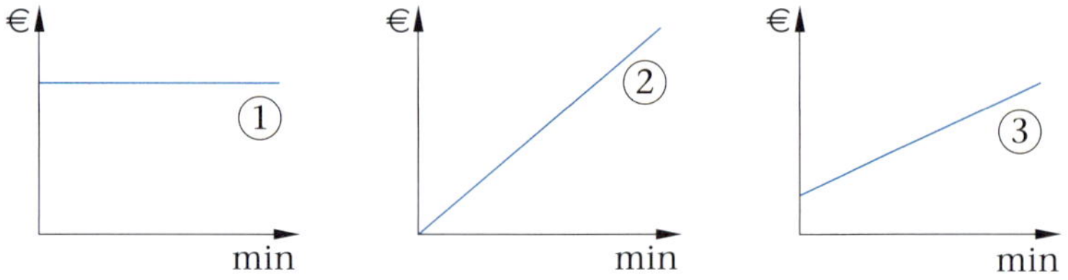

▶ MATHEMEISTERSCHAFT

1 Lies aus der folgenden Temperaturgrafik ab, wann die höchste und die niedrigste Temperatur auftraten. Berechne auch den Unterschied. *(3 Punkte)*

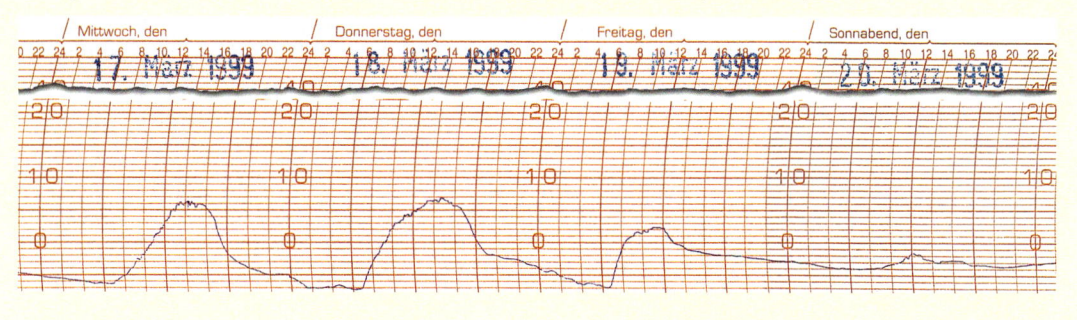

2 Liegt hier eine proportionale Zuordnung vor? Begründe. *(3 Punkte)*

x	1	3	5	8	10	20
y	0,1	0,3	0,5	0,8	1,5	2,0

3 Mühlrad
In einer Sekunde fließen zwölf Liter Wasser auf das Mühlrad. Das Mühlrad dreht sich mit zehn Umdrehungen pro Minute.
a) Stelle eine Wertetabelle für den Zusammenhang *Zeit (in s) → Wassermenge (in ℓ)* auf. *(3 Punkte)*
b) Zeichne den Graphen zur Wertetabelle aus a). *(3 Punkte)*
c) Stelle Funktionsgleichungen auf für die Zusammenhänge. *(4 Punkte)*
  • *Zeit (in s) → Wassermenge (in ℓ)*,
  • *Zeit (in min) → Anzahl der Umdrehungen*.

4 Stelle für die lineare Funktion mit der Gleichung $y = 2x - 5$ eine Wertetabelle für x-Werte von -2 bis 6 auf. Zeichne dann den Graphen der Funktion in ein Koordinatensystem. *(6 Punkte)*

5 Handytarif
Grundgebühr: 3,90 €/Monat; 0,07 € pro Minute für Gespräche in alle Netze
a) Berechne die monatlichen Kosten, wenn Alina 20 min (30 min; 50 min) telefoniert. *(3 Punkte)*
b) Stelle eine Gleichung für den Zusammenhang *Gesprächszeit (in min) → Preis (in €)* auf. *(2 Punkte)*

6 Gegeben ist die lineare Funktion mit der Gleichung $y = 2x - 2$.
a) Zeichne die Funktion in ein Koordinatensystem. *(3 Punkte)*
b) Gib die Nullstelle und den Achsenabschnitt an. *(3 Punkte)*
c) Prüfe, ob der Punkt $(100|99)$ auf dem Graphen der Funktion liegt. *(1 Punkt)*

7 Lies die Nullstellen und die Achsenabschnitte der Funktionen im Bild rechts ab. *(2 Punkte)*

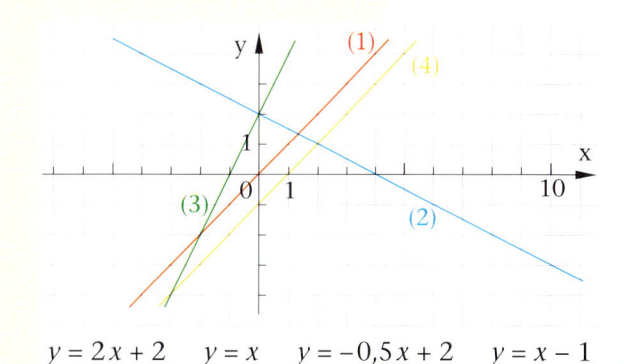

$y = 2x + 2 \quad y = x \quad y = -0,5x + 2 \quad y = x - 1$

Vermischte Aufgaben

Vermischte Aufgaben

1 „Blue Hole" – so nennt man eine tiefe Unterwasserhöhle in einem Korallenriff. Ihren Namen verdankt sie der tiefdunklen Farbe des Wassers an dieser Stelle.

HINWEIS
Bei einigen Aufgaben bekommst du mögliche Lösungen zur Auswahl. Eine oder mehrere können richtig sein. Du sollst herausfinden, welche dies sind. Begründe jeweils.

a) Welche Form hat der Ausgang der Höhle an der Wasseroberfläche etwa?
b) Wie groß ist der Ausgang etwa? Beachte den Maßstab.
c) Die Höhle ist 125 m tief. Wie viel Wasser enthält die Höhle etwa?
 • 200 000 Liter • 10 Millionen m^3 • 841 566 821 m^3 • $1,0049 \cdot 10^7$ m^3

2 4000 € werden auf der Bank zu einem Zinssatz von 3 % angelegt. Wie viele Monate dauert es, bis das Guthaben auf 4090 € angewachsen ist?

3 Die Klebefläche einer Litfaßsäule ist zwei Meter hoch und hat einen Durchmesser von 1,20 Meter. Wie viel Quadratmeter können mit Plakaten beklebt werden?

4 Im Forst wurde ein Nadelbaum gefällt. Nach dem Entasten und dem Entfernen der Spitze bleibt ein 20 Meter langes Stück Stamm mit einem durchschnittlichen Durchmesser von 42 Zentimetern zurück. Dieses Stück wird abtransportiert.
a) 1 m^3 Nadelholz wiegt etwa 520 kg.
 Wie viel wiegt das abtransportierte Stück?
 Runde sinnvoll.
b) Ein Eichenstamm aus 1,8 m^3 Holz wiegt
 1260 kg. Vergleiche mit dem Stamm aus
 Nadelholz.
c) Wie viele Bretter (5 m lang, 10 cm breit,
 2 cm dick) kann man aus dem Stamm
 Nadelholz etwa sägen?
 • 10 Stück • 30 Stück • 200 Stück

5 Papierstapel
a) Du hast drei Pakete Kopierpapier (zu je 500 Blatt). Wie musst du sie anordnen, sodass ein möglichst hoher Stapel entsteht?
b) Wie viele Pakete Kopierpapier müsste man theoretisch übereinanderstapeln, damit dieser Turm höher ist als eure Schule?
Was spricht praktisch dagegen?
c) Wie dick ist ein Blatt Papier etwa?

6
Die Grafik rechts zeigt das Wachstum eines Waschbären in den ersten sieben Lebensmonaten. Beschreibe es.

7
Nimm eine Mandarine und schäle sie. Nimm nun die Schalen und lege sie so auf den Tisch, dass du näherungsweise die Oberfläche der Mandarine ermitteln kannst.

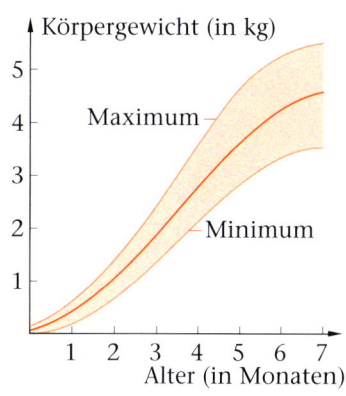

8 Am Fahrrad
Die Räder von Tonis Fahrrad haben einen Durchmesser von 26 Zoll. Das vordere Kettenblatt hat 48 Zähne, das hintere Kettenblatt hat 16 Zähne.
a) Toni dreht das vordere Kettenblatt genau zweimal. Wie oft hat sich dann das hintere Kettenblatt gedreht?
b) Wie weit kommt Toni bei zehn Umdrehungen des Rades?

9
Gegeben ist ein Kegel mit dem Durchmesser 9 cm und der Höhe 15 cm. Sandra und Jonas berechnen jeweils das Volumen und den Oberflächeninhalt des Kegels. Sandra rechnet mit dem Näherungswert 3,14 für π. Jonas verwendet die π-Taste am Taschenrechner. Erhalten Sandra und Jonas die gleichen Ergebnisse? Wenn nein: Wie groß sind die Abweichungen (in cm^3 bzw. cm^2; in Prozent)?

10 San Marino
San Marino ist einer der kleinsten Staaten Europas und wird ganz von Italien umgeben. Ermittle seine Fläche anhand der Karte rechts.

11
Ein Geschäft senkt zu einem Jubiläum alle Preise um zehn Prozent. Nach der Aktion werden alle Preise wieder um zehn Prozent angehoben. Sind die Preise am Ende …
a) wieder so hoch wie vor dem Jubiläum,
b) niedriger als vor dem Jubiläum,
c) höher als vor dem Jubiläum?

12
Drei Lottospieler gewinnen zusammen 92 518 Euro. Der Spieler A hat als einziger immer mit vierfachem Einsatz gespielt. Wie sollte das Geld zwischen den Spielern A, B und C aufgeteilt werden?

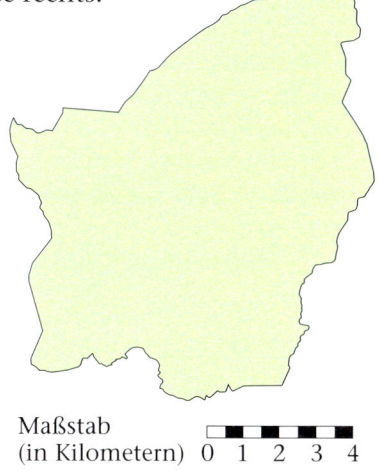

13 Welche Zahl ist größer? Begründe, ohne auszurechnen.
a) $0{,}8^3$ oder 8^3
b) 16^2 oder 16^3
c) $0{,}6^2$ oder $0{,}6^3$
d) $1{,}5 \cdot 10^{-3}$ oder $1{,}5 \cdot 10^{-4}$

Vermischte Aufgaben

14 Werkstücke
Berechne die Rauminhalte der drei Körper und ordne sie der Größe nach.

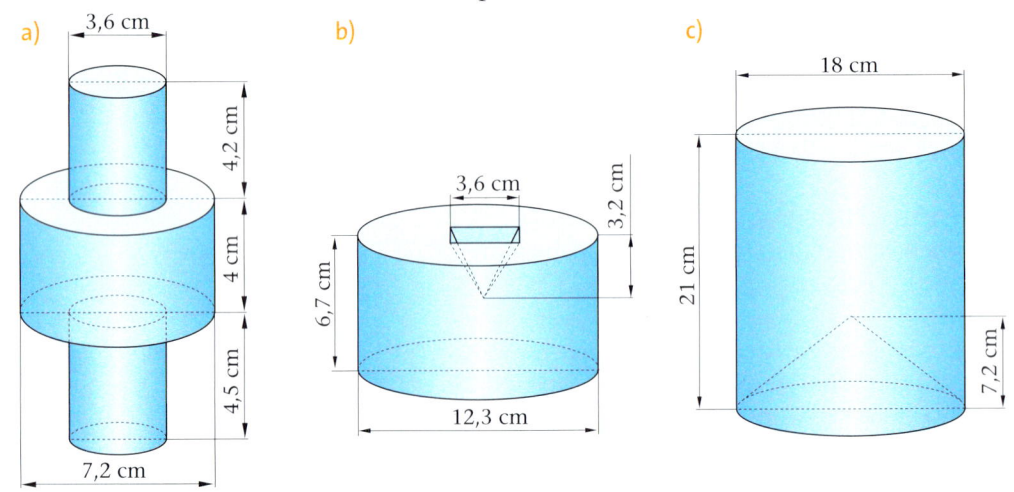

a) 3,6 cm; 4,2 cm; 4 cm; 4,5 cm; 7,2 cm

b) 3,6 cm; 3,2 cm; 6,7 cm; 12,3 cm

c) 18 cm; 21 cm; 7,2 cm

15 Gib die Maße eines Würfels an, der den gleichen Oberflächeninhalt (das gleiche Volumen) hat wie der Körper in Aufgabe 14 a).

16 Ein zylinderförmiges Trinkglas hat einen Durchmesser von 6 cm und eine Höhe von 14 cm. Ein 18 cm langer Trinkhalm wird in das Glas gestellt.
Mit welcher Länge ragt der Trinkhalm mindestens (höchstens) heraus?

17 Für die Gasheizung einer Schule muss ein Grundpreis von jährlich 800 € gezahlt werden. Jeder verbrauchte Kubikmeter Erdgas kostet 0,43 €.
a) Berechne die jährlichen Kosten für 5000 m³, 10 000 m³, ... , 50 000 m³ Erdgas. Lege dazu eine Wertetabelle an.
b) Zeichne die lineare Funktion in ein Koordinatensystem. Stelle auch eine Funktionsgleichung auf.
c) Welche Maße hätte ein Würfel, der bei normalem Luftdruck 10 000 m³ Gas fasst? Wie viele Liter Wasser könntet ihr einfüllen?

Gas supergünstig von Superburn!
Grundpreis im Jahr: 500 €
Preis pro m³: 0,50 €

18 Der Gasversorger „Superburn" wirbt bei der Schule mit dem Angebot links.
a) Stelle eine Funktionsgleichung auf. Zeichne dann den zugehörigen Graphen in das Koordinatensystem von Aufgabe 17.
b) Pro Jahr werden in der Schule durchschnittlich 47 000 m³ Erdgas benötigt. Sollte die Schule den Gasversorger wechseln?

19 Toni sagt: „In Deutschland werden mehr Jungen als Mädchen geboren."
Prüfe seine Aussage anhand der folgenden Daten.

Jahr	Lebendgeborene im Kreis Waldtal	... davon Jungen
2002	403	191
2003	445	244
2004	441	225
2005	459	226

Jahr	Lebendgeborene in Deutschland	... davon Jungen
2002	719 250	369 277
2003	706 721	362 709
2004	705 622	362 017
2005	685 795	351 757

20 In Deutschland fallen pro Jahr rund 5000 Tonnen Handyschrott an. Ein Handy wiegt etwa 100 Gramm. Im Schrott landen Geräte, die nicht mehr aktuell sind und deshalb außer Betrieb genommen werden.
In 50 000 Handys ist ein Kilogramm Gold enthalten. Hinzu kommen andere Metalle wie Silber, Palladium, Kupfer und Zinn. Deswegen ist das Recycling von Handys besonders wichtig.

a) Wie vielen Handys entsprechen die 5000 Tonnen Handyschrott pro Jahr in Deutschland?
b) Wie viel Gold steckt in diesem „Schrott"? Welchen Wert hat es?
   Zum Vergleich: Die Bundesbank hatte am 17. November 2007 genau 3427 Tonnen Goldreserven. Dies entsprach einem Marktwert von knapp 65,4 Mrd. €.
c) Wie viel Prozent der Goldreserven der Bundesbank macht das Gold im deutschen Handyschrott aus?

21 Aktienkauf
a) Herr Meier hat in der Zeitung Werbung für den Kauf der A-Aktie gefunden (Bild links). Zur Sicherheit hat er sich im Internet über die Kursentwicklung von August 2009 bis März 2010 informiert (Bild rechts). Zu welchen Ergebnissen kommt Herr Meier, wenn er die Grafiken auswertet?

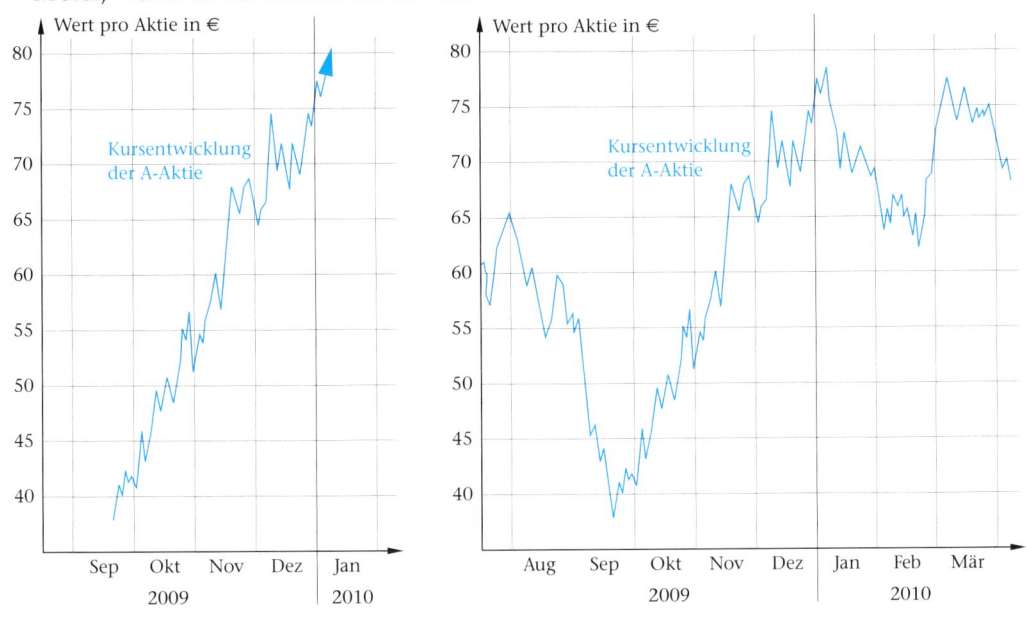

b) Herr Meier hat am 1. August 2009 einen Betrag von 5000 Euro als Sparguthaben fest angelegt. Er bekommt 2,5 % Zinsen dafür. Vergleiche den Zinsertrag bis zum 31. Januar 2010 mit dem Ertrag, den Herr Meier bei einem Kauf der A-Aktie im gleichen Zeitraum erzielt hätte.

22 Eine Pyramide hat ein Quadrat (Kantenlänge 8 cm) als Grundfläche und ist 10 cm hoch. Wie lang sind die Seitenkanten der Pyramide? Wie groß ist ihr Oberflächeninhalt?

Anhang

MATHELEXIKON

Größen: Einheiten und Umrechnungen

← **Beim Umrechnen in die größere Einheit: Durch die Umrechnungszahl dividieren**

Längenmaße: 1 km $\xrightarrow{1000}$ 1 m $\xrightarrow{10}$ 1 dm $\xrightarrow{10}$ 1 cm $\xrightarrow{10}$ 1 mm

Flächenmaße: 1 km² $\xrightarrow{100}$ 1 ha $\xrightarrow{100}$ 1 a $\xrightarrow{100}$ 1 m² $\xrightarrow{100}$ 1 dm² $\xrightarrow{100}$ 1 cm² $\xrightarrow{100}$ 1 mm²

Raummaße: 1 km³ $\xrightarrow{1\,000\,000\,000}$ 1 m³ $\xrightarrow{1000}$ 1 dm³ $\xrightarrow{1000}$ 1 cm³ $\xrightarrow{1000}$ 1 mm³

Hohlmaße: 1 l $\xrightarrow{1000}$ 1 ml
= 1 dm³ = 1 cm³

Massenmaße (Alltagssprache: Gewichtsmaße): 1 t $\xrightarrow{1000}$ 1 kg $\xrightarrow{1000}$ 1 g $\xrightarrow{1000}$ 1 mg

Geld: 1 € $\xrightarrow{100}$ 1 ct

Zeitmaße: 1 d $\xrightarrow{24}$ 1 h $\xrightarrow{60}$ 1 min $\xrightarrow{60}$ 1 s

Beim Umrechnen in die kleinere Einheit: Mit der Umrechnungszahl multiplizieren →

Urliste, Rangliste, Statistische Kennwerte

Aus einer umfangreichen Datenreihe (**Urliste**) erhält man durch Ordnen nach der Größe eine **Rangliste**. Eine Rangliste kann mit dem kleinsten Wert beginnen (aufsteigend) oder mit dem größten Wert (absteigend). In einer Rangliste werden gleiche Werte mehrfach genannt.

Maximum: der größte Wert.   **Minimum**: der kleinste Wert.
Spannweite: Unterschied zwischen Maximum und Minimum.
Zentralwert (Median): Der Wert, der in einer der Größe nach geordneten Liste genau in der Mitte steht. Hat eine Rangliste eine gerade Anzahl an Werten, wird der Durchschnitt der beiden mittleren Werte gebildet.

Durchschnitt berechnen: Du berechnest den Durchschnitt, indem du die einzelnen Werte addierst und dann die Summe durch die Anzahl der Werte dividierst.

Durchschnitt = $\frac{\text{Summe aller Werte}}{\text{Anzahl der Werte}}$

Statt Durchschnitt sagt man auch **arithmetisches Mittel**.

Absolute und relative Häufigkeit

Die **absolute Häufigkeit** gibt an, wie oft ein Wert auftritt.
Zur Berechnung der **relativen Häufigkeit** teilt man die absolute Häufigkeit eines Wertes durch die Gesamtzahl der Werte.
Um die **prozentuale Häufigkeit** anzugeben, schreibt man die relative Häufigkeit als Anteil in Prozent (Multiplikation mit 100).

Ergebnis, Ereignis	Du kannst vor dem Werfen eines normalen Spielwürfels nicht mit Sicherheit sagen, welche Augenzahl du würfeln wirst. Beim Werfen eines normalen Spielwürfels sind sechs **Ergebnisse** möglich: Du würfelst entweder eine 1, eine 2, eine 3, eine 4, eine 5 oder eine 6. Verschiedene Ergebnisse eines Zufallsversuches kann man zu einem **Ereignis** zusammenfassen, zum Beispiel „Augenzahl größer als 2" beim Werfen eines normalen Spielwürfels (passende Ergebnisse: 3, 4, 5, 6).
Wahrscheinlichkeitsskala	Wahrscheinlichkeit für das Würfeln einer 1 ↓ (bei 0%) Wahrscheinlichkeit für das Würfeln einer ungeraden Zahl (1, 3 oder 5) ↓ (bei 50%) Wahrscheinlichkeit für das Würfeln einer Zahl, die kleiner ist als 6 ↓ (nahe 100%) 0% unmöglich — 50% fifty : fifty — 100% sicher
Laplace-Experiment	Die **Wahrscheinlichkeit**, mit einem normalen Spielwürfel bei einem Wurf eine „1" zu würfeln, ist $\frac{1}{6} \approx 16,7\%$. Die Wahrscheinlichkeit, eine 2, 3, 4, 5 oder 6 zu würfeln, beträgt ebenfalls je $\frac{1}{6} \approx 16,7\%$. Ein Zufallsexperiment wie das einmalige Werfen eines normalen Spielwürfels, bei dem es endlich viele Ergebnisse gibt, die alle gleich wahrscheinlich sind, heißt **Laplace-Experiment**.
Wahrscheinlichkeiten berechnen	**Wahrscheinlichkeit P eines Ereignisses** bei einem Laplace-Experiment $= \dfrac{\text{Anzahl der passenden Versuchsergebnisse}}{\text{Anzahl der möglichen Versuchsergebnisse}}$
Große Zahlen	1 **Million** (1 Mio.) = 1 000 000 Statt 1000 Millionen sagt man: 1 **Milliarde**. 1 Milliarde (1 Mrd.) = 1 000 000 000 Statt 1000 Milliarden sagt man: 1 **Billion**. 1 Billion (1 Bio.) = 1 000 000 000 000 Statt 1000 Billionen sagt man: 1 **Billiarde**. 1 Billiarde (1 Brd.) = 1 000 000 000 000 000

Zahlbereiche			
	Zahlbereich	Beispiele	Zeichen
	Natürliche Zahlen	0; 1; 2; 3; 4; 5	$\mathbb{N}$
	Ganze Zahlen	−5; −4; −3; −2; −1; 0; 1; 2; 3; 4; 5	$\mathbb{Z}$
	Rationale Zahlen	$-\frac{4}{2} = -2$; $-\frac{3}{5} = -0,6$; $\frac{1}{2}$; $\frac{11}{18}$; $\frac{12}{6} = 2$	$\mathbb{Q}$
	Reelle Zahlen	$-\frac{4}{2} = -2$; $-\sqrt{2}$; $-\frac{3}{5} = -0,6$; $\frac{1}{2}$; $\frac{11}{18}$; $\sqrt{2}$; $\frac{12}{6} = 2$	$\mathbb{R}$

Zahlen runden	Um Zahlen zu runden, gehen wir so vor: • Ist die entscheidende Ziffer eine 0, 1, 2, 3 oder 4, runden wir ab. • Ist die entscheidende Ziffer eine 5, 6, 7, 8 oder 9, runden wir auf.

Anhang

Rechnen mit rationalen Zahlen	**Addieren rationaler Zahlen**

HINWEIS
Um eine negative Zahl zu subtrahieren, addiert man die Gegenzahl. Die Gegenzahl von (−5) ist (+5).

Die Vorzeichen sind gleich:
1. Lasse die Vorzeichen weg. Addiere beide Zahlen.
2. Gib dem Ergebnis das gemeinsame Vorzeichen.

Die Vorzeichen sind verschieden:
1. Lasse die Vorzeichen weg. Rechne dann: größere Zahl minus kleinere Zahl.
2. Gib dem Ergebnis das Vorzeichen der größeren Zahl.

Multiplizieren (Dividieren) rationaler Zahlen
1. Multipliziere (dividiere) beide Zahlen ohne Vorzeichen.
2. Ermittle das Vorzeichen:

„+" mal (durch) „+"
„−" mal (durch) „−" ⟩ ergibt „+"

„+" mal (durch) „−"
„−" mal (durch) „+" ⟩ ergibt „−"

Rechnen mit Klammern

1. Teilaufgaben **in Klammern** rechnet man immer **zuerst**.
2. Aufgaben ohne Klammern, bei denen nur addiert (subtrahiert, multipliziert, dividiert) wird, rechnet man **von links nach rechts**.
3. Bei Aufgaben mit Punkt- und Strichrechnung, aber ohne Klammern, gilt: **Punktrechnung geht vor Strichrechnung**.

Brüche

Wird ein Ganzes in 2, 3, 4, 5, 6 … gleich große Teile aufgeteilt, so erhält man Halbe, Drittel, Viertel, Fünftel, Sechstel …
Mit Brüchen können Anteile an einem Ganzen beschrieben werden.

Beispiele für Darstellungen von $\frac{2}{5}$:

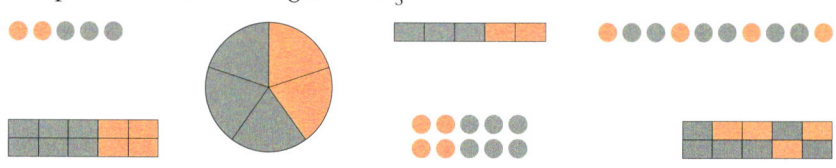

Rechnen mit Brüchen

1. Addieren $\quad \frac{2}{3} + \frac{1}{5} = \frac{2 \cdot 5}{3 \cdot 5} + \frac{1 \cdot 3}{5 \cdot 3} = \frac{10}{15} + \frac{3}{15} = \frac{13}{15}$ (Hauptnenner 15)

2. Subtrahieren $\quad \frac{4}{3} - \frac{1}{2} = \frac{4 \cdot 2}{3 \cdot 2} - \frac{1 \cdot 3}{2 \cdot 3} = \frac{8}{6} - \frac{3}{6} = \frac{5}{6}$ (Hauptnenner 6)

3. Multiplizieren $\quad \frac{2}{5} \cdot \frac{3}{4} = \frac{2 \cdot 3}{5 \cdot 4} = \frac{6}{20} = \frac{3}{10}$

4. Dividieren $\quad \frac{3}{8} : \frac{1}{4} = \frac{3}{8} \cdot \frac{4}{1} = \frac{3 \cdot 4}{8 \cdot 1} = \frac{12}{8} = \frac{3}{2}$

Quadrieren, dritte Potenzen

Produkte aus zwei gleichen Faktoren schreibt man kurz: $3 \cdot 3 = 3^2$.
Der Exponent 2 gibt die Zahl der gleichen Faktoren an.
Diese Schreibweise wird auch bei Variablen verwendet: $a \cdot a = a^2$.
Man spricht: „a Quadrat".

Produkte aus drei gleichen Faktoren schreibt man kurz: $5 \cdot 5 \cdot 5 = 5^3$
Der Exponent 3 gibt die Zahl der gleichen Faktoren an.
Diese Schreibweise wird auch bei Variablen verwendet: $a \cdot a \cdot a = a^3$.
Man spricht: „a kubik", „a hoch drei" oder „dritte Potenz von a".

Zehnerpotenzen	Die Potenzen mit der Basis 10 und ganzzahligen Exponenten heißen Zehnerpotenzen. Um große Zahlen auf wissenschaftliche Weise in Kurzform zu schreiben, werden die großen Zahlen in zwei Faktoren zerlegt. Einer dieser Faktoren ist eine Zehnerpotenz. Der andere Faktor liegt zwischen 1 und 10. Er hat eine Stelle vor dem Komma. BEISPIEL: $4\,500\,000 = 4{,}5 \cdot 1\,000\,000 = 4{,}5 \cdot 10^6$ $0{,}001 = 0{,}1 \cdot 0{,}1 \cdot 0{,}1 = \frac{1}{10} \cdot \frac{1}{10} \cdot \frac{1}{10} = \frac{1}{10 \cdot 10 \cdot 10} = \frac{1}{10^3} = 10^{-3}$ $0{,}008 = 8 \cdot 0{,}001 = 8 \cdot 10^{-3}$
Wurzeln	So berechnet man die **Quadratwurzel** einer Zahl: Man findet die positive Zahl, die mit sich selbst multipliziert die Zahl unter dem Wurzelzeichen $\sqrt{}$ ergibt: $\sqrt{9} = 3$; denn $3 \cdot 3 = 9$. $\sqrt{3{,}24} = 1{,}8$; denn $1{,}8 \cdot 1{,}8 = 3{,}24$. Insbesondere gilt: $\sqrt{0} = 0$. So berechnet man die **Kubikwurzel** einer Zahl: Man findet die Zahl, deren dritte Potenz die Zahl unter dem Wurzelzeichen $\sqrt[3]{}$ ergibt: $\sqrt[3]{125} = 5$, denn $5 \cdot 5 \cdot 5 = 125$. $\sqrt[3]{0{,}729} = 0{,}9$; denn $0{,}9 \cdot 0{,}9 \cdot 0{,}9 = 0{,}729$. Insbesondere gilt $\sqrt[3]{0} = 0$.
Proportionale und umgekehrt proportionale Zuordnungen	Wenn zum Doppelten (zum Dreifachen, zur Hälfte …) einer Größe auch das Doppelte (das Dreifache, die Hälfte …) der anderen Größe gehört, heißt eine Zuordnung **proportional**. Proportionale Zuordnungen beschreiben **gleichmäßiges Wachstum**. In einem Schaubild liegen die Punkte auf einer Geraden. Wenn zum Doppelten einer Größe die Hälfte der anderen Größe gehört (zum Dreifachen ein Drittel, zur Hälfte das Doppelte …), heißt eine Zuordnung **umgekehrt proportional**.
Prozentrechnung	„1 Prozent von …" bedeutet: „Ein Hundertstel von …" oder „$\frac{1}{100}$ von …". Statt Prozent schreibt man kurz: %.
Formeln in der Prozentrechnung	Um in der Prozentrechnung mit Formeln arbeiten zu können, werden Variable verwendet: G steht für den **Grundwert**. $\quad$ W steht für den **Prozentwert**. $\quad$ $p\,\%$ steht für den **Prozentsatz**. $G = \frac{W \cdot 100}{p} \qquad W = \frac{G \cdot p}{100} \qquad p = \frac{W \cdot 100}{G}$ **Prozentfaktor**: $3\,\%$ entspricht $\frac{3}{100} = 0{,}03$. Der Prozentfaktor ist dann $1{,}00 + 0{,}03 = 1{,}03$.

Anhang

HINWEIS *In der Zinsrechnung wird immer mit 30 Tagen je Monat und 360 Tagen pro Jahr gerechnet.*	**Zinsrechnung**	Kapital: K, Zinssatz: $p\%$, Zinsen: Z, Laufzeit in Tagen: t Die Formel $Z = \frac{K \cdot p \cdot t}{100 \cdot 360}$ nennt man **Zinsformel**. Man kann diese Formel bei Bedarf nach K, p oder t umstellen. Wird nur für ein ganzes Jahr gerechnet, fallen „t" und „360" in der Formel weg.
	Zinseszinsformel	Für die Entwicklung von Sparguthaben gilt die Formel: $K_n = K_0 \cdot q^n$ Anfangskapital: K_0 Endkapital nach n Jahren: K_n Zinszeit in Jahren: n Wachstumsfaktor: q (siehe Prozentfaktor, Formeln in der Prozentrechnung)
	Terme, Rechnen mit Termen	Rechnungen können mit Termen beschrieben werden. Terme können Zahlen, Rechenzeichen, Klammern, Platzhalter, Variable und Größen enthalten. **Plus- oder Minuszeichen vor der Klammer** 1. Steht ein „+" vor der Klammer, wird die Klammer weggelassen. 2. Steht ein „–" vor der Klammer, wird die Klammer weggelassen. In der Klammer wird aus jedem „+" ein „–" und aus jedem „–" ein „+". **Ausmultiplizieren:** Steht ein „·" vor einer Klammer, wird die Klammer weggelassen. Jede Zahl (jede Variable) in der Klammer wird mit dem Faktor vor der Klammer multipliziert.
	Gleichungen	**Gleichungen** bestehen aus zwei Termen, die durch ein Gleichheitszeichen miteinander verbunden sind. Um eine **Gleichung zu lösen**, muss man eine passende Zahl finden (die Lösung) und für die Variable einsetzen. Dadurch muss eine wahre Aussage entstehen.
	Funktionen	Zuordnungen aus Wertepaaren $(x; y)$, bei denen zu jedem x-Wert genau ein y-Wert gehört, sind eindeutig. Sie heißen **Funktionen**. Funktionen können durch Wertetabellen, Gleichungen, Wortvorschriften, Pfeildiagramme oder Graphen dargestellt werden. **Lineare Funktionen** haben eine Gleichung der Form $y = m \cdot x + n$. (m und n sind darin beliebige, aber feste Zahlen). Der Parameter **m** heißt **Steigung** einer linearen Funktion: Die x-Koordinate des Punktes, in dem der Graph einer linearen Funktion die x-Achse schneidet, heißt **Nullstelle** der linearen Funktion. Der Graph einer linearen Funktion schneidet die y-Achse immer im Punkt mit den Koordinaten $(0\|n)$. **n** heißt **Achsenabschnitt**.

Winkel

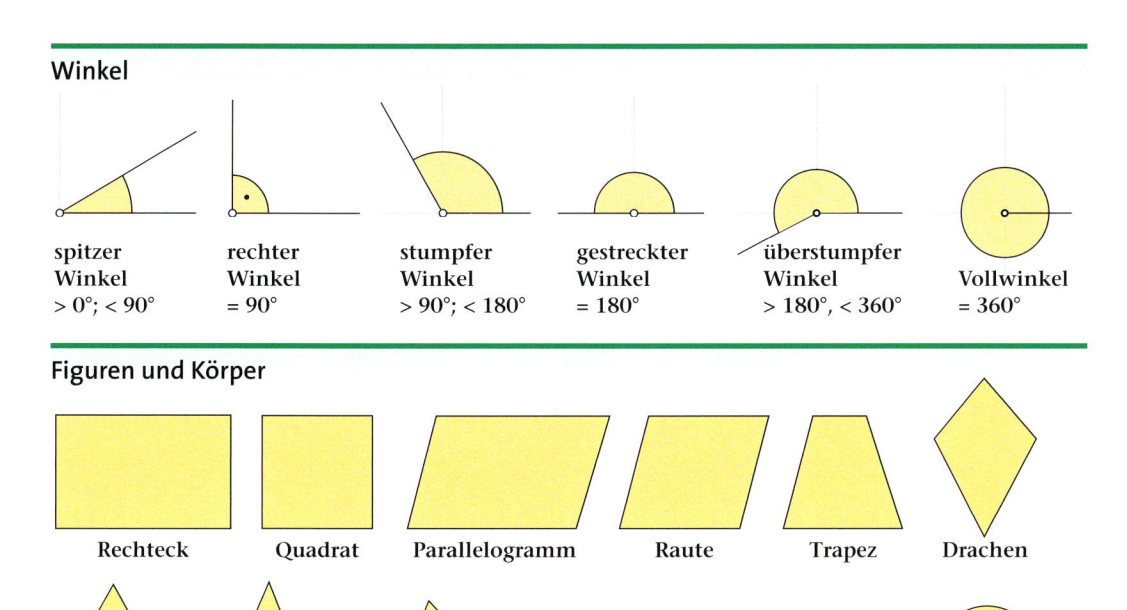

spitzer Winkel	rechter Winkel	stumpfer Winkel	gestreckter Winkel	überstumpfer Winkel	Vollwinkel
> 0°; < 90°	= 90°	> 90°; < 180°	= 180°	> 180°, < 360°	= 360°

Figuren und Körper

Rechteck, Quadrat, Parallelogramm, Raute, Trapez, Drachen

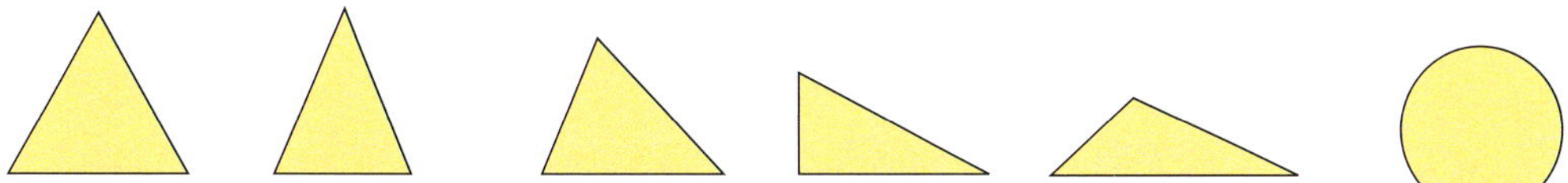

gleichseitiges Dreieck, gleichschenkliges Dreieck, spitzwinkliges Dreieck, rechtwinkliges Dreieck, stumpfwinkliges Dreieck, Kreis

Dreiecke bezeichnen

In Dreiecken werden ...
- die Eckpunkte mit Großbuchstaben A, B, C;
- die Seiten mit Kleinbuchstaben a, b, c;
- die Winkel mit griechischen Buchstaben α, β, γ bezeichnet.

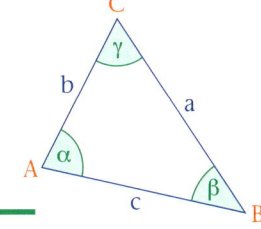

Deckungsgleichheit und Ähnlichkeit von Figuren

Figuren, die die gleiche Form und die gleiche Größe haben, heißen **deckungsgleich** zueinander. Man kann sie genau übereinanderlegen. Statt deckungsgleich sagt man auch **kongruent**.
Ist eine Figur A ein maßstäblich vergrößertes oder verkleinertes Bild einer anderen Figur B, dann sagt man: Die beiden Figuren sind **ähnlich zueinander**. Man schreibt kurz: A ~ B.

Satz des Pythagoras

In rechtwinkligen Dreiecken schließen die beiden **Katheten** den rechten Winkel ein (im Bild: a und b).
Die **Hypotenuse** liegt immer dem rechten Winkel gegenüber (im Bild: c).

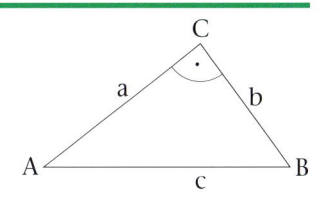

In jedem rechtwinkligen Dreieck ABC gilt:
Das Hypotenusenquadrat hat den gleichen Flächeninhalt wie die beiden Kathetenquadrate zusammen.
Wählt man die Bezeichnungen des Dreiecks wie im Bild (γ = 90°), dann lässt sich der Satz als Gleichung so formulieren: $a^2 + b^2 = c^2$.

Anhang

BEACHTE
Alle Längenangaben müssen in derselben Einheit gegeben sein. Sonst musst du umwandeln.

Flächeninhalt	**Rechteck** $A = a \cdot b$	**Quadrat** $A = a \cdot a$
	Dreieck $A = \frac{g \cdot h}{2}$	**Parallelogramm** $A = g \cdot h$
	Trapez $A = \frac{(a + c)}{2} \cdot h$	**Kreis** $A = \pi \cdot r^2$ $A = \pi \cdot \frac{d^2}{4}$

Umfang	Umfang einer Figur = Summe ihrer Seitenlängen Für den Umfang schreibt man kurz: „u". **Kreis**: $u = 2 \cdot \pi \cdot r \qquad u = \pi \cdot d$

Berechnungen an Körpern

Name	Bezeichnungen	Volumen	Oberflächeninhalt
Quader		$V = a \cdot b \cdot c$	$O = 2 \cdot a \cdot b + 2 \cdot b \cdot c + 2 \cdot a \cdot c$
Prisma		$V = G \cdot h$	Summe der Seitenflächen sowie der gleich großen Grund- und Deckfläche $O = 2 \cdot G + M$
Zylinder		$V = G \cdot h$ $V = \pi \cdot r^2 \cdot h$	$O = 2 \cdot G + M$ $O = 2 \cdot \pi \cdot r^2 + 2 \cdot \pi \cdot r \cdot h$
Kegel		$V = \frac{1}{3} \cdot G \cdot h$ $V = \frac{1}{3} \cdot \pi \cdot r^2 \cdot h$	$O = G + M$ $O = \pi \cdot r^2 + \pi \cdot r \cdot s$
Pyramide		$V = \frac{1}{3} \cdot G \cdot h$	Summe der Seitenflächen und der Grundfläche $O = G + M$
Kugel		$V = \frac{4}{3} \cdot \pi \cdot r^3$	$O = 4 \cdot \pi \cdot r^2$

Den Speicher des Taschenrechners einsetzen	Taschenrechner können Zahlen aus der Anzeige speichern und auf Abruf wieder in der Anzeige zur Verfügung stellen. Es gibt verschiedene Systeme.

Mit einem Speicherplatz	**Mit mehreren Speicherplätzen**
Einspeichern der Zahl 1,414 213: 1,414 213 STO	Einspeichern der Zahl 1,414 213: 1,414 213 STO Nummer des Speicherplatzes

In der Anzeige kann nun ein Hinweis erscheinen, dass ein Speicherplatz belegt ist. Das kann zum Beispiel ein kleines „M" sein.

Abrufen des Speichers: RCL drücken, die gespeicherte Zahl erscheint in der Anzeige.	Abrufen des Speichers: RCL und dann die Nummer des Speicherplatzes drücken.

Zehnerpotenzen auf dem Taschenrechner	Im Display der meisten Taschenrechner können nur 10 oder 11 Stellen einer Zahl angezeigt werden. Für größere Zahlen verwenden auch Taschenrechner eine Kurzform, die auf der wissenschaftlichen Schreibweise sehr großer oder sehr kleiner Zahlen beruht. Allerdings wird nur der Exponent der jeweiligen Zehnerpotenz angezeigt.

Zur Eingabe von Zahlen in wissenschaftlicher Schreibweise wird die Potenztaste y^x verwendet.

BEISPIELE

1. Um $8 \cdot 10^9 + 4 \cdot 10^8$ einzugeben, musst du die Potenztaste verwenden.
   Tastenfolge: 8 × 10 y^x 9 + 4 × 10 y^x 8 =
   Ergebnis: 8 400 000 000

2. Auch um $3 \cdot 10^{-4}$ zu berechnen, verwendest du die Potenztaste. Negative Vorzeichen der Exponenten werden je nach Rechner verschieden eingegeben, zum Beispiel:
   Tastenfolge 1: 3 × 10 y^x 4 +/− =
   oder *Tastenfolge 2:* 3 × 10 y^x (−) 4 =
   Ergebnis: 0,0003

3. Auch um die Aufgabe $3 \cdot 10^{-8} : 25\,000$ einzugeben, verwendest du die Potenztaste.
   Tastenfolge 1: 3 × 10 y^x 8 +/− : 25 000 =
   oder
   Tastenfolge 2: 3 × 10 y^x (−) 8 : 25 000 =
   Ergebnis: $1,2 \cdot 10^{-12}$

Quadrate und Wurzeln auf dem Taschenrechner	**Quadrate berechnen**	**Wurzel berechnen**
	5 . 4 x^2 | Anzeige: 29,16 oder 5 . 4 x^2 = | Anzeige: 29,16	46,24 $\sqrt{x}$ | Anzeige: 6,8 oder $\sqrt{x}$ 46,24 = | Anzeige: 6,8

Bei manchen Rechnern wird die Wurzeltaste als Zweitfunktion mithilfe der Taste 2nd aufgerufen.

Anhang

METHODENLEXIKON

Formeln	Wortformeln wie *Flächeninhalt eines Rechtecks = Länge · Breite* kann man auch kürzer schreiben: $A = a \cdot b$. Dabei wird verwendet: „A" für den Flächeninhalt, „a" für die Länge eines Rechtecks, „b" für die Breite eines Rechtecks.	
Lösungen selbst kontrollieren	**Überschlagen** $4500 + 500 = 5000$ $4659 + 486 \stackrel{?}{=} 6145$ Das Ergebnis ist falsch. Die richtige Lösung ist 5145.	**Situation prüfen** Vier Kugeln Eis kosten 2 €. Wie viel kostet eine Kugel Eis? Lösung: 8 €. 8 € für eine Kugel Eis? Diese Lösung ist nicht sinnvoll. Sie muss falsch sein.
	Gleichungen: Eine Probe machen Ob deine Lösung richtig ist, kannst du mit der Probe kontrollieren. Eine „Probe" machen heißt: Setze die gefundene Lösung für x in die Anfangsgleichung ein. Kontrolliere dann, ob eine wahre Aussage entsteht.	
Begründungen angeben	**… durch Nachmessen** *Daniel* behauptet: „Mein Dreieck ist rechtwinklig." Zur Begründung hat er die Winkel gemessen. Einer der Winkel ist 90°. Das Dreieck hat also einen rechten Winkel. Daniel hat gezeigt: Seine Behauptung ist richtig.	**… durch ein Beispiel** *Toni* behauptet: „867 ist keine Primzahl. Ich habe drei Teiler gefunden: 3, 17 und 51." *Sara* sagt: „Stimmt! Primzahlen haben immer nur zwei Teiler: die 1 und sich selbst." **… durch ein Gegenbeispiel** *Dimitra* sagt: „63 und 77 haben keinen gemeinsamen Teiler." *Georg:* „Aber 63 : 7 = 9 und 77 : 7 = 11. 7 ist ein gemeinsamer Teiler von 63 und 77."
Fehler beheben	Was ist, wenn ich bei der Mathemeisterschaft oder in einer Mathematikarbeit viele Fehler gemacht habe? Hier sind einige Tipps: • Kennzeichne die falschen Aufgaben mit einem Farbstift. • Frage in der Klasse, wer diese Aufgaben richtig gelöst hat. • Hole dir Hilfe: Lasse dir die richtige Lösung erklären. • Probiere es noch einmal selbst – ohne Hilfe. Es gibt keine Garantie, aber: Vielleicht klappt es damit bald besser!	
Probleme lösen	**Fragen beim Arbeiten:** • Welches Problem soll gelöst werden? Kann ich das Problem anderen mit meinen eigenen Worten beschreiben? • Habe ich bereits einmal ein ähnliches Problem gelöst? Wie habe ich dabei die Lösung gefunden? • Hilft es, mit anderen zusammenzuarbeiten? • Gibt es Hilfsmittel, die ich einsetzen kann? • Kann ich das Problem in Teilfragen zerlegen? • Muss ich fehlende Angaben beschaffen?	**Fragen für „danach":** • Was hast du gelernt? Selbst wenn du keine Lösung gefunden hast, war die Arbeit nicht umsonst! • Welche Ideen haben dir weitergeholfen? • Gab es andere Lösungen und Lösungswege? • Mit wem konntest du gut zusammenarbeiten? • Was kannst du noch lernen?

PC-Heft	Lege ein PC-Heft für Mathematik an, um deine Arbeitsergebnisse zu sichern. • Schreibe immer zuerst das **Datum** auf. Notiere die **Links**, die du besucht hast, und die **Programme**, die du benutzt hast. • Wenn du die Aufgaben gelöst hast, schreibe auch deine **Ergebnisse**, **Beobachtungen** und **Begründungen** in das PC-Heft.	*Datum: 22. September* *Aufgabe: Schulbuch, Seite 39, Station 9, Mediencode 039-1* *„Wohin musst du den Punkt P verschieben, damit der markierte Winkel 90° groß ist (< 90°; > 90°)?"* *Beobachtungen:* *Damit der Winkel 90° groß ist, muss man P auf den Schnittpunkt des Kreises und der grauen Linie verschieben. AP ist dann der Durchmesser des Kreises ...* *Damit der Winkel kleiner als 90° ist, muss der Punkt P ...*
Geometrie im Internet	Für den Computer gibt es Geometrieprogramme, die du auf verschiedene Weise nutzen kannst: im Zugmodus oder zum Selbstkonstruieren. Unter den Mediencodes zur Geometrie in Pluspunkt findest du vorbereitete Dateien, die du in einem Internetbrowser bearbeiten kannst (Zugmodus). Einige Punkte lassen sich verschieben, andere sind fest. Die Lage anderer Punkte wird beim Ziehen automatisch aktualisiert. Auch Größen werden gemessen und angezeigt. Die Aufgaben, deine Beobachtungen und Ergebnisse solltest du in dein PC-Heft schreiben. Du kannst auch wichtige Bilder ausdrucken und einkleben.	
Skizzen anfertigen, um einen Lösungsweg zu finden	1. Suche wichtige Wörter und Größen im Text. 2. Fertige freihand eine übersichtliche Skizze an. 3. Trage in die Skizze bekannte und gesuchte Größen ein. Nutze dafür verschiedene Farben, zum Beispiel blau und rot. 4. Mithilfe der Skizze erkennst du leichter, welche Beziehungen zwischen den Größen bestehen. Dies hilft dir, einen Lösungsweg zu finden.	

Schritt für Schritt zur Lösung	Diese Schritte helfen, die Lösung bei komplexen Aufgaben zu finden.
	1. Lies den Aufgabentext und überlege: Was muss ich berechnen?
	2. Fertige eine Skizze an, wenn möglich.
	3. Überlege anhand der Skizze: Welche Teilschritte sind nötig?
	4. Sind die nötigen Größen bekannt? Fehlende Größen kannst du …
	   • in einem weiteren Teilschritt berechnen,
	   • in einer maßstäblichen Zeichnung messen,
	   • schätzen.
	5. Rechne schrittweise. Schreibe zu jedem Schritt eine passende Überschrift. Achte auf die Einheiten und unterstreiche die Zwischenergebnisse.
	6. Kontrolliere dein Endergebnis. Schreibe es dann auf.	

Nachschlagewerke nutzen	René sagt: „Kannst du dir alle Formeln merken? Ich nicht. Aber ich weiß, wie ich mir helfen kann!" Stelle dir vor, du sollst eine Aufgabe zur Zinsrechnung lösen. 1. Schreibe zunächst die gegebenen Werte auf. Was ist gesucht? 2. Schaue in deiner Formelsammlung im Inhaltsverzeichnis nach „Zinsen" oder „Zinsrechnung". 3. Schaue dir auf der angegebenen Seite alle Überschriften genau an. Welche gehört zu deiner Aufgabe? 4. Suche nach der Formel für den gesuchten Wert. 5. Nun kannst du die gegebenen Werte einsetzen und rechnen.	

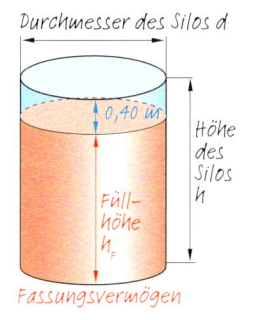

Anhang

Internet-recherche	Wie man eine Internetseite aufruft, weißt du ja schon. Auf der Seite www.bzga.de zum Beispiel kannst du sehr viele Informationen zum Thema Gesundheit finden. • Oben rechts steht das Wort „Suchbegriff", daneben gibt es einen kleinen Pfeil. Tippe deinen Suchbegriff ein. Klicke dann auf den Pfeil. Die angezeigten Materialien zu deinem Thema kannst du einzeln anklicken und in Ruhe anschauen. • In der Zeile unter der Überschrift kannst du „Themen" durch Anklicken direkt erreichen. • Bei der BZgA kannst du auch Infomaterial bestellen. Das ist auch bei vielen anderen Anbietern im Internet möglich. Aber aufgepasst: Lies immer zuerst genau die Bestellbedingungen, damit du weißt, ob du etwas bezahlen musst. Bei der BZgA sind die Bestellungen in der Regel kostenlos.
Informationen aus der Bibliothek	So kannst du suchen: • *Variante 1:* Du fragst eine Bibliothekarin oder einen Bibliothekar. Nenne ihr das Thema oder den genauen Titel eines Buches, das du suchst. • *Variante 2:* Du setzt dich an einen Computer in der Bibliothek. In einer Datenbank findest du alle Bücher, die du ausleihen kannst. Eine „Suchmaske" hilft dir, die gewünschten Bücher zu finden. Die folgenden Angaben kannst du verwenden: Autor, Thema (Schlagwort), Titel, ISBN.
Eine Befragung durchführen	Viele Dinge müssen beachtet werden. Am besten teilt ihr die Aufgaben in eurer Gruppe auf: *Inhalt* • Was wollt ihr durch das Interview erfahren? Bereitet Fragen vor. • Informiert euch vorab über das Thema (Zeitungen, Internet, Bücher). *Interviewpartner* • Wer soll befragt werden? Ruft den Interviewpartner an oder fragt ihn persönlich, zum Beispiel während einer Sprechstunde. • Fragt, ob der Interviewpartner zu einem Gespräch bereit ist. Erklärt ihm dazu euer Thema und das Ziel eurer Arbeit. • Klärt auch, wie lange das Gespräch dauern soll. *Technik* • Wo soll die Befragung stattfinden? Organisiert einen Raum, wo ihr ungestört arbeiten könnt. Stellt bei langen Interviews Getränke bereit. • Besorgt ein Aufnahmegerät, um das Gespräch aufzuzeichnen. • Macht vor dem Interview eine Testaufnahme. • Habt ihr eine Digitalkamera? Fotografiert euren Interviewpartner, um Bilder für eine spätere Präsentation zu haben.
Gesprächsregeln für Gruppenarbeit	• Andere nicht unterbrechen und ausreden lassen. • Darauf achten, dass alle zu Wort kommen und sich einbringen können. • Eigene Meinungen und Vorschläge kurz begründen. • Auf die Begründungen der anderen eingehen. • Einen Gesprächsleiter wählen, der durch ein Zeichen (zum Beispiel dreimaliges Klopfen mit einem Stift) ein „Startzeichen" setzt. • Der Gesprächsleiter kann durch sein Zeichen auch daran erinnern, dass die einzelnen Redebeiträge nicht zu lang werden. • Bei Regelverstößen an die Einhaltung der Regeln erinnern. Welche weiteren Regeln haltet ihr für sinnvoll? Schreibt eure Regeln auf Karten und bringt sie gut sichtbar im Raum an.

Präsentieren: Kurzvortrag	Ihr wollt eure Arbeit „präsentieren"? Hier sind einige Tipps: • Fasst eure Ergebnisse kurz und knapp zusammen. • Sprecht deutlich und nicht zu schnell. Etwas Mimik und Gestik machen es für die Zuhörer oft interessanter. • Verwendet zur Darstellung eurer Ergebnisse verschiedene Medien, zum Beispiel: Tafelbild, Flipchart, Overheadprojektor, Videoausschnitte, Karten, Plakate, Zeitschriften, Bücher, Computergrafiken, CDs und Kassetten, Modelle, konkrete Beispiele, mitgebrachte Gegenstände zum Anfassen … • Macht euch Notizen: Am besten nehmt ihr kleine Karteikarten. Beschreibt sie auf einer Seite mit einem wichtigen Punkt (Überschrift), über den ihr etwas sagen möchtet. Für jeden neuen Punkt nehmt ihr eine neue Karte. Ihr dürft beim Vortragen darauf schauen, aber nicht nur ablesen. • Übt die Präsentation vorher einmal. • Beantwortet die Fragen eurer Zuhörer. Gut ist, wenn diese mitmachen können.
Präsentieren: Markt der Möglichkeiten	Eine Variante, Arbeitsergebnisse zu präsentieren, ist der Markt der Möglichkeiten. Er ist besonders geeignet, wenn ihr längere Zeit in Gruppen gearbeitet habt: • So, wie es auf einem Markt verschiedene Stände gibt, richtet jede Arbeitsgruppe einen eigenen Stand ein. An diesem Stand legt die Gruppe zum Beispiel Poster, Collagen, Texte, Schaubilder und Fotos aus, die sie gefunden oder selbst erstellt hat. • Auch ein Experiment, ein kurzes Spiel, eine Powerpoint-Präsentation, eine Diaschau oder ein kurzer Film sind geeignet. Hängt für solche „Vorführungen" einen Terminplan aus. • Gestaltet den Stand einladend. Gut ist, wenn die Besucher auch selbst etwas ausprobieren. Jede Schülerin und jeder Schüler vertritt die Gruppe für eine bestimmte Zeit am eigenen Stand, sodass dort immer ein Ansprechpartner anwesend ist. Die anderen Gruppenmitglieder können die anderen Stände besuchen.
Lesestrategie: Partnerarbeit mit Diskussionsleiter	Bildet Zweiergruppen (jeweils „eine Diskussionsleiterin/ein Diskussionsleiter" und „eine Schülerin/ein Schüler"). Lest dann den Text abschnittsweise. Tauscht nach jedem Abschnitt die Rollen und führt eine Diskussion: • Klärt nach jedem Abschnitt Unverstandenes im Text. • Die „Diskussionsleiterin" bzw. der „Diskussionsleiter" stellt nach jedem Abschnitt Fragen zum Inhalt. Die „Schülerin" bzw. der „Schüler" beantwortet sie. • Fasst den gelesenen Abschnitt gemeinsam zusammen. • Welche Informationen erwartet ihr vom nächsten Abschnitt?
Lesestrategie: Texte selbstständig auswerten	1. Überfliege den Text und stelle fest, worum es geht. Beachte die Überschrift. 2. Schreibe dir unbekannte Wörter heraus und kläre sie. 3. Bearbeite nun den ersten Abschnitt. Notiere deine Fragen. 4. Lies den Abschnitt sehr sorgfältig durch. 5. Beantworte nun deine Fragen aus Schritt 3. 6. Wiederhole die Schritte 3. bis 5. bei jedem weiteren Abschnitt. 7. Fasse die Aussagen des gesamten Textes zusammen.

Anhang

LÖSUNGEN ZU DEN MATHEMEISTERSCHAFTEN

▶ **Seite 24**
1. a) Durchschnittliches Anfangsgewicht: 82,04 kg; durchschnittliches Endgewicht: 78,20 kg.
   b) Die durchschnittliche Gewichtsabnahme beträgt 3,84 kg.
   c) Rangliste: 2,6 kg; 2,8 kg; 3 kg; 3,8 kg; 4 kg; 4 kg; 4,2 kg; 4,2 kg; 4,4 kg; 5,4 kg; Zentralwert: 4,0 kg; Minimum: 2,6 kg; Maximum: 5,4 kg; Spannweite: 2,8 kg
2. b) Rangliste: 46; 81; 95; 105; 138; 224; 532; Durchschnitt: 174,4 Mitglieder; Zentralwert: 105 Mitglieder
   c) Rangliste: 46; 81; 95; 138; 155; 224; 532; Durchschnitt: 181,6 Mitglieder; Zentralwert: 138 Mitglieder
3. a) Minimum: 23,49 €; Maximum: 42,87 €; Spannweite: 19,38 €; durchschnittliche Kosten pro Monat: 33,76 €; Zentralwert 33,15 €
   b) Von Interesse sind vor allem die durchschnittlichen Kosten, um eine Orientierung für die Kosten in den kommenden Monaten zu haben. Minimum und Maximum (bzw. die Spannweite) geben eine Orientierung für den Schwankungsbereich der Kosten. Der Zentralwert ist hier eher uninteressant.
4. a) individuelle Lösung
   b) Die Ergebnisse sind im linken Diagramm fair dargestellt. Im rechten Diagramm dagegen wird durch die Skalierung der y-Achse (Anteil in %) von 60 % bis 100 % eine Verzerrung erzielt. Es scheint so, als ob zum Beispiel Gymnasiasten viel mehr lesen als Hauptschüler: Scheinbar rund 2,5-mal so viele Gymnasiasten wie Hauptschüler lesen täglich oder mehrmals die Woche in einem Buch. Dies ist aber nicht so, betrachtet man die jeweiligen Anteile von 68 % bzw. 83 %.

▶ **Seite 44**
1. 8 765 321; 8 765 312; 8 765 231; 8 765 213; 8 765 132
2. $A = \frac{6}{10} = 0{,}6$; $B = \frac{27}{100} = 0{,}27$; $C = \frac{15}{100} = \frac{3}{20} = 0{,}15$; $D = \frac{91}{100} = 0{,}91$; $E = \frac{1}{10} = 0{,}1$; $F = \frac{107}{100} = 1{,}07$; $G = \frac{47}{100} = 0{,}47$; $H = \frac{65}{100} = \frac{13}{20} = 0{,}65$
4. a) 25 000; 25 500; 25 497,3   b) 7000; 7400; 7438,6
5. a) 9216,03   b) 89 689,2   c) 59 761,66   d) 461
6. a) 8840; 8720; 8600 (jeweils minus 120)   b) 405; 1215; 3645 (jeweils mal 3)
   c) 9260; 8360; 9330 (2., 4., 6., … Glied jeweils plus 70; 1., 3., 5. … Glied jeweils minus 70)
8. a) $\frac{17}{12} = 1\frac{5}{12}$ b) $\frac{9}{40}$ c) $\frac{15}{2} = 7\frac{1}{2}$ d) $\frac{1}{3}$ e) $\frac{2}{8} = \frac{1}{4}$
9. beginnend mit der kleinsten Länge: $8 \cdot 10^{-6}$ m; $2{,}99 \cdot 10^{-5}$ m; $8 \cdot 10^{-4}$ m; 28 000 m; $2 \cdot 10^5$ m, $1{,}7 \cdot 10^9$ m
10. a) Das Licht braucht vom Mond zur Erde 1,28 s.
    b) Die Rakete braucht etwas mehr als 19 Stunden (genau: 19 Stunden und 12 Minuten).
11. Bei 15 Laternen gibt es 14 Laternenzwischenräume, die je 25 Meter lang sind.
12. Hans ist mit dem Rad viermal schneller als zu Fuß.

▶ **Seite 55**
1. a) 2,8 km   b) 800 kg   c) 572 dm; 57,2 m   d) 0,64 cm³
   e) 5 h 20 min   f) 4,6 m   g) 30 dm³   h) 7500 dm³ = 7500 ℓ
2. erste Zeile (fehlende Werte von links): 42 cm; 16,4 cm; 253 cm = 2,53 m; zweite Zeile (fehlende Werte von links): 60 cm; 78 cm; 289 cm; dritte Zeile (fehlende Werte von links): 224 cm; 216,4 cm; 453 cm = 4,53 m; vierte Zeile (fehlende Werte von links): 109 cm = 1,09 m; 127 cm = 1,27 m; 101,4 cm
3. • Der Bundestag stimmte dem Projekt 1994 zu.
   • 292 von 524 Abgeordneten, also rund 55,7 %, stimmten damals für das Projekt.
   • Individuelle Lösung, z. B. etwas mehr als 15 Fußballfelder (100 m Länge, 65 m Breite).
   • Es wurden 15,6 km Seil benötigt. Weitere Lösung individuell.
   • Wenn 200 Arbeiter acht Tage brauchten, bräuchte Christo allein theoretisch mindestens 1600 Arbeitstage zu je acht Stunden, also rund viereinhalb Jahre (ohne Urlaub und freie Tage). Praktisch wäre eine solche Arbeit einer einzelnen Person aus vielen Gründen nicht machbar.

▶ **Seite 67**
1. a) $11x + 11{,}5$ b) $0{,}5x + 1{,}7$ c) $1{,}05a + 3b - 15$ d) -6 e) $125x - 5$ f) $3{,}2a + 2{,}4b$
2. a) 1489,96   b) 110,59   c) 8,06   d) 9,32
3. a) $x = 27$ b) $y = 8$ c) $a = 0{,}25$
4. a) $x = 35$ b) $b = 7{,}2$ c) $y = 0{,}6$ 5. a) $d \approx 9{,}9$ cm   b) $d \approx 10{,}4$ cm
6. a) $d = \sqrt{2 \cdot a^2} = \sqrt{2} \cdot a$ b) $d = \sqrt{a^2 + b^2}$
7. a) Die gesuchte Zahl ist 11.   b) Frau Jantschke ist 42 Jahre alt, ihre Tochter ist 21 Jahre alt.
8.

Geschwindigkeit (in km/h)	30	50	72	100	360
Geschwindigkeit (in m/s)	8,3	13,9	20,0	27,8	100

9. a) $A_1 = \frac{v_2 \cdot A_2}{v_1}$; $v_1 = \frac{v_2 \cdot A_2}{A_1}$ b) $v_2 \approx 16{,}7$ m/s

▶ **Seite 85**
1. Grundform beim Anblick von der Seite ist ein Parallelogramm. Das Gebäude hat die Form eines Prismas, das auf der Seite liegt. Es erinnert an den Bug eines Schiffes. Als Fensterformen sind Dreiecke und Rechtecke zu sehen, das Gestänge an der Fassade bildet Rauten.
2. Die Rechtecke können zum Beispiel die Maße $a = 4$ cm; $b = 6$ cm oder $a = 3$ cm; $b = 8$ cm haben. Die Umfänge dieser Rechtecke unterscheiden sich. Den kleinsten Umfang hat das spezielle Rechteck mit $a = b = 4{,}9$ cm (ein Quadrat).
3. a) $A = 4$ cm²   b) $A = 30{,}6$ cm²   c) $A = 16$ cm²
4. zweite Spalte: $u \approx 62{,}8$ cm; $A \approx 314$ cm²   dritte Spalte: $r \approx 8$ cm; $A \approx 201$ cm²
   vierte Spalte: $r \approx 7$ m; $u \approx 44$ m   fünfte Spalte: $r \approx 22{,}1$ m; $u \approx 139$ m
5. a) $A = 1512$ cm² $\approx 15{,}1$ dm²   b) $A = 3772$ cm² $\approx 37{,}7$ dm²
6. $h = 4$ cm   7. Ja, das ist möglich. Es ergibt sich $A = 13{,}5$ cm².   8. $A = 15$ cm²

1	a) 200 m	b) 48 €	c) 461,736 km		◀ Seite 104
2	a) 33,333...%	b) ≈ 24,2 %	c) ≈ 0,58 %		

3 7750 kg Fruchtjoghurt lassen sich aus den gelieferten Erdbeeren herstellen. Das ergibt 38 750 Becher Joghurt zu je 200 g.
4 Der eingeräumte Rabatt von 7,92 € entspricht rund 19,85 % des ursprünglichen Preises. Dies ist etwas weniger als die angekündigten 20 % Rabatt. Die Werbung stimmt deshalb nicht.
5 Das Fahrrad kostet mit Mehrwertsteuer 399 €.
6 a) 174 €   b) 1517,65 €
7 Bank A: 105 € Zinsertrag. Bank B: 96 € Zinsertrag. Unterschied: 9 €.
8 In allen drei Fällen ist der Rabatt größer als 12 % des alten Preises. Die Werbung ist korrekt.
9 Wenn das Geld vier Jahre lang als Guthaben verzinst wird, die Zinsen jeweils dem Guthaben gutgeschrieben werden und nichts abgehoben wird, dann wird das Guthaben rund 700 € betragen. Dies reicht nicht für den Führerschein. Typische Gesamtkosten für einen Pkw-Führerschein liegen bei 1500 € bis 2000 €.

1	a) (+9)	b) (−81)	c) (+179)	d) (+14)	◀ Seite 120
2	a) (−30)	b) (+66)	c) (−15)	d) (−5)	
3	a) $x = 22$	b) $x = 88$	c) $x = -8$		

4 $(-1) \cdot 8 = (-8); (-2) \cdot 8 = (-16); (-3) \cdot 8 = (-24)$
5 erste Zeile von links: $y = (-4,25); x - y = (+5); x \cdot y = (-3,1875)$
    zweite Zeile von links: $x = (-19); x + y = (-34); x \cdot y = (+285)$
6 erste Zeile: Rechnung, Abbuchung oder Überweisung in Höhe von 156 €
    zweite Zeile: alter Kontostand −90 € (Soll)
    dritte Zeile: alter Kontostand +25 € (Haben)
7 c) A liegt II. Quadrant, B liegt III. Quadranten und C liegt I. Quadranten.
    d) $A = 15\,cm^2; u \approx 18,8\,cm$
8 a) 407 (Verbindungsgesetz)   b) 1700 (Vertauschungs- und Verbindungsgesetz)
    c) 8,5 (Vertauschungs- und Verbindungsgesetz)   d) 17 (Verbindungsgesetz)
9 Der Höhenunterschied beträgt 3,1 m.
10 $(-72) : (+12) = (-6)$

---

3 a) Zylinder ($r \approx 0,55\,cm; h \approx 1,7\,cm$)   ◀ Seite 137
    b) Kegel ($r \approx 0,7\,cm; s \approx 3,2\,cm$; h ist in der Zeichnung nicht zu messen)
5 a) Es entsteht ein Prisma mit einem gleichseitigen Dreieck als Grundfläche.
    b) Die Grundfläche ist ein gleichseitiges Dreieck, im Original mit der Seitenlänge $a = b = c = 4\,cm$.
6 Einwickelpapier: Päckchen 1 mit 4340 cm² genau so viel wie Päckchen 2.
    Geschenkband: Päckchen 1 mit 504 cm weniger als Päckchen 2 mit 534 cm.

1	a) ≈ 12,1 cm	b) ≈ 13,7 cm		◀ Seite 169
2	a) $V = 100000\,mm^3 = 100\,cm^3$	b) $V = 40\,cm^3$	c) $V \approx 16,4\,cm^3$	

3 $V \approx 37,3\,cm^3$
4 In die zylindrische Vase passt die dreifache Wassermenge, also 4,5 Liter.   5 $V \approx 1098\,cm^3; O \approx 514\,cm^2$
6 Der linke Körper weist ein größeres Volumen (3021 cm³) auf als der rechte Körper (2395 cm³) und ist somit bei gleichem Material schwerer.
7 a) $O = 9\,cm^2 + 24\,cm^2 = 33\,cm^2$; Zwischenschritt: Höhe der Pyramide $h \approx 3,7\,cm$, damit $V = 11,1\,cm^3$.
    b) Der Anteil des Abfalls beträgt rund 72,7 %

---

1 Minimum: Donnerstag, gegen 6.00 Uhr, herrschten etwas weniger als −7 °C.   ◀ Seite 189
    Maximum: Donnerstag, gegen 14.30 Uhr herrschten rund +7 °C.
    Der Unterschied zwischen Minimum und Maximum betrug rund 14 °C.
2 Nein, das Wertepaar (10; 1,5) fällt aus der Reihe. Wäre die Zuordnung proportional, müsste das Wertepaar (10|1) lauten. Bei allen anderen Wertepaaren gilt $y = 0,1\,x$.
3 a) Wertetabelle:

Zeit (in s)	0	2	4	6	8	10	12
Wassermenge (in l)	0	24	48	72	96	120	144

   c) $y = 12 \cdot x$ (ohne Einheiten); darin steht x für die Zeit (in s) und y für die Wassermenge (in l).
      $y = 10 \cdot x$ (ohne Einheiten); darin steht x für die Zeit (in min) und y für die Anzahl der Umdrehungen.

4 a)

x	−2	−1	0	1	2	3	4	5	6
y	−9	−7	−5	−3	−1	1	3	5	7

5 a) 20 min: 5,30 €; 30 min: 6,00 €; 50 min: 7,40 €
    b) Preis (in €) = 3,90 + telefonierte Minuten · 0,07
6 b) Nullstelle: $x = 1$; Achsenabschnitt $n = -2$
    c) Nein, denn $2 \cdot 100 - 2 = 198 \neq 99$.
7 Nullstelle zu (1): $x = 0$; Nullstelle zu (2): $x = 4$; Nullstelle zu (3): $x = -1$; zu (4): $x = 1$
    Achsenabschnitt zu (1): 0; Achsenabschnitt zu (2): 2; Achsenabschnitt zu (3): 2; Achsenabschnitt zu (4): −1

Register

A
absolute Häufigkeit 20
Abwicklung 126
Achsenabschnitt 184
Addieren 32, 110
Äquivalenzumformungen 62, 64
arithmetisches Mittel 18, 22
Ausklammern 60
Ausmultiplizieren 60, 62

B
Basis 40, 42
Billionstel 40
Brüche 36, 37
–, Rechnen 37

D
Diagramm 22
Dividieren 34, 37, 114
Dreieck 74, 84, 131, 148
–, Hypotenuse 84, 148
–, Kathete 84, 148
–, konstruieren 74, 131
Dreisatz 90, 92, 94, 180
Durchmesser 80, 129, 140, 141, 152, 156, 162, 164
Durchschnitt 18, 22

E
Exponent 40, 42

F
fallende Funktionen 182
Flächenberechnungen 72, 74, 76, 78, 80, 82
Flächenmaße 48
Formeln 64, 90, 96, 98
Funktionen 182, 184
–, Funktionsgleichung 182, 184
–, Graph 178, 182, 184
–, lineare 182
–, Nullstelle 184
–, Quadranten 112, 182
–, Wertetabelle 178, 182, 184
Funktionsgleichung 182, 184

G
Gegenzahl 110
Gewicht 48
Gleichungen 62
–, Lösung 62
Graph 178, 182, 184
Größen umrechnen 48
Grundfläche 127, 128, 140, 141, 146, 152, 156
Grundseite 74, 76
Grundwert 90, 94

H
Häufigkeiten 20
Häufigkeitstabelle 15
Höhe 74, 76, 78, 128, 129, 140, 141, 146, 148, 152, 156
Hohlmaße 48
Hypotenuse 84, 148

K
Kapital 96, 98
Kathete 84, 148
Kegel 129, 134, 152, 156
–, berechnen 152, 156
–, darstellen 129, 134
Klassen 20
Kongruenzsätze 74
Koordinatensystem 112
Körper
–, Kegel 129, 134, 152, 156
–, Kugel 162, 164
–, Netze 126, 128, 129
–, Oberflächeninhalt 141, 146, 152, 162
–, Prisma 127, 131, 140, 141
–, Pyramide 128, 131, 146, 148, 156
–, Quader 140, 141
–, Schrägbilder 130, 131, 134
–, Seitenfläche 128, 146
–, skizzieren 124
–, Volumen 140, 156, 164
–, Würfel 130, 140
–, Zylinder 134, 140, 141
Kreise 80, 129, 152
Kreiszahl π 80, 81, 129, 152, 162, 164
Kugel 162, 164

L
Längenmaße 48
Laufzeit 96, 98
lineare Funktionen 182, 184
Lösung einer Gleichung 62

M
Mantelfläche 127, 141, 146, 152
Mantellinie 152
Masse 48
Maximum 16, 22
Median 16
Minimum 16, 22
Mittelwerte 16, 18, 22
Multiplizieren 34, 37, 114

N
negative Zahlen 110, 114
Netz 126, 128, 129
Nullstelle 184
Nullpunkt 112

O
Oberflächeninhalt 141, 146, 152, 162

P
Parallelogramm 76
π (Kreiszahl) 80, 81, 129, 152, 162, 164
positive Zahlen 110
Potenzen 40, 42, 60, 98
–, Basis 40, 42
–, Exponent 40, 42
Prisma 127, 131, 140, 141
–, berechnen 140, 141
–, darstellen 131
Probe 62
proportional 180
Prozentfaktor 90, 91
Prozentformel 65, 90, 92
Prozentrechnung 90, 92, 94
Prozentsatz 90, 92
Prozentwert 90
prozentuale Häufigkeit 20
Punktrechnung 35
Pyramide 128, 131, 146, 148, 156
–, berechnen 146, 148, 156
–, darstellen 128, 131

Q
Quader 140, 141
Quadranten 112, 182
Quadrat 72
Quadrieren 42, 60

R
Radius 80, 129, 140, 141, 152, 156, 162, 164
Rangliste 16
Rationale Zahlen 110, 114
Raummaße 48
Rauminhalt 140, 156, 164
Rechengesetze 116
Rechteck 72
relative Häufigkeit 20

S
Satz des Pythagoras 84, 148
Schrägbild 130, 131, 134
Spannweite 16
Spitze 128, 129, 131
Statistik 12
–, Daten erfassen 12
–, Diagramme 22
–, Häufigkeiten 20
–, Mittelwerte 16, 18, 22
–, Tabellenkalkulation 22

statistische Kennwerte 16, 18, 22
steigende Funktionen 182
Strichliste 15
Strichrechnung 35
Stützdreieck 148
Subtrahieren 32, 37, 110

T
Tabellenkalkulation 22
Terme 60
–, äquivalente Umformung 60
–, mit Klammern 60
Trapez 78, 131

U
Überschlag 32, 34
Umfänge berechnen 72, 74, 76, 78, 80
umgekehrt proportional 180
Umstellen einer Formel 64
Urliste 16

V
Verbindungsgesetz 116
Verdopplungszeit 99
Verkürzungsverhältnis 130
Vertauschungsgesetz 116
Verteilungsgesetz 116
Verzerrungswinkel 130, 134
Volumen 140, 156, 164
Vorzeichen 110, 114

W
Wachstumsfaktor 98
Wert eines Terms 60
Wertetabelle 178, 182, 184
wissenschaftliche Schreibweise großer und kleiner Zahlen 40
Würfel 130, 140
Wurzel 60, 148

Z
Zehnerpotenzen 40
Zeitmaße 48
Zentralwert 16
Zinsformel 65, 96
Zinseszinsformel 98
Zinsrechnung 96, 98
Zinssatz 96, 98
Zinszeit 96, 98
Zuordnungen 180, 182
Zylinder 134, 140, 141
–, berechnen 140, 141
–, darstellen 134
zusammengesetzte ebene Figuren 82

Bildquellen

Abels, Hildegard (Grevenbroich): 159/1; Albert, Katja (Altenglan): 121/1; Alimdi.net/Stocktake: 125/2; Andia/Nestlé (Paris): 068/1, 069/1; AP/Monika Flueckiger: 046/1; ARCOImages/NPL: 107/8; artur images/Christian Richters: 082/1; artur images/Klaus Frahm (Hamburg): 078/1; artvertise fotodesign: 023/1; Berliner Bäder-Betriebe/Marketing: 045/1; Bildagentur Huber: 171/1; Bildagentur online/Lescouret: 030/1; Bildart Volker Döring (Hohen Neuendorf): 006/1–2, 007/2–3, 008/1, 009/1–3, 010/2–3, 012/1, 020/1, 021/1, 022/1, 025/1, 038/1, 039/1–3, 042/1, 048/1, 056/1–3, 057/1, 057/2, 059/2, 060/1, 061/1, 062/1, 066/1, 070/1, 073/1–2, 093/1–3, 101/3, 102/1–2, 103/1–2, 105/1, 111/1, 113/1, 119/1, 124/2, 130/1, 132/1–2, 133/1, 135/1–2, 141/1, 147/1–3, 151/1, 154/1–6, 155/1–2, 156/1–3, 160/1–2, 161/1–2, 165/1–2, 167/3, 168/1, 173/1, 176/2–3, 177/1–2, 180/1–2, 181/1, 125/1, 125/4 (Randspalte); blickwinkel/U. Walz: 170/1; BMW (München): 075/2; Bridgeman Art Library: 107/3; Bridgeman Art Library/Ancient Art and Architecture Collection: 145/2; Buck, Andreas (Dortmund): 010/1; CARO (Berlin)/Andreas Riedmiller: 189/2; Carper (NL): 120/1; Cornelsen Verlag/Hans Wunderlich: 142/2, 143/1; Cornelsen Verlagsarchiv (Berlin): 101/1, 143/2, 158/1; Daimler (Stuttgart): 075/4, 182/1; Deutsche Bahn AG (Bildarchiv Bahn im Bild): 185/1; Deutsche Bundesbank (Frankfurt/Main): 193/1; Deutsche Lufthansa AG: 188/1; Dorling Kindersley, London: 142/1; Dunn, Andrew/dunnphoto (London): 026/1; DWD (Radebeul): 189/1; Emmerling, Isabel (Mannheim): 016/1–2; Europapark (Rust): 165/3; F1online/Akio Ananu: 034/1; F1online/Wave Images: 174/2, 180/3 (Randspalte); face to face: 162/1; Felsch, Matthias (Berlin): 006/3, 007/4, 028/1, 048/2, 071/1, 104/1, 124/1, 158/2, 184/1, 190/2; FIRE Foto/Thomas Gaulke: 177/3 (Randspalte); Fotex/Metodi Popow: 162/2; Fotolia.com/Christian Schwier: 019/1; Fotolia.com/ciscoripac: 097/1; Fotolia.com/Daniel Bujack: 089/1; Fotolia.com/H.-J. Paulsen: 057/3; Fotolia.com/Iolipep: 024/1; Fotolia.com/Knut Wiarda: 014/1; Fotolia.com/Mardre: 149/1; Fotolia.com/N-media images: 090/1; Fotolia.com/Thomas Graf: 090/2; Hartmann, Peter (Potsdam): 026/2; Herbert Strihmeyer (Aachen): 168/3; Herrmann, Lutz (Hamburg): 123/1–3; Hinz, Regina (Bad Säckingen): 124/3–5; Hyundai Deutschland (Neckarsulm): 075/6; images.de/Photo Alto/Patrick Sheandell O'Carroll: 174/1; images.de/Science&Society SSPL: 115/1; imagetrust/Klaus Rose: 052/2; Ingram Publishing England („Master Series Sport"): 007/1; Justin Winz/buchcover.com: 125/3; kabeldeutschland.com/Pressefoto: 187/1; Keystone/Zick: 176/1; laif/Wolfgang Volz: 046/1, 047/1, 050/1, 050/2; LOOK-foto/Tina und Horst Herzig: 031/1; Luftbild Horst W. Bühne (Essen): 052/1; © Courtesy of Madison Press Books/Ken Marshall: 108/1; Matt Meadows/Peter Arnold: 084/1; Mauritius/Rossenbach (Berlin): 163/1; mediacolors/Bergmann: 040/1, 111/2; Merz, Patrick (Mühlhausen/Kraichgau): 080/1–2, 148/1; Mitsubishi Electric Europe B.V. (Ratingen): 075/7; NASA: 080/3; NASA Ames Research Center: 067/1; NASA/ESA/J. Parker: 041/1; © NOAA Ship Collection/Steve Niclas: 114/1; NZZ Folio/partner&partner, Winterthur (CH): 106/1; Okapia/euroluftbild/imagebroker: 027/1; Opel (Rüsselsheim): 075/5; Otto, Werner (Oberhausen): 150/1; photo12.com/Stephanie Slama: 122/1; picture-alliance/dpa/epa Jack Smith: 054/1; picture-alliance/dpa/LaPresse Jonathan Moscrop: 027/3; picture-alliance/dpa/Wolfgang Krumm: 055/1, 144/1; picture-alliance/Lehrikuva OY/Jussi Nukari: 118/1; picture-alliance/SCHROEWIG/Jens Koch: 054/2; picture-alliance/ZB/dpa/Engelhardt: 027/2; picture-alliance/ZB/Wolfgang Thieme: 107/5; Presseamt Münster: 165/4 (Randspalte); Public Domain: 107/1, 107/2; Räthgloben 1917 Verlags GmbH (Markkranstädt), www.raethgloben.de: 161/3; Renault Deutschland (Brühl): 075/1; RMB Dieter Hauck: 167/1; Rose, Klaus (Dortmund): 052/3; Sampics (München)/Stefan Matzke: 033/1; Schmidt, Peter (Hamburg): 123/4–6; Software Rainer F. Luszcz, Hannover: 168/2; © Prof. Dr. Karl Stetter, München: 040/2; stockmaritim.com/Peter Andryszak: 170/2, 171/2; Stockmaritim/Manfred Bail: 110/1; Travel Ink/VISUM: 163/2; U.S. DAG: 095/1; Unger, Rüdiger (Köln): 143/3, 145/1; vario images Bonn: 032/1, 175/1; VISUM/Wolfgang Steche (Hamburg): 085/1; VW (Wolfsburg): 075/3; © wdr/Quarks&Co: 107/9; Weis, Winfred (Aachen): 018/1; Wikimedia/Unukorno: 145/3; Wikipedia/CC-by-sa 3.0/de legalcode/Jens Rusch: 107/4; Wikipedia/PD U.S. Gov. NOAA: 107/6, 107/10 (Randspalte); Wildlife (Hamburg), B. Cole: 190/1; www.gasag.de/Pressebild: 065/1; www.pixelio.de (black-knight): 167/2; www.pixelio.de (Stephanie Bröge): 101/2; www.pixelio.de/Kersten: 035/1; www.reisswolf.de/Pressebild: 059/1

Trotz intensiver Bemühungen konnten möglicherweise nicht alle Rechteinhaber ausfindig gemacht werden. Bei begründeten Ansprüchen wenden sich Rechteinhaber bitte an den Verlag.

START — Mathe-Rallye

Spielverlauf

1. Es wird abwechselnd gewürfelt.
   Suche dir auf dem Feld, auf das du gelangst, eine freie Aufgabe aus.
   Du hast für deinen Lösungsversuch 30 Sekunden Zeit.
   Wenn keine Aufgabe frei ist, musst du aussetzen.
2. Alle kontrollieren, ob die Lösung richtig oder falsch ist (Schiedsrichter entscheidet). Bei Schätzaufgaben bitte großzügig sein.
3. Wenn du die Aufgabe richtig gelöst hast, bleibst du auf dem Feld stehen. Wenn nicht, musst du zurück auf das Feld, von dem du in dieser Runde gestartet bist.
4. Der Sieger oder die Siegerin ist in der nächsten Runde Schiedsrichter.

Spielerzahl: 1 bis 4 (plus Schiedsrichter mit Taschenrechner)

Natürlich könnt ihr euch auch eigene Regeln ausdenken!

Ruhe dich vom scharfen Nachdenken aus.

nochmals würfeln

zurück zum START

Felder:

- $132 - 276$ / 10^0
- Was wiegt ca. 600 kg? / $\frac{3}{8}$ in Prozent?
- $\sqrt{36}$ / $400 : 25$
- Skizziere ein gleichseitiges Dreieck.
- (nochmals würfeln)
- $\sqrt[3]{27}$ / $324 : 2$
- Ein Zwölftel von 144 €? / $7 - (0 : 1{,}7) + 6$
- Körperlänge aller Mitschüler? / $49 \cdot 8$
- Welches Tier ist ca. 2 m lang? / 25% von 800 €?
- $3 \cdot \sqrt{9}$
- Formel Kegelvolumen? / $23 + 3x = 53$
- $2 - \sqrt{16}$ / $2 \cdot \pi$
- $4 \cdot 2{,}5$ / 75% sind 900 €.
- $28\,m^3$ in l? / $3{,}4 \cdot 20$
- 10^3 / Entfernung Schulort–Berlin?
- Zeichne einen Winkel von 17°.
- Wie hoch ist euer Schulgebäude? / $10^4 - 10^3$
- Zeichne eine Fläche von ca. 50 cm².
- $\sqrt{144}$
- Gehe acht Felder zurück.
- Durchmesser der Erde? / 30^2
- 504 kg in Tonnen? / Formel Kreisumfang
- Die Hälfte von $\frac{3}{5}$? / $100 - 14 \cdot 6$
- Gehe acht Felder vor.
- Dichte von Stahl? / $8 - 17 \cdot 0$
- (zurück zum START)
- Skizziere ein Schrägbild eines Würfels.